厨事料理一本通

编　　著　周范林
参编人员　周　浩　童　芹
　　　　　张　竞　童　琦
　　　　　张勇华　童　沁

东南大学出版社
·南京·

内容简介

随着社会经济的发展，人们的生活节奏不断加快。然而，家庭生活中的厨房事务料理的许多问题也就凸现了出来，特别是年轻人新组建起来的家庭，原来生活在父母身边觉得比较轻松，但在另起炉灶后，对一些琐碎繁杂的厨房事务就不知道如何处理：到了菜场买什么食材好？买回来后如何加工成可口的菜肴？……基于这些，本书从食物选购、食物加工、烹制技巧、风味小吃、食物保鲜、生活窍门等方面较全面详细地介绍了有关家庭厨房事务处理的一些实用技巧。愿此书能为您解忧排难、节时、省力，进而保持良好的生活规律，提高生活质量。

图书在版编目(CIP)数据

厨事料理一本通 / 周范林编著. 一 南京 ：东南大学出版社，2014.1

ISBN 978-7-5641-4613-9

Ⅰ. ①厨… Ⅱ. ①周… Ⅲ. ①烹饪—基本知识 Ⅳ. ①TS972.11

中国版本图书馆 CIP 数据核字(2013)第 259456 号

厨事料理一本通

出版发行	东南大学出版社
社　　址	南京市四牌楼 2 号(邮编：210096)
网　　址	http://www.seupress.com
出 版 人	江建中
责任编辑	史建农　戴坚敏
印　　刷	南京玉河印刷厂
开　　本	700mm×1000mm　1/16
印　　张	25.75
字　　数	497 千字
版　　次	2014 年 1 月第 1 版
印　　次	2014 年 1 月第 1 次印刷
书　　号	ISBN 978-7-5641-4613-9
定　　价	49.50 元

食物选购篇

食物加工篇

烹制技巧篇

风味小吃篇

食物保鲜篇

窍门集锦篇

食物选购篇

选购水产类食物的窍门

活鱼质量识别法

好的活鱼在水中游动自如，当敲击容器壁时反应十分明显，尾部迅速摇动，离开声源区。即将死亡的鱼游动缓慢，对刺激反应迟缓。

鲜鱼质量识别法

鲜鱼的眼睛凸出，黑白眼珠分明，黑眼睛亮而清洁，无白蒙；鳃盖紧闭，鳃片清洁且鲜红。不新鲜的鱼眼珠凹陷，黑白眼珠混浊，有一层白蒙；鳃盖易揭开，鳃底暗红、紫红或灰红。

冻鱼质量识别法

活鱼或刚死不久的鱼冷冻后，眼睛明亮，眼球饱满甚至外凸；鳞片上有明显冻结透明的黏液层；皮肤的天然色泽鲜明；鱼体清洁，鱼刺牢固；鳃平展而张开。

死后较长时间的鱼冷冻后，其鳃紧贴鱼体，眼球不外凸。

鲫鱼质量识别法

以秋冬季捕捞的野生鲫鱼为好。因为人工养殖的鲫鱼生长期短，肉质嫩有余而鲜不足；春天的雌鱼有满肚子的子，夏天的鲫鱼较瘦。鲫鱼的大小，当根据成菜的要求而定，红烧或做汤用，一般以每条150克左右为宜；做酥鲫鱼，每条为50克左右；250克左右一条的鲫鱼，可在肚中塞满肉再红烧或清蒸；250克以上的鲫鱼肉质趋老，质量反而下降。

鳝鱼质量识别法

鳝鱼的鱼体润滑并有光泽，粗大肥壮，用手抓时挣扎有力，嘴部无损，身上无创伤，体形完整的质量最佳。

鳝鱼丝质量识别法

用活鳝鱼加工而成的鳝丝，血液颜色呈酱紫色，肚内的血块呈长条凝结状，表皮黑中透亮，颜色光洁，肉质细腻，有弹性，用手拉时，鳝丝呈自然锯齿状断裂；而死鳝鱼加工的鳝丝带有鲜红的血水，血块散开不凝结，色淡而略带灰白色，肉质较粗糙，弹性差，僵硬，两手相拉韧性大。

鲈鱼质量识别法

鲈鱼全身呈银色，背部有绿灰花纹，并有黑色小斑点，腹部是银白色，它是海水鱼，每年10月至翌年4月是鲈鱼的产卵期，此时的鲈鱼最好吃。淡水鲈鱼的味好，价钱较贵。若购买市面上卖的急冻鲈鱼块，需要仔细挑选，凡肉色暗淡、肉质软而无弹性且没有光泽的，属于不新鲜，不宜购买。

金枪鱼质量识别法

金枪鱼身体呈纺锤状，鱼身肥大，身长1.5米左右。由于体积大，市面上出售的大多是切成块的冷藏鱼肉。鱼肉全都是瘦肉，以中间部分最为好吃，选购时要买横截面较大块的。肉色以深红色的为佳，浅红色的次之，味道和肉质差别很大，所以两者价格相差也很多。红色的金枪鱼肉质细致软滑，味道较香浓。

甲鱼质量识别法

背壳呈青色的清水甲鱼比背壳呈黄色的黄沙甲鱼好。一般来说，750克左右的雄性甲鱼为上乘，过大或过小则次之。

甲鱼雌雄识别法

甲鱼的肉质雄性比雌性的好，区分甲鱼雌雄性别可看尾部，如尾部超出甲壳者为雄，反之为雌。

带鱼质量识别法

带鱼以其捕捞方式不同，分为钩带、网带和毛刀三种。钩带是用钓钩捕捞的带鱼，体形完整，鱼体坚硬不弯，体大鲜肥，是带鱼中质量最好的。网带是用网具捞捕的带鱼，体形完整，个头大小不均。毛刀就是小带鱼，体形损伤严重，多破肚，刺多肉少。

不论哪种带鱼，新鲜的皆全身呈银白色，有光泽，体宽厚，鱼体硬而有弹性，完整而不破肚。如果颜色发黄，有黏液或肉色发红，属存放不当，是表面脂肪氧化的表现，不宜购买。

银鱼质量识别法

新鲜银鱼以洁白如银且透明者为佳，体长 2.5～4 厘米为宜。从水中捞起银鱼后，将鱼放在手指上，鱼体软且下垂，略显挺拔；鱼体无黏液。凡符合上述条件的均属质优的新鲜银鱼。

银鱼干质量识别法

网中暴晒而成的银鱼干，鱼体完整，色泽洁白有光，其肉嫩且味鲜的特色基本不变，吃起来与鲜银鱼没什么差异。在制作过程中，遇有阴雨天不易加工，添加少许食用油制成的银鱼干呈淡黄色，吃起来仍美味可口。若在制作过程中加进了明矾，鱼体呈白色而不透明，吃起来味道较差，有苦涩感，分量重。

鲍鱼质量识别法

鲍鱼以大个为上，肉质要柔嫩细滑。鲜鲍鱼外壳似田螺，前端有触角，在水中可蠕动，并能悬垂爬行的，即为新鲜。新鲜鲍鱼还喜欢互缠在一块，这是它们的生活习性。由于鲜鲍鱼很难培殖，就算使用海水浸养，其生命力也甚弱。鲍鱼如有坚硬感觉即不新鲜。肉质粗糙的鲍鱼属于劣品。

鲍鱼干质量识别法

鲍鱼干以体形完整，大小均匀，干燥结实，色泽淡黄或呈粉红色，呈半透明状，微有香味的为上品。如局部有黑斑，表面带粉白色，背部暗红则为下品。

鱿鱼质量识别法

鱿鱼以肉色接近透明、躯体直挺、无异味的为佳。凡眼部显得分外清晰明亮的即表示是新鲜鱿鱼。不新鲜的鱿鱼带有腥臭味，触摸时肉质黏，表皮部分剥落，撕剥表皮轻而易举，这种鱿鱼不宜选购。

鱿鱼干质量识别法

鱿鱼干以头腕完整、肉肥厚、色鲜艳、肉呈浅粉色、表面有细微的白霜、背部不红呈半透明状且淡口的为上品。体形蜷曲、尾部及背部红中透暗、两侧有微红点的次之。断头掉腕，肉体瘦薄、色深暗、表面干枯、白霜过厚、背部呈霉红或黑红色的为劣质品。

墨鱼质量识别法

墨鱼（乌贼鱼）在四五月间产卵时期味道最美。新鲜的墨鱼身上有很多小斑点，并隐约有光泽，身体后端带黄色或红色，像是被火烧焦的样子。捕捞后的墨鱼会变色，先变白，斑点也变大，最后变成红色。红色是由于一种“虾红素”分解出来的现象所致，这是不新鲜的象征。剖开的墨鱼肉，有透明感的是新鲜的，反之便是不新鲜的。购买时宜选尚未变白色的墨鱼，肉身要硬挺才好。

墨鱼干质量识别法

墨鱼干以体形完整、光亮洁净、颜色柿红、有香味、干挺且淡口的为佳；体形基本完整、局部有黑斑、表面带粉白色者为次。

鱿鱼与墨鱼识别法

识别新鲜的鱿鱼与墨鱼的方法：用手指用力按压鱼胴体的中端，如果有坚硬感即为墨鱼，较软则是鱿鱼。

章鱼质量识别法

新鲜的章鱼（八爪鱼）通常呈灰紫色或灰白色。头、身体和脚的表皮都较粗糙，并长满了小疙瘩，其口的两侧有两个硬环，烹调之前要洗净，而且要剪去足尖部分，这是细菌的藏身之处。煮时一定要煮熟，把细菌彻底杀灭。挑选时注意章鱼吸盘有没有吸附力，外皮是否明亮。若足部的皮剥落，便不新鲜。

章鱼干质量识别法

章鱼干以体形完整、肥大、爪粗壮、体色柿红带粉白、有香味、干挺且淡口的为佳；色泽紫红带暗的次之。

被污染过的鱼识别法

污染较重的鱼体形不整齐，头大尾小，脊椎弯曲或尾脊弯曲，僵硬或头特大而身瘦、尾长又尖；鱼鳞部分脱落，鱼皮发黄，尾部灰青；有的肌肉呈绿色，有的鱼肚膨胀；有的鱼表面看起来新鲜，但鱼鳃不光滑、形状较粗糙，呈红色或灰色；有的鱼看上去体形及鱼鳃虽正常，但其眼睛浑浊失去正常光泽，眼球甚至明显向外突起。这些大都是被污染的鱼。

被农药毒死的鱼识别法

正常死亡的鱼腹鳍紧贴腹部，鱼嘴能自然拉开，鱼鳃呈鲜红色或红色，有正常的鱼腥味、无异味，易招引苍蝇、蚂蚁和蚊子等叮咬。

被毒死的鱼鱼鳍张开且发硬，鱼嘴紧闭且不易拉开，鱼鳃呈紫红色或褐色，从鱼鳃部能嗅到农药气味，苍蝇、蚂蚁或蚊子不敢叮咬。

鲫鱼与鲤鱼识别法

鲫鱼体形扁宽，背部隆起明显，鳞片小，嘴部无须。鲤鱼呈柳叶形，头后稍隆起，鳞片大且色泽艳丽，嘴部有须。

胖头鱼与白鲢鱼识别法

胖头鱼的头较大，约占体长的 1/3；白鲢鱼头较小，约占体长的 1/4。

胖头鱼胸鳍较大，超过腹鳍基部很多；白鲢胸鳍向外延伸，胸鳍尖端只到腹鳍基部。

胖头鱼背部及两侧上半部微黑，腹部灰白，并带有黑色花斑；白鲢鱼体色一般为银白色。

青鱼与草鱼识别法

青鱼和草鱼的明显区别：一是体色不同，青鱼呈乌黑色，草鱼呈茶黄色；二是嘴形不同，青鱼嘴部呈尖形，草鱼嘴部呈圆形。

江河鱼与湖塘鱼识别法

江河鱼和湖塘鱼的区别：江河鱼鳞片薄，呈灰白色，光泽明亮；湖塘鱼鳞片较厚，体表颜色发黑发灰，整体圆钝。

鲜虾质量识别法

新鲜的虾体形完整，甲壳透明光亮，须足无损伤，虾体硬实，头与体紧连，身体表面呈青白色（对虾）或青绿色（青虾），清洁，肉质细密，有弹性，有光彩。

河虾质量识别法

新鲜的河虾身体略呈青绿色，表面泛光，外壳透明，头体紧密相连，拉须有牢固感，尾节伸屈性较强，肉质紧致细嫩。

不新鲜的河虾头部松弛，尾节僵硬，虾体瘫软。

海虾质量识别法

新鲜海虾呈青白色，表皮光鲜，外壳摸上去坚硬滑顺，头尾紧密。

变质海虾掉头脱皮，颜色泛红，有异味，这种虾不能食用。

对虾质量识别法

新鲜对虾头尾完整，有一定的弯曲度，虾身较挺；皮壳发亮，呈青白色；肉质坚实，细嫩。

不新鲜的对虾头尾容易脱落，不能保持其原有的弯曲度；皮壳发暗，呈红色或灰紫色；肉质松软。

虾干质量识别法

虾干以虾体大小均匀，体形完整，虾身肥壮，虾体亮白透红，有光泽，盐轻而身干为上品。若达不到此标准者质量次之。

虾皮质量识别法 用手紧握一把虾皮，放松后虾皮能自动散开，虾皮外壳比较清洁，多呈黄色，有光泽，体形完整，颈部和躯体紧连，虾眼齐全，则质量很好。如果手放松后虾皮互相粘结，不易散开，就说明虾皮不太新鲜。

虾米质量识别法 虾米以色泽鲜艳发亮的为好，味大多是淡口的，这种虾米是晴天晒制的；而色暗不光亮，一般是咸的，是阴雨天晾制的。虾身弯曲者为好，表明是用活虾加工的；如果形体直挺挺的、不大弯曲者则较差，大多是用死虾加工的。

虾仁质量识别法 选购冻虾仁时，以冻虾仁的外包冰衣完整、清洁且无融解现象者为佳。好的虾仁肉质清洁完整，呈淡青色或乳白色，无异味；劣质虾仁则肉体不整洁，组织松软，色泽变红，并有酸臭气味。

大闸蟹质量识别法 大闸蟹色泽鲜明、轮廓清晰、蟹背深色、蟹腹雪白、螯夹肥大、爪毛金黄而密挺、体厚坚实、肚脐凸出、蟹身重且个体肥大的为好。由于大闸蟹都用草绑住，故选蟹要选口吐泡沫有淅沥声，若用手指轻触蟹眼，眼睛能闪动，向内缩的。

要按月份不同选取雌雄品种食用。吃大闸蟹有“九月圆脐十月尖”之说，是指农历九月间要吃雌性的，十月间则吃雄性的（圆脐为雌的，尖脐则是雄的，雌蟹较雄蟹早熟）。

河蟹质量识别法 立秋前后是购买螃蟹的好季节，此时河蟹最饱满，雌蟹比雄蟹好，雌蟹黄多肥美（雌性的螃蟹腹部是圆脐，雄性的螃蟹腹部是尖脐）。购买河蟹一定要选用活的。优质的河蟹特点是蟹壳呈青绿色，有光泽，蟹螯夹力大，腿完整，腿毛顺，饱满（硬实而不空），爬得快，连续吐沫有声音。

海蟹质量识别法

海蟹的蟹腿和蟹钳均挺而硬，并与蟹体连接牢固者为佳。质次的海蟹，蟹腿和蟹钳均松懈或碰时易掉。

梭子蟹质量识别法

新鲜的梭子蟹体表花纹清晰，黏液透明，甲壳坚硬有光泽，呈青褐色或青蓝色，腹部和螯夹内侧呈乳白色，脐上部无胃印，眼睛光亮，蟹鳃清晰干净，呈青白色，无异味，步足僵硬。变质的梭子蟹翻开腹盖可见中央沟两侧有灰斑、黑斑或黑点，步足松懈并与背面呈垂直状态，有异味。腐坏的梭子蟹甲壳内可见流动的黄色粒状物，这是蟹黄受细菌作用分解的结果，嗅之有异臭味。变质蟹和腐坏蟹不可食用，否则容易中毒。

河蟹与海蟹识别法

河蟹应食鲜活的，死的不能食用。通过背壳的形状来识别，河蟹的背壳是圆形的，海蟹的背壳则呈梭形。

海蜇皮质量识别法

优质的海蜇皮呈白色或黄色，有光泽，无红衣、红斑和泥沙。凡是用盐和矾加工的海蜇皮揉开后，越大、越白、越薄且质地坚韧，质量越好。

海蜇头质量识别法

用两只手指将海蜇头拎起，正常的海蜇头肉体完整而坚实，无黏稠体和异味，颜色呈红棕色，有光泽；如果用手拎起后容易破裂，肉质发酥，就不要选购。

牡蛎质量识别法

牡蛎以体形完整结实、光滑肥壮、肉饱满、表面无沙和碎壳、肉色金黄、干挺且淡口的为佳；体形基本完整、比较瘦小、色赤黄略带黑的次之。

牡蛎干质量识别法

优质的牡蛎干体大肥实、颜色淡黄、个体均匀而且干燥。颜色褐红、个体不均匀且有潮湿感的质量较差。

扇贝质量识别法

新鲜扇贝肉色雪白带半透明状，如不透明而色白，则为不新鲜的扇贝（雄体内脏为白色，红色的是雌体）。

干贝质量识别法

优质干贝颜色淡黄而有光泽，粒大均匀，颗圆干燥，肉丝清晰，坚实饱满，表面有白霜，有特殊香味，味鲜盐轻。质次者色老黄，粒小盐重，稍有松碎残缺。色泽深暗或呈黄黑色，质量差。干贝存放的时间越长越不好。

活贝与死贝识别法

贝类主要品种有鲍鱼、牡蛎、贻贝、扇贝、文蛤和蛏等。活贝的壳可以自然关闭，死贝的壳不能闭合。

螺类质量识别法

购买螺类时要选择鲜活品，如发现螺肉紧缩在壳内上部，即为死螺无疑，不可食用。

海螺干质量识别法

海螺干应以肉净无内脏、颜色淡黄而有光泽、味鲜淡无异味的为上品；色褐无光而有咸味的次之；色红褐，部分有内脏，表面有盐霜的为下品。

鲜蚬质量识别法

应选蚬壳紧闭或蚬壳开合并冒出气泡的。如蚬壳已部分敞开不动，并露出蚬肉，是不新鲜的蚬，不宜购买。

蚶子质量识别法

要看蚶子壳紧闭得如何，壳越紧闭越好。新鲜蚶子切开后见流出血水状的为佳。蚶子最肥美的时候是在每年 6～9 月产卵期。

鱼皮质量识别法

鱼皮以体大质厚、色泽透明洁白者为质优。鱼皮分为表、里两面。里面即无沙的一面，主要看其是否除净鱼的残肉。以色泽透明且洁白为好。皮色灰暗，属咸性，不易烂。若里面泛红色，即已变质腐烂，称为油皮。表面是带沙的一面，以色泽光润，呈灰黄、青黑或纯黑色为质好，沙粒易除，有花斑者质量较差。若鱼皮无沙粒，则在产地已除净，以洁白且透明者为佳。

鱼肚质量识别法

鱼肚以色泽透明，片大而厚，颜色淡黄，肚形平展完整，清洁卫生者为好；肚皮小而薄，颜色淡黄，光泽差，肚形不整并有破碎裂口现象者为次品；如肚皮颜色发黑或有黑斑，则质量较差。

鱼翅质量识别法

鱼翅的质量以质地干燥、色泽白润、清净无骨为优质。鱼翅以鲨鱼的背鳍（脊翅）制作为最好，粗如筷子，金黄明亮，这类翅中有一层肥膘一样的肉，翅筋层层排在肉内，胶质丰富；胸鳍（翼翅）仅次于背翅，质地鲜嫩；最差的是尾翅。

海参质量识别法

海参以体粗长、肉质厚、体内无沙者为佳品。体细小、肉质薄、原体不剖、腹内有沙者质次之。灰参有刺，咸性很重，易回潮，肉质极糯。搭刀赤参肚内有石灰质，肉质薄而稍硬，体形匀细，以上均为次品。

购买水发海参时，一定要选择参体完整，不烂，不碎，挺拔有弹性，持之颤动，色泽近似半透明的。

海带质量识别法

凡形状完整、宽大，呈棕褐色或褐色、有光泽，肉质厚、用手轻折不断并有弹性的海带质量为佳。上等淡干和咸干海带，叶带长而宽厚，不带根，颜色深褐色或褐绿色，花斑少，黄白梢极少，无杂质，少含沙粒，手摸干燥。海带有淡干品和咸干品之分。淡干海带含水分少、含盐量低，是将鲜海带在日光下晒制而成。咸干海带，含水量略高，含盐量也高，是通过一层海带一层盐腌制后晒干而成的。

真假蛤蚧识别法

活蛤蚧体长 30 厘米左右，腹背扁平，头大稍扁呈三角形，口大，上下颌有较多细小牙齿，眼突而大，不能闭合。头背部为棕色，躯干背部紫灰色，夹杂红砖色及蓝色斑点，腹部为灰白色，尾部有七条带状斑纹。四肢短小，不能跳跃，脚有五趾。体大肥健、尾巴完整的成品为上品。假蛤蚧多为蜥蜴，特点是指及趾为圆柱形，而真蛤蚧的趾扁平而宽大；取出蛤蚧的眼珠，可用力搓出一黄色颗粒，蜥蜴则无此颗粒。

选购家禽类食物的窍门

活鸡质量识别法　用手翻开鸡屁股上的绒毛，看鸡屁股，圆的或平的较肥，屁股尖的较瘦。掂一下鸡的分量，与体积相比过分重的可能是塞了食或往鸡肉里注了水，过分轻的是瘦鸡，与体积相称且略重的是肥鸡。

摸鸡的胸肌应丰满有弹性，鸡嗉没有积水，腿部健壮有力，体温恒定，这是健康鸡的特征。

活鸡肉质老嫩识别法　摸鸡的胸上刀骨，尖软的是嫩鸡，坚硬的为老鸡。

看鸡爪上的鳞片，整洁有光泽者为嫩鸡，无光泽且老化生出多层不整齐的粗糙鳞片者为老鸡。

老鸡脚掌皮厚且发硬，嫩鸡脚掌皮薄而无僵硬现象。

老鸡的脚腕间的突出物较长，嫩鸡的突出物较短。

老鸡脚尖磨损光秃，嫩鸡脚尖磨损不大。

活家禽是否塞肫识别法　查看家禽的肫部是否因饱填而歪斜鼓大，如歪斜鼓大则是塞肫的。鸭和鹅填充了食物，较易识别，只需将其头朝下拎，食物便会淌到嘴里。

乌骨鸡质量识别法　乌骨鸡（乌鸡）躯体短矮，头小颈短，眼睛呈黑色，头有黑冠，耳呈绿色，毛有白色、黑色和杂色三种，除两翅外，全身羽毛像绒丝，头上有一撮细毛突起，下颌上连两颊生有较多的细短毛，两短翅、毛脚、五爪、皮、肉和骨为黑色。母鸡在1 000克以上、公鸡在2 500克以上者为佳。

鉴别乌骨鸡主要看“十全”：紫冠、缨头、绿耳、胡子、五爪、毛脚、丝毛、乌头、乌肉和乌骨。丝毛纯白、健壮无病、个大而肥、舌乌者为佳。

草鸡与肉鸡识别法

用手拨开羽毛后看翼下或腿腹部的皮肤，呈红黄色的为草鸡，呈洁白色的为肉鸡。草鸡肉比肉鸡的肉鲜且香。

光禽质量识别法

光禽是宰杀、去禽毛以后的禽类。新鲜的光禽眼睛明亮，并充满整个眼窝；口腔黏膜呈淡玫瑰色，洁净；皮肤上的毛孔隆起，表面干燥而紧缩，呈乳白色或淡黄色，稍带微红；脂肪呈淡黄色或黄色，无异味；肌肉结实，有弹性，有光泽，颈和腿部肌肉呈玫瑰红色。

变质的光禽无光泽，潮湿，有黏液；眼睛污浊，眼球下陷；皮肤上的毛孔平坦，皮肤松弛，表面湿润发黏，色暗，常呈污染色或淡紫铜色，有腐坏气味；肌肉松弛，色变暗红；脂肪发灰，有时发绿，潮湿发黏，有腐坏气味。

冻光禽质量识别法

新鲜的冻光禽嘴部有光泽，干燥，有弹性；皮肤呈淡黄色或淡白色，具有特有的气味。不新鲜的冻光禽表皮发潮，有轻度的异味。变质的冻禽肉外表呈灰白色，发黏，并有不正常气味，严重变质时，禽的皮肤呈青灰色，黏滑，放血刀口呈灰黑色，肉质松软，无弹性。变质冻禽肉不可食用。

新鲜冻禽肉解冻前，母禽和较肥的禽皮色乳黄；而公禽、新禽和瘦禽皮色微红。解冻后母禽和较肥的禽能保持原来的光泽；而公禽、新禽与瘦禽微红色减退，变为黄白色，切面干燥，肌肉微红。

家禽肉是否注水识别法

注水家禽一拍肌肉会听到“啵啵”的声音。如果是注入过水分的家禽肉，可用手指在胸腹腔里抠一抠，这样网膜就会被抠破，水会流出来。

翻起翅膀，倘若周围有呈乌黑色的红色针眼；用手指甲掐皮层下，会明显打滑；身上高低不平，摸上去像长有肿块；用一张干燥易燃的薄纸，贴在已去毛的家禽背上，稍加压力片刻，取下后不能燃烧；用针刺疑似注水的部位，并压迫附近皮肤，倘若在针刺处有液体外溢，都说明家禽肉是注过水的。

活禽屠宰与死禽屠宰识别法

活禽屠宰放血良好，切口不平整；切面周围组织被血液浸润呈鲜红色；表面干燥紧缩，带微红色；脂肪呈乳白色或淡黄色，肌肉有弹性，呈玫瑰红色，胸肌白中带微红色。

死禽屠宰放血不良，切口平整；切面周围组织无血液浸润，呈暗红色；表面粗糙，暗红色，有青紫色死斑；血管中淤存有紫红色血液，并有少量血滴出现。死禽以不食为宜。

瘟鸡识别法

捉住鸡的翅膀拎起，如果鸡挣扎有力，双脚收起，叫声长而响亮，并有相当重量，说明此鸡很健康；相反，如拎起鸡，脚伸而不收，肉薄身轻，叫声嘶哑短促，则说明此鸡体弱或有病。

病鸡羽毛不整，冠色青紫，站立不稳，移动无力；把鸡的双翅或双腿提起来，挣扎无力，叫声嘶哑，脚伸不收，口内流出黏液，肛门有红点；用手摸鸡嗉子，明显感觉嗉子膨胀有气体，积食发硬，是病鸡。再用手摸鸡的体温，先摸鸡的大腿根，由上而下，如果上热下冷、鸡冠烫手是瘟鸡。

健康鸡的鸡冠呈朱红色，眼睛干净而灵活有神，安静时呼吸不张嘴，头羽与两翅紧贴身体，羽毛整齐有光泽，肛门附近绒毛洁净且干燥；若鸡冠变色，眼红或眼球混浊不清，眼睑浮肿，呼吸时张嘴，羽毛蓬松无光泽，则为病鸡。

烧鸡质量识别法

如果烧鸡的眼睛是半睁半闭，就可断定此烧鸡是用好鸡制成的；若双眼紧闭，则说明是病鸡或死鸡制成的。

挑开肉皮，鸡肉呈白色则是活鸡制成的烧鸡；病死的鸡制出的肉色发红。

优质烧鸡香味扑鼻；病鸡制出的成品香味不浓或有异味。

白条鸡质量识别法

用病鸡制成的白条鸡，鸡冠颜色青紫，双眼紧闭，皮肤的血线粗重，无病鸡则完全没有这种现象。

活鸭质量识别法

质量好的活鸭羽毛丰满滑润，翼下及脚部皮肤柔软，胸骨不突出，行动敏捷。宰杀后眼球平坦而完整、色泽光亮、无黏性，肌肉结实而有弹性，质嫩皮细。

鸭肉肉质老嫩识别法

鸭子一般有活鸭和冻鸭两种。选购活鸭时，凡气管较细（一般如竹筷粗细）者往往是新鸭；摸上去气管较粗则是老鸭。

选购冻鸭时，如鸭身较糙，有小毛，重 1 500 克左右则是新鸭；反之，鸭身光滑，光皮上无小毛，重 1 000 克左右则是老鸭。

盐水鸭质量识别法

优质的盐水鸭体表光滑，呈乳白色，切开后切面呈玫瑰色，香味四溢；形体一般为扁圆形，腿的肌肉摸上去结实，有凸起的胸肉，在腹腔内壁上可清楚地看到盐霜。

质次的盐水鸭鸭皮表面渗出轻微油脂，可看到浅红或浅黄颜色，同时肉的切面为暗红色；鸭肉摸上去松软，腹腔内闻到腥霉味。

变质的盐水鸭在体表看到许多油脂，色呈深红或深黄色，肌肉切面为灰白色、浅绿色或浅红色；肌肉摸起来软而发黏，腹腔有大量霉斑。

板鸭质量识别法

优质的板鸭体表面光洁，呈白色或乳白色，肌肉切面呈玫瑰红色；形体为扁圆形，腿肌发硬，胸肉凸起，腹腔内壁干燥有盐霜，有其独特的香味。

质次的板鸭体表有少量油脂渗出，呈淡红色或黄色，肌肉切面呈暗红色，组织疏松，肌肉松软，腹腔潮湿有霉点并有霉味。

变质的板鸭，体表有大量油脂渗出，表皮发红或深黄色，肌肉切面呈灰白色、淡红或淡绿色；组织松软发黏，腹腔潮湿发黏有霉斑，不能食用。

腊鸭质量识别法

选购腊鸭时，首先看其皮色及肥瘦如何，如鸭皮较松且起皱纹，不用说是老鸭，而油光肉细的是嫩鸭。

鉴定腊鸭的咸淡，可闻鸭身有无香味，看鸭身皮色深淡。色淡且香味浓，多是淡口适味的好腊鸭；如色暗而黄，没多大香味，多为较咸的腊鸭。

腊鸭肫肝质量识别法

选购腊鸭肫肝时，先嗅其味，如味特香无异感，便是好货。干湿也很重要，以软硬适中者为上品。

活鹅质量识别法

健康的活鹅头颈高昂，羽毛紧密光泽亮，尾部上举，眼睛圆而有神，肢体有活力，体大较重，头颈较粗，翼部丰满，喙趾软嫩，鹅龄不超过1年。手摸的感觉是肌肉发育良好，胸部丰满，背部宽阔，翅下肌肉突出，尾部丰满，全身肥度好。鹅的肌肉多聚集在胸部与尾部，挑选鹅一般不摸胸骨，可摸尾部和翼下部，以翼下肉厚、尾部肉多而柔软的为上选。

要辨别老嫩，可摸其颈部气喉，气喉柔软的鹅就较幼嫩，气喉越硬的越老；观察鹅的舌底珠点，颜色越黑的越老。

鹌鹑质量识别法

鹌鹑毛色一般呈栗褐或灰褐色，并夹杂黑色条纹。公鹌鹑毛色较深，前胸部羽毛呈红砖色，脸部羽毛呈红褐色，头较大，颈较粗，叫声洪亮；母鹌鹑毛色较淡，黑色条纹明显，前胸部有黑色斑点，脸部颜色较淡，有黑条纹，头较小，颈细长，不会高声啼叫。观察其羽毛，羽毛齐全为幼嫩的，羽毛脱落不全为老的。

蛋用与肉用鹌鹑是有区别的，蛋用鹌鹑体型较小，一般成年鹌鹑体重在120～150克；肉用鹌鹑一般体重在250～350克，用手捏胸肌比较丰满。

家禽内脏质量识别法

新鲜家禽的肝呈褐色或紫色，用手触摸，坚实有弹性；不新鲜的肝颜色暗淡，无光泽，有软皱萎缩现象，并有异味。

新鲜家禽的心用手挤压，有鲜红血液流出，组织坚实；不新鲜的心与之相反，并有黏液。

新鲜家禽的肠色泽白，黏液多；不新鲜的肠色泽有青有白，黏液少，腐臭味较重。

禽蛋质量识别法

鲜禽蛋的壳较毛糙，并附有一层霜状的粉末，色泽鲜亮洁净。

陈蛋的蛋壳比较光滑,被雨淋或发霉的蛋,外壳会出现黑色的斑点。臭蛋的外壳发乌,壳上好像有油渍似的。

孵禽蛋质量识别法

新鲜蛋用手摇无响声,很难竖直站立;孵禽蛋用手摇有响声,比较容易立起来。

新鲜蛋沉重,而孵蛋较轻,一般比新鲜蛋轻20%左右。

咸蛋质量识别法

用日光灯透视优质的咸蛋,蛋内通明透亮,蛋黄靠近蛋壳,将蛋转动时蛋黄也慢慢转动,蛋清清晰如水。

煮熟后的蛋黄呈橘黄色,发沙起油,蛋清洁白、鲜嫩且松软,食之咸淡适宜,味美爽口。

松花蛋质量识别法

将松花蛋放在手掌中,轻轻掂一掂,颤动大的品质好,无颤动的品质差。

手执松花蛋放在耳边摇动,品质好的无响声,品质差的有响声,声音越大的品质越差。

鹌鹑蛋质量识别法

鹌鹑蛋的外壳有棕色斑点。新鲜的鹌鹑蛋,表皮没有裂缝,用手逐个掂一掂,感到压手、有分量;如果感觉很轻,是因为蛋不新鲜了,里面发空,不宜选购。

生蛋与熟蛋识别法

辨别生熟鸡蛋时,可将蛋放在桌子上旋转,旋转数圈不停的为熟鸡蛋,转两三圈就停的为生鸡蛋。

野味质量识别法

新鲜野味的眼睛应突出,眼珠明亮,毛不易拔下。如皮上有灰绿色斑点,眼呈灰白色,毛很容易拔下,毛根上带有少量脂肪的已不新鲜。

选购畜肉类食物的窍门

猪肉肉质老嫩识别法

猪肉皮薄膘厚，毛孔细，表面光滑，无皱纹，骨头发白，肉质嫩。

猪肉皮厚膘薄，毛孔粗糙，有皱纹，乳头大而有管，骨头发黄，肉质老。

新鲜猪肉识别法

新鲜猪肉的肉质紧密，富有弹性，手指按压后能较快复原；有一种特殊的鲜味，没有酸气和霉臭气；敲开骨头，骨腔内应充满骨髓；煮后肉汤色透明，肉香味美。

变质猪肉的脂肪失去光泽，偏灰黄色甚至变绿色，肌肉暗红，刀切面湿润，弹性基本消失，散发出腐坏气味，冬季气温低，嗅不到气味，通过加热烧烤或煮沸，变质肉的腐坏气味就会散发出来。

冻猪肉质量识别法

好的冻猪肉色泽红而鲜明，肉质坚实，用手指按压一下，接触面呈红色，脂肪面呈白色，肉的表面干净，无污染。选购冻猪肉时，应注意冻猪肉的冷藏是否良好。冻肉坚而硬的，冷藏得好；肉的颜色一旦呈紫褐色或带有异味，即为腐坏肉。

冻肉解冻后销售不完，再冻后销售，这种肉的质量大降。再冻猪肉一般脂肪呈深红色，劈开处齐整，指压可湿手指；肉无弹性，指压下陷后难以恢复。

猪肉是否注水识别法

如瘦肉淡红带白，有光泽，很细嫩，甚至有水外渗是注过水的；若颜色鲜红则未注过水。用手摸瘦肉不黏手即注过水的，用手摸瘦肉黏手则未注过水。可取一块白纸粘在肉上，如纸很快被水湿透，是注过水的，若不容易湿透，并粘有油迹的表明未注过水。

正常的鲜猪肉外表呈风干状，瘦肉组织紧密，颜色略发乌。猪肉注水后，从外表看上去水淋淋的发亮，瘦肉组织松弛，颜色较淡。

老母猪肉识别法

老母猪肉一般胴体较大，瘦肉一般呈黑红（老红）色，纹路粗乱，水分较少；经过生产的母猪皮肤较厚，皮下脂肪少，瘦肉多。

肥猪的瘦肉呈水红色，纹路清晰，肉质细嫩，水分较多。

种猪肉识别法

公种猪和母种猪育肥后，其肉质低劣，煮不烂，味道差。

如果种猪肉是带肉皮的，皮厚而硬，毛孔粗，皮与脂肪之间几乎分不清界限，这种现象在肩胛骨部位最明显。如去皮和去骨后皮下脂肪又厚又硬，几乎和带肉皮的一样。瘦肉颜色呈深红色，肌肉纤维粗糙，水分少。

病死猪肉识别法

如是死猪宰杀的肉，猪皮有大小不等的出血斑块。如果猪肉是剥过皮的，可仔细观察其肥肉和腱膜，也会发现出血点。

病死的猪肉呈暗红色，肥肉呈粉红色，无弹性，血管里往往有黑红色的血，骨髓多呈黑色。

正常猪淋巴结呈灰白色或淡黄色，而淋巴结病变猪的淋巴结有樱红色肿胀，呈红色、暗红色出血，淋巴结有边缘性出血或网状出血。

米猪肉识别法

"米猪"是患囊虫病的猪，瘦肉及内脏中有黄豆大小且半透明的小水泡，泡内有米样疙瘩。冻猪肉中的小疙瘩变小，呈绿豆大小的白色瘪粒。将瘦肉上的白点放在手心里揉搓，如果融化了就是油渣，如果不化则是"米猪肉"。"小疙瘩"为猪囊虫幼虫，食之对人体有危害。

新鲜牛肉识别法

新鲜的嫩牛肉肉质呈鲜红色并富有光泽，肉质坚硬，肌肉纤维较细；脂肪质地较坚硬，呈白色或乳白色，用刀横着插入肌肉纤维再拔出时感到有弹性，切口又紧缩闭合。用手指按压，凹坑能迅速复原。

牛肉是否注水识别法

注了盐水的牛肉，看上去格外新鲜，发白或发红，但如果用刀从纹路的横断方向切开后，一般都会有水往下滴。

牛肉、驴肉与马肉识别法

牛肉的肌肉之间有一脂肪层隔开，驴肉的肌肉之间则没有脂肪层隔开。取脂肪少许，用打火机烧熔，如脂肪油滴入凉水中呈蜡样硬片是牛肉，否则就是驴肉。

牛肉的纤维较细，肉挺实，颜色鲜红，而马肉则呈暗红色。用手摸牛肉的脂肪时，有一种蜡样感觉，手捻时易碎，不融化，不发黏；马肉脂肪较软，手捻时不易碎，易融化、发黏。

新鲜羊肉识别法

新鲜羊肉的肌肉有光泽，红色均匀，脂肪洁白或淡黄色；外表微干，不黏手，指压后立即恢复，弹性好。

变质羊肉的肌肉色暗，无光泽，无弹性，脂肪黄绿色；外表黏手或极度干燥，新切面发黏，指压后凹陷不能恢复，留有明显压迹。

冻羊肉质量识别法

优质的冻羊肉肌肉色泽鲜艳，有光泽，脂肪白色，肌肉结构紧密且坚实，肌纤维韧性强，外表微干、有风干膜或湿润但不黏手，有羊肉正常的气味。

劣质的冻羊肉色显暗，缺乏光泽，脂肪呈黄色，肌肉组织松弛，肌纤维无韧性，外表干燥，切面湿润而黏手，有氨味和酸味。

绵羊肉与山羊肉识别法

绵羊肉的肉质坚实，颜色暗红，纤维较细，肉中稍有脂肪夹杂。

山羊肉色较绵羊肉略呈苍白，皮下脂肪和肌肉脂肪也比绵羊肉少。同时，山羊肉的膻味比绵羊肉的膻味大。

牛肉与羊肉肉质老嫩识别法

老牛和老羊的肉颜色深红，肉质较粗；小牛与小羊的肉颜色浅红，肉质坚而细，富有弹性。

咸肉质量识别法

质量好的咸肉，表皮干硬清洁，呈苍白色，无黏稠状；肌肉紧密，切面平坦，色泽鲜红或呈玫瑰红色，均匀无斑，也无虫蛀；脂肪呈白色或带微红色，质坚实，具有咸肉固有的气味，无异味。

变质的咸肉肉皮黏滑、质地松软、色泽不匀，脂肪呈灰白色或黄色，质似豆腐状，肌肉切面呈暗红色或带灰色绿色，有酸败味或腐败臭味。

火腿质量识别法

优质火腿呈黄褐色或红棕色，腿形直，骨不露，皮细，脂肪少；用手摸表面干燥，组织结实，不松散，不发黏；切面瘦肉的色泽呈深玫瑰色或桃红色，脂肪呈白色或微红，鼻闻有火腿独特的香味。

变质的火腿切面瘦肉松软、呈酱色，会出现斑点，脂肪变黄呈黄褐色，无光泽，甚至发黏，有酸腐气味或臭味及走油和虫蛀等情况，不能食用。

腊肉质量识别法

优质腊肉色泽鲜艳，有弹性，指压后痕迹不明显，肌肉为鲜红色，肥肉透明或呈乳白色，外表干燥，无霉点，有独特的香味。

质次腊肉色泽较淡，肌肉为暗红色或咖啡色，肉身松软，指压后凹痕能逐渐消除，肥肉表面有霉点，但可抹去，稍有酸味。

劣质腊肉无弹性，肉身松软，指压凹陷明显，暗淡无光，肥肉呈黄色，有明显霉点，抹后仍有痕迹，有异味，且外表湿润发黏。

香肠质量识别法

优质的香肠瘦肉鲜红，肥肉洁白，肠衣有皱纹；质次的香肠瘦肉色发黑，肥肉淡黄，肠衣无皱纹。

老母猪肉灌制的香肠看上去瘦肉比例高，但瘦肉部分颜色较仔猪肉深，呈深紫黑褐色。掰开观察，瘦肉纤维粗，并可见绞不碎的白色纤维状筋膜，较难嚼碎。

掺淀粉的香肠最明显的特点是外观硬挺、平滑，貌似瘦肉，如仔细观察，这种香肠表面缺乏正常香肠干燥收缩后所出现的凹陷；掰开香肠，即可见断面的肉馅松散，黏结程度低，可见淀粉颗粒和不规则的小粉块。

掺有合成色素的香肠呈不正常的胭脂红色，十分鲜艳，肥肉上也染上浅红色。如剥去肠衣，把肉馅放在水中，水立即会变红。千万不要认为香肠的颜色越红越好，颜色太红有可能是放了过量的硝。

正常香肠有一定比例的肥肉，为白色，瘦肉为玫瑰色或深红色，红白分明。

香肚质量识别法 优质的香肚皮面干燥，紧贴肉馅，无黏液霉点，坚实有弹性，有香肚固有风味。

次质的香肚皮面稍有湿润或发黏，易与肉馅分离，有霉点但抹后无痕迹，脂肪有轻度酸败味。

劣质的香肚皮面湿润发黏，易与肉馅分离并易撕裂，表面霉点严重，抹后仍有痕迹，肉馅无光泽，脂肪酸败味明显。

颜色很红的香肚说明用硝量大，对人体有害，不宜食用。

肉松质量识别法 优质的肉松应该是金黄色或淡黄色带有光泽性的絮状物，肉纤维纯洁而疏松，无残筋膜，无成块结粒，味道鲜美，具有肉松所固有的气味和滋味，无异味和哈喇味。

酱肉质量识别法 好的酱肉颜色鲜艳，有光泽，皮下脂肪呈白色；外形洁净，完整，肌肉有弹性，无污垢、残毛、肿块、淤血及其他不应有的残留器官。

用刀插入肉中迅速拔出，闻刀上的气味，若闻不到肉香，甚至有异味，则可能是变质肉。

烧烤熟食质量识别法 好的烧烤肉表面光滑，富有光泽，肌肉切面发光，呈微红色，脂肪呈浅乳白色；肉质紧密结实，压之无血水，脂肪滑而脆；具有独特的烧烤风味，无异臭味。

叉烧熟食质量识别法 好的叉烧肉肌肉切面应呈微赤红色，组织紧密，脂肪白而透明，光泽少，结实而无异味。

变质叉烧肉切面呈暗黑色，纤维疏松易断裂，脂肪黏糊有异味。

糟味熟食质量识别法

质量好的糟味熟食，应该是糟卤清澈，无浑浊感，表面无大的脂肪团及泡沫，食品表面无粘手感，而且食之应有香味，无异味，较滑爽。

肉糜质量识别法

新鲜的猪肉肉糜呈淡粉红色，有光泽，有透明的质感，无异味。不新鲜的肉糜呈深暗红色，无光泽，有异味。

新鲜的夹心肉糜呈红白相间的条形，新鲜的瘦肉糜呈淡粉红色的条形，而混入其他杂肉等的肉糜则呈深红色的颗粒状。用手捏一点肉糜，新鲜的夹心肉糜和腿肉糜干净且细腻；而用猪肺、舌根、甲状腺及肾上腺等混入加工的肉糜，捏上去有颗粒等异物。

用手轻轻按肉糜，新鲜的肉糜有弹性，不新鲜的肉糜缺少弹性，老母猪的肉糜按下去就是一个洞，无法复原。

酱肝质量识别法

好的酱肝颜色均匀呈红褐色，光滑而有弹性，切面细腻，无蜂窝，无异味。反之，则不能购买。

猪肝质量识别法

新鲜的猪肝呈褐色或紫色，并有光泽，表面光洁润滑，组织结实，略有弹性和血腥味，无麻点。不新鲜的猪肝颜色暗淡，失去光泽，肝面萎缩，起皱。

粉肝和面肝质地柔软细嫩，切开处手指稍用力就可插入，粉肝色似鸡肝，面肝色泽赭红。麻肝背面有明显的白色经脉，手摸切开处不如粉肝和面肝嫩软，有粗糙感。石肝色暗红，摸起来比上述 3 种猪肝都要硬些，手指稍着力亦不易插入。

病死猪肝色紫红，切开后有余血外溢，少数生有浓水泡。

灌水猪肝色赭红显白，比未灌水的猪肝饱满，手指压迫处会下沉，片刻复原，切开后有水外溢。

猪肚质量识别法

新鲜的猪肚富有弹性和光泽，白色中略带些浅黄色，黏液多，质地坚而厚实。

不新鲜的猪肚白中带青，无弹性和光泽，黏液少，肉质松软，如将猪肚翻开，内部有硬的小疙瘩，系病症，不宜食用。

猪肺质量识别法

新鲜的猪肺呈鲜红或粉红色，有弹性，无异味。

不新鲜的猪肺色泽发绿或呈灰色，有异味。

猪大肠质量识别法

质量好的猪大肠呈乳白色，略有硬度，有黏液且湿润，无脓包和伤斑，无变质的异味。如果出现绿色，硬度降低，黏度较大，有腐坏味，则为质次和腐坏的大肠。

猪腰质量识别法

新鲜的猪腰呈浅红色，表面有一层薄膜，有光泽，柔润且有弹性。

不新鲜的猪腰带有青色，质地松软，并有异味。

用水泡过的猪腰体积大，颜色发白。

猪心质量识别法

新鲜的猪心呈淡红色，脂肪呈乳白色或微红色，组织结实有弹性，湿润，用力挤压时有鲜红的血液或血块排出，气味正常。

不新鲜的猪心呈红褐色，脂肪污红或呈绿色，气血不凝固，挤压不出血液，表面干缩，组织松软无弹性。

猪油质量识别法

猪油有板油、膘油和水网油之分。板油即猪腹肌肉侧的油，膘油是指皮下脂肪，水网油是猪肠胃外壁上的油(俗称“肠油”或“花油”)。这三种猪油出油率最高的是板油，可达 90％以上；膘油出油率一般在 80％左右，水网油出油率在 52％～57％。

板油以颜色洁白、质地厚实、有光泽且油脂黏性的为上等，否则为次。膘油质地坚实且色纯白的较佳；猪腹部膘油的结缔组织多，质地松软，质量较差。水网油虽然出油率低，但价格便宜，因其为猪肠胃外部的一层脂肪，易繁殖细菌，故在保存期间需严格控制温湿度，以防变质。新鲜的水网油应为白色、清洁、无异味、无杂质且油脂有黏性。

精炼油即经过炼制的猪油。上等精炼猪油应有清香的气味，不能有哈喇味或焦苦味，15～20 ℃时，呈白色、软膏状，加热融化后应透亮、无杂质，并呈淡黄色。

牛肝质量识别法

质量好的牛肝颜色呈褐色或紫色，有光泽，表面或切面不能有水泡，手摸有弹性。

不新鲜的牛肝颜色暗淡，没有光泽，表面萎缩、起皱，有异味。

牛肚质量识别法

质量好的牛肚组织坚实，有弹性，黏液较多，白色略带浅黄，其内部无硬粒或硬块。

牛心质量识别法

新鲜的牛心质地坚实，手摸富有弹性，切面整洁，用手挤压有鲜红色血液渗出。因为心肌是“米豆”分布最多的部分之一，选购时要特别留意牛心上是否有白点。

选购蔬菜类食物的窍门

白菜质量识别法

白菜几乎一年四季都有上市，但以当年11月份至次年1月份上市的质量最好。质量好的白菜叶薄片大，形体椭圆，色泽黄白，叶片紧包，柔嫩坚实。无论大白菜还是小白菜，一律以色正、洁净、切除根部、无黄烂叶、新鲜且无病虫害者为优。

油菜质量识别法

油菜（又名青菜）以春、秋季上市的最好。好的油菜叶瓣完整，呈墨绿或青绿色，无虫害，无农药味，菜梗饱满。

菜薹质量识别法

质量好的菜薹茎粗壮肥嫩，色正，无中空老化，无病虫害，叶鲜嫩，花半开。

芹菜质量识别法

优质的芹菜色泽鲜绿，叶柄宜厚，茎部略呈圆形，内侧微向外凹，清香味浓。芹菜喜凉爽气候，春秋季节种植产量高，品质好。水淋淋的芹菜并不是靠上市时淋点水就属优质而好吃，也不是在田里采摘后马上上市的新鲜品才能吸引人，关键在于要长得结实、健壮。因此，购买时不妨捏捏芹菜茎的根部，根部硬实的芹菜脆嫩。

菠菜质量识别法

质量好的菠菜，色正味纯，叶茂根壮，叶片光滑鲜嫩，叶厚且面宽，叶柄较短，干爽，植株完整，无虫害，无烂叶，无枯黄叶，无花斑，无抽薹。

卷心菜质量识别法

卷心菜（又名洋白菜或圆白菜）以包心紧实、鲜嫩洁净、叶片绿中带白、无老根、不抽薹、无病虫害、不散棵、无冻害者为优，松散且叶片发绿者为质差。

菜花质量识别法

菜花应挑选花球雪白、坚实、花柱细、肉厚而脆嫩、无虫伤机械伤、花球附有两层，不黄不烂青叶的。花球松散、颜色变黄，甚至发黑、湿润或枯萎的质量低劣，食味不佳，营养价值下降。

空心菜质量识别法

空心菜营养价值颇高，选购时以无黄斑、茎部不太长且叶子宽大新鲜的为宜。

苋菜质量识别法

苋菜以冬春两季上市的质量最好。苋菜以质嫩软滑、叶圆片薄、色泽较绿者为好。

雪菜质量识别法

好的雪菜（又名雪里红或雪里蕻），棵大叶壮，质地脆嫩，有一股清香味。

香菜质量识别法

香菜(又名芫荽)宜选茎短而少,叶片茂密而大,叶子嫩绿挺拔的;掐一片叶子闻一闻,如果香气浓郁,说明新鲜。不要选择细长的,这样的香菜味淡,不好吃。

芥菜质量识别法

芥菜最好选有根部的,叶稍多,颜色青翠嫩绿。芥菜茎部一般肉质较薄,纤维稍粗。

生菜质量识别法

购买生菜时应挑选叶片肥厚,叶绿梗白,叶质鲜嫩,无蔫叶和干叶,无虫害与无病斑,大小适中的。

茼蒿质量识别法

茼蒿宜选短而粗胖的,以没有花蕾的为好。依其叶子形态的大小,可分为大叶、中叶和小叶三种。其中,叶子有割裂的中叶种品质良好,味道芳香。茼蒿以色泽深绿,长度愈短味道愈香,同时也十分新鲜。茎长且叶枯黄的是过时不宜采摘的茼蒿,味道较差。

韭菜质量识别法

市面上有宽叶韭菜和窄叶韭菜,窄叶韭菜香味浓郁,若韭菜叶异常宽大要慎买。韭菜根部的切口处要平整,捏住根部叶片能直立,说明很新鲜。根部刀口处如长出一节,说明已割下来几天,不太新鲜。

韭黄质量识别法

优质的韭黄叶尖完整,呈淡黄色,肉质柔软,香味浓厚。购买韭黄时首先观察叶尖,叶尖整齐的味道较好。有的是韭黄变成了褐色,这是韭黄受冻的结果,其内部组织已经破坏,不宜购买。

青大蒜质量识别法

选购大蒜时,以鲜嫩、株高、叶鲜绿、不黄不烂、毛根呈白色且不枯萎为佳。

蒜薹质量识别法

蒜薹以新鲜脆嫩，条长，无粗老纤维，上部浓绿，茎部嫩白，尾端不黄、不蔫、不裂，手掐有脆嫩感及顶“帽”不开花的为佳。

大葱质量识别法

葱宜选葱头粗壮，葱白多且长，肉质厚，外面附微红色薄衣者，人们称它为“红头葱”或“肉葱”。

枸杞叶质量识别法

枸杞叶味苦涩带甜，可明目。除菜叶外，枸杞茎部可同时入锅煮汤饮用。选择枸杞菜，以菜叶呈深绿色且茂密的为好。菜梗粗壮，味道较浓郁。

黄花菜质量识别法

黄花菜（又名金针菜）以色泽黄亮，条长而粗壮，条秆粗细均匀者为优；菜色深黄，略带微红，身条略短瘦，条秆不均匀者为中等品；菜色黄带褐，身条瘦短蜷缩，长短很不均匀，含有泥沙者为下品。将黄花菜用手抓起握紧，松开后很快松散，手感柔软有弹性，身干水分少，质好；如松开后不易散开的，说明身潮，水分较多；如松手有粘手感觉，说明已开始变质。

香椿质量识别法

选购香椿要求色泽翠绿，叶细而卷，尖端呈红绿色，朵棵要完整，肥短脆嫩，香味足，用手捏觉得手感软；食后脆嫩软糯，无渣；芽叶上沾有明盐，无卤化现象，两枝碰击时，有部分明盐散落，不粘手，干潮适度。

万年青质量识别法

万年青以色泽青翠，清新，长度在 10 厘米左右，条秆粗壮，花蕾大而未开放的为质嫩；同时，用手捏搓，感到干硬刺手；入口尝试其味，清香鲜嫩，无烟火味，即为优良。

萝卜质量识别法

选购的萝卜品种以“心里美萝卜”和“青头萝卜”为佳。好的萝卜根粗大，心细小，尾细长，质脆嫩，味纯正，清甜。

胡萝卜质量识别法

胡萝卜应挑选个大，呈橙红色，头部带有青绿色，表皮光滑，没有黑斑，不开裂，不伤不烂的。色泽接近红色，表面凸起粒状的是发育不良的胡萝卜，须根太多，茎身粗糙，食味较差；接近根茎头的部分如果是绿色的，即表示这部分露出土壤已久，别以为这就是新鲜标志；新鲜的胡萝卜以须根仍附有少许泥土的为佳。如发现表面有坚硬而黑色的斑点，不要选购，因为这是胡萝卜出现黑腐病的现象。胡萝卜大的味美甘甜，小的则细嫩可口。

红薯质量识别法

好的红薯（又名山芋），味甜纯正，色泽红黄，表皮完整，无伤痕或斑疤，水分多。

山药质量识别法

山药以长根种和块根种质量较好，扁根种次之。山药宜选粗细均匀、表皮斑点较硬的，以粗壮肥嫩、条直不弯曲且条长30厘米以上的为佳，外皮无伤且带黏液的为最好。

冬季买山药可用手握住山药10分钟左右，如山药出汗，就是受冻了；如发热就是没冻过的。掰开山药看，冻过的横断面黏液化成水；冻过回暖的有硬心且肉色发红，质量就差了。

山药受热会霉烂，程度轻的长白点，程度重的不能食用。如发现长白点，就要切掉，切时忌用铁制刀具。

土豆质量识别法

土豆呈椭圆形，外皮呈黄白色，肉呈白色，有芽眼，产于春秋之季，以春季产的为好。质量好的土豆，色正色鲜，个体均匀，饱满，无紫绿异色，块茎肥大充实，整齐均匀，无发芽，无病虫害，无损伤，无冻害，不脱水。发青的土豆吃不得，发芽的更不要买，被虫咬过的也不要买，以防隐藏毒素而引起中毒。

荸荠质量识别法

荸荠以个大洁净、新鲜皮薄、肉细汁多、爽脆味甜且无渣为优良。荸荠有粳糯之分，一般粳荸荠个较大，色黑皮厚，环纹带（每个荸荠都有两圈环绕一周的纹带）鼓起，“脐带”长而粗大，肉粗，呈灰白

色，吃后有渣滓感。糯荸荠个略小，色微红，皮薄，环纹带平，“脐带”短而小，肉细腻，呈雪白色，吃后无渣滓感。

芋头质量识别法

槟榔芋外形较大，芋体不长，呈圆形，芋皮有一圈圈由上而下逐渐变狭窄的横纹的是上品。

选购红芽芋、白芽芋及荔浦芋，以咀嚼后感觉香嫩软滑者为佳。这些品种与槟榔芋比较，外形明显细小，一般以头圆身小为好。

芋头一般生有子芋和母芋，子芋肉质细嫩，多为粉质，品质佳，吃口好；母芋肉质粗，味道差。芋的种类有多子芋、魁芋和多头芋，多头芋的水分含量较少，组织较致密，食味很好。

鲜藕质量识别法

鲜藕的质量以藕节肥大、色鲜、黄白而无黑斑、清香味甜、肉质嫩且多汁、无干缩断裂、无损伤及无淤泥者为佳。用手指甲在莲藕上轻轻划一下，肉质脆嫩的可划破，仅划出浅条痕迹的说明肉质较老。切一小片尝一下，藕断丝不连，口感酥脆且味甜的是嫩藕；而藕断丝连，口感较绵软、肉质较粗的是老藕。

藕一般都较长，有好几节。顶端的一节肉质极嫩，甜味尤佳，最宜鲜食；第二、三节稍老些，适宜制作“藕饼”和“糯米藕”等应时佳点。

鲜藕与粳糯识别法

鲜藕有粳糯之分，一般人喜欢吃糯藕。糯藕肉白细嫩，皮薄，节眼小且环筋平，孔内光洁平滑，节短而膨胀，近似椭圆体，吃起来松软；而粳藕肉微红粗糙，有明显的纵纹路，节眼大而环筋突起，孔内有纹路，节长而不膨胀，多似偏柱形，吃起来较硬，且藕丝较多。

田藕与池藕识别法

鲜藕有田藕和池藕之分。田藕生长在水田中，品质较差；池藕生长在池塘中，质量较好。田藕身短，有11个孔，上市较早；池藕上市迟，身长，有9个孔。不论田藕还是池藕，以藕节粗短者为佳。

洋葱质量识别法

洋葱表皮越干越好，包卷度愈紧密愈佳；从外表看，最好可以看出透明表皮中带有茶色的纹理。如果洋葱表皮有黑斑点，有些地方松软或有刺鼻的气味，则表明洋葱里面已经变质，不能食用。

冬笋质量识别法

冬笋是在冬天采掘的在土中已长至肥大的笋。质量好的冬笋呈长圆腰形，驼背，鳞片略带茸毛，皮黄白色，肉质黄中微带白的质量较好。

春笋质量识别法

春季出芽长出地面的春笋，应挑选粗短，紫皮带茸，质地鲜嫩，呈白色或米黄色，形如鞭子的。

毛笋质量识别法

毛笋应挑选个大粗壮，皮呈黄灰色，肉呈黄白色，形整齐且质细嫩者，单个重量在 1 000 克以上的为佳。

扁尖质量识别法

扁尖（扁尖笋）的颜色以青翠为主略带土黄色，以没有老根，表面带有白色盐霜的为佳。笋身坚实，盐霜不黏手的扁尖为优质品，要求含盐量足，干燥度高。缺盐不能保存，也不能防霉，鲜味也不佳。

笋干质量识别法

优质笋干色泽淡棕黄，犹如琥珀，有光泽，笋节紧密，纹路浅细，肉厚形宽，质地细嫩；色泽暗黄、呈酱褐色、笋纤维粗壮、笋节排列稀疏、质地老者为下品。陈笋干一般色泽带黑或红色，易虫蛀；呈水灰色的笋干，大多是已霉变经过洗晒加工的次品，不宜购买。笋干含水量应在 14％以下，检验时用手一折就断、声音脆亮的，说明质干；倘若折不断或折断时无脆声的，表明笋干较潮湿。

玉兰片质量识别法

质量好的玉兰片表面光洁，颜色呈玉白色或奶白色。质量差的玉兰片表面萎暗，色泽不匀，如玉兰片深黄或有焦斑的，系烤焦所致。一般来说，长度短、阔度小的质嫩，如一级品尖宝，长不超过8厘米，阔3～4厘米。二级品冬片，长不超过12厘米，阔4厘米左右。片体干、手捏片身无黏感的为上品，手捏发黏的过潮，易变质。

百合干质量识别法

优质的百合干应干燥、色白、有光泽、片形肥厚、无杂质或杂质少、无锈斑。老片、焦片、嫩心、色微黄、片形碎瘦但较均匀者次之。

莴笋质量识别法

莴笋的品种较多，以秋末和春初上市的为上品。质量好的莴笋茎长粗大，肉质脆嫩，多汁新鲜，表皮鲜润，无黄斑，无枯叶，无抽薹和空心，无苦涩味。

芦笋质量识别法

优质的芦笋鲜嫩，色泽浓绿，尖部密实，切口不变色，粗大柔软的味道佳；细且有筋脉的为劣品。

茭白质量识别法

茭白宜选择色泽呈奶白玉色的、外表有微红色的晚期茭白，这种茭白结实而糯。质量好的茭白，体形匀称，色泽洁白，质地脆嫩，肥厚，皮光滑，无灰心，无糠心，无锈斑，无病虫损害。

黄瓜质量识别法

黄瓜以鲜嫩、色青、身条细直、条头均匀、无弯沟、无畸形、无折断、无苦味者为优。质量好的黄瓜，外表的疙瘩粒子未脱落，手摸时有刺痛感；色泽绿，质地脆，有清香味，子小而少，水分多，外形饱满且硬实。如用手捏一下黄瓜较软，则说明不太新鲜。

冬瓜质量识别法

凡体大、肉厚湿润且表皮呈粉状，无结疤，不软不烂，无裂口，无损伤，分量重，质地细嫩的冬瓜，均为质量优良。

南瓜质量识别法

南瓜的质量以果实结实，瓜形整齐，组织致密，种子腔小，瓜肉肥厚，瓜瓤不松弛，瓜皮坚硬有蜡粉，无腐烂斑点，色正味纯者为优。

南瓜皮干呈黄色或青色，含水多的是嫩瓜；用手指掐皮肉，掐不动者为老瓜。

丝瓜质量识别法

线丝瓜细而长，购买时应挑选瓜形挺直、大小适中、表面无皱、水嫩饱满、皮色翠绿、不蔫不伤者。

胖丝瓜相对较短，两端大致粗细一致，购买时应挑选皮色新鲜、大小适中、表面有细皱并附有一层白色绒状物和无外伤者。

苦瓜质量识别法

苦瓜有绿色和白色之分，苦味也因品种不同而有很大差异。一般来说，瘤体较大、表面较平滑、瘤少者苦味会淡一些；相反，瘤体小而密者苦味较重。选购苦瓜时，应注意选择果实较坚实、果形端正、鲜嫩、片薄、子少、无外伤、无病斑及瓜条齐整的苦瓜。

苦瓜身上一粒一粒的果瘤是判断苦瓜好坏的特征，果瘤颗粒愈大愈饱满，表示瓜肉愈厚；颗粒愈小，瓜肉相对较薄。

笋瓜质量识别法

笋瓜以瓜体周正、色鲜质嫩、不烂不伤不老的为佳。

西葫芦质量识别法

西葫芦以色鲜质嫩，瓜体周正，表面光滑无疙瘩，不伤不烂，单个重在1千克以上的为佳。

番茄质量识别法

质量好的番茄颜色鲜艳、脐小、无畸形、无虫疤、不裂不伤且个大均匀。选购番茄主要看果蒂，圆凹形的果蒂呈浅绿色者新鲜；不挑或少挑干黄色的，因为它被摘下的时间较长。催熟的番茄由于长得不圆满，最好不要买，这类番茄的特征是着色不均匀，味不可口。

番茄的品种较多，依其色泽有红色、粉色和黄色之分。红色番茄的果实为大红色，一般呈扁球形，汁多爽口，风味好。粉色番茄的果实为粉红色，近圆球形，味酸甜适宜，品质较好。黄色番茄的果实为橘黄色，呈圆球形，果大肉厚，肉质又面又沙，生食味淡。

番茄是否催熟识别法

催熟的番茄多为反季节上市，其特点是无论大小全是红的，而且周围仍有些绿色，手感很硬。若将其掰开，可发现籽呈绿色或尚未长籽，皮内发空，果肉无汁和无沙，尝之无酸甜感，且发涩。而自然成熟的番茄籽粒是土黄色，肉质红色，起沙，多汁，尝之口感好，有酸甜感。

茄子质量识别法

如果茄子色泽紫且较为均匀，通体鲜亮，即可确定是嫩茄子；如果肉明显大于茄盖的覆盖，呈现出绿白色轮廓，那么茄子是提前采摘上市的，这样的茄子鲜嫩。老的茄子，果身挺硬，瓤变硬不能吃。变坏或正在腐坏的茄子，果身变得分外松软、潮湿，表皮也皱缩，并有褐色斑点。

圆茄子果实圆形、扁圆形或长圆形，皮黑色、紫色、绿色或白色。圆茄的肉质比较紧密，单果较重。宜选鲜嫩、有光泽、蒂部刺扎手、不伤不烂、个大均匀、蒂绿色和外皮隆胀不松皱的，把茄子放在手里，有柔软的感觉，吃起来鲜嫩味佳。

长茄子果实细长，皮较薄，有紫色、青绿色和白色等，单果较轻，肉质较嫩，以形略细小的较佳。

卵茄子果实为卵形或长卵形，果较小，质较硬。

甜椒质量识别法

好的甜椒色泽鲜艳且光亮，且外形饱满、个大肉厚和无虫眼、椒体有一定的硬度。质次的甜椒表皮色泽暗淡，并带有皱纹，用手轻捏有发软黏手之感。

青椒质量识别法

青椒以挑选色泽浅绿、外形饱满、有光泽、肉质细嫩且无虫眼、用手掂感到有分量、气味微辣略甜者为佳。

红尖辣椒质量识别法

红尖辣椒以果实外形如同圆锥体或长圆筒形、嫩果呈绿色、老熟后呈赤色或红色、辣味足、色泽光亮、新鲜饱满且椒体颜色通透红润者为佳。

尖角椒质量识别法

尖角椒果实较长，呈圆锥形，尖端尖锐并弯曲呈羊角状，辣味足。在购买时应挑选有一定硬度、色泽嫩绿、表面光滑平整且无虫眼，闻之辣味重的。

朝天椒质量识别法

朝天椒果实不大，外形呈圆形或鸡心形，外观红色或紫红色，辣味极强。购买时应挑选体小、色红（或紫红）、通体油亮、呈尖锥形和壳肉籽较多的。

辣椒干质量识别法

好的辣椒干应色泽鲜红发亮，洁净完整，皮厚籽少，椒柄细短，辣味浓烈，无破裂，无霉蛀，无杂物。

四季豆质量识别法

选购四季豆时，应挑选豆荚饱满均匀，色泽青绿，质地脆嫩，表皮平滑无蛀虫眼，豆粒呈青白色或红棕色，鲜嫩清香的。表皮多皱纹，呈乳白色筋多者是老四季豆，不易煮烂。

豇豆质量识别法

深绿色的豇豆较新鲜脆嫩，以粗细匀称、色泽鲜艳、籽粒饱满，没有病虫害的为优；用手触摸，如豆荚较实且有弹力为鲜嫩；豆荚有空洞感觉，或有裂口和皮皱者为老豇豆，形条过细无籽的是未发育的豇豆；表皮有虫痕的多数是病豇豆。

青蚕豆质量识别法

质量好的青蚕豆，豆色呈鲜绿，豆粒饱满且湿润，老嫩适度，顶端有一条颜色不太深的黑线，无黑线者过嫩，黑线颜色深者过老。

扁豆质量识别法

扁豆（又名眉豆）应以饱满、坚硬、嚼之有生豆腥气，个体肥大，荚长 10 厘米左右，皮色鲜嫩，无虫蛀无伤的为佳。

毛豆质量识别法

质量好的毛豆(即嫩黄豆荚),色泽绿润,豆荚饱满,豆粒大而均匀,质嫩清香,无虫蛀。

鲜玉米质量识别法

鲜玉米应挑选苞大、籽粒饱满、排列紧密、软硬适中、老嫩适宜、质糯无虫者为佳。

选购豆及豆制品类食物的窍门

大豆质量识别法

大豆呈卵圆形或近于球形,种皮黄色、绿色或黑色。应选大豆籽粒均匀、饱满且坚硬,极少杂质的为好;籽粒大小不匀,软湿,杂质较多的为次品。

黑豆质量识别法

黑豆以颗粒饱满、质地坚实、个大均匀、乌黑者为佳。

绿豆质量识别法

绿豆以颗粒均匀、饱满,色绿,煮之易酥者为上品。

豆腐质量识别法

质量好的豆腐呈雪白色或乳白色,有光泽,块形完整,软硬适中,质地细嫩,富有弹性;切面有光泽,无杂质,无麻面;味道不苦,不涩,不酸,闻有豆香味;口感醇香清爽。劣质豆腐呈灰白色,或深黄色,或发红呈褐色,无光泽,组织松散,表面粗糙,不细嫩或有牙碜感,气味不正常,有酸臭等异味,不能食用。

好的内酯豆腐呈白色或乳白色,在包装盒内无空隙,无气泡,不出水,表面平整细腻,拿在手里摇晃无豆腐晃动感,开盒可闻到少许豆香气,倒出来切开不坍不裂,切面光滑细嫩,尝之无涩味。

豆腐干质量识别法

豆腐干以色正有香气，块形整齐均匀，质地密实，咸淡适口，有弹性，无杂质，无异味为佳。

劣质豆腐干呈深黄色，发红或呈绿色，无光泽；表面黏滑发糊，掰开后有丝发黏，无弹性，切口处可挤压出水来，并有酸臭味。

油豆腐质量识别法

优质油豆腐色泽金黄，鲜艳有光泽；质地细腻，边角整齐，皮脆无杂质；香酥适口，无酸味或其他不良气味。

劣质油豆腐表面无光泽，呈灰黄色或深黄色；块形多不完整，质地松散，并且发黏，有酸味或哈喇味及其他不良气味。

油豆腐是否掺假识别法

纯黄豆制作的油豆腐色泽金黄鲜艳，用手摸时有油溢出，掰开后应呈蜂窝状均匀分布。

掺假的油豆腐色泽暗黄且容易变焦，用手摸没有油溢出，且质地粗糙，掰开后多有结团。

百叶质量识别法

优质的百叶，色呈淡黄或奶白，柔软而富有弹性，质地细腻，厚薄均匀，片形整齐，有豆制品特有的香味，味道纯正，久煮不碎。存储不当的百叶有时会变红，这是被灵杆菌污染引起的，人吃了变红的百叶后可引起急性胃肠炎。

腐竹质量识别法

优质的腐竹颜色淡黄，条形完整，外观油亮无斑点，质地干脆，品尝时，豆香浓郁，口感醇香无杂味；质呈纤维状，在强光下观察可看到如瘦肉丝似的纤维组织。反之，质量为次。

腐乳质量识别法

优质的豆腐乳品尝时细腻柔糯，咸中带鲜，块形完整，色泽鲜艳，呈浅黄色或金黄色；腐乳汁呈液态，色泽较浅；闻之有酱香及酒香味，并带有调味香料的香气。

红豆腐乳呈鲜红色，断面淡黄色，味咸而鲜，质地柔糯，有红豆腐乳特有的香气。

臭豆腐乳的表面色青略灰，味咸而鲜，有正常的臭气，质地柔糯。

糟豆腐乳表面呈淡黄色，有酒酿粘附，味咸而质地柔烂可口。

油皮质量识别法

优质的油皮呈淡黄色，表面油滑，有光泽。若表面为黄褐色，有光泽，其质量稍次。红褐色、无光泽者质量更次。红中带紫和色光萎黑的是下脚货，品质最次。

市场上供应的油皮可分为三级：一级品片张薄，色泽黄亮，半透明，有光泽，身干不硬脆，片张洁净，无杂质。二级品片张稍厚，色泽深黄，半透明，有光泽，身干不硬脆，片张洁净，无杂质。三级品片张厚，色泽黄褐，身潮，片张不够洁净，无霉斑。

豆豉质量识别法

豆豉以颗粒饱满、色泽黄黑油润、香味浓郁、甜中带鲜、咸淡适口、中心无白点、无霉变、无异味、无泥沙杂质者为佳。

凉粉质量识别法

一些不法商贩在质次的淀粉中加入蓝墨水或绿色颜料，制成的凉粉呈绿色，便吹嘘其产品是纯绿豆粉制成的，这种凉粉食用时口腔内有异味和难受感。绿豆粉制作的凉粉并不是绿色的，应呈白色或青白色。凡伪劣掺假的凉粉不宜食用。

粉皮质量识别法

粉皮应选购外形圆整，片张均匀，无凹凸不平和卷边，粉质细腻，韧性强，无霉味和酸味者为好。

粉丝质量识别法

优质的粉丝应该是细长、白净，晶莹透明；丝条均匀、整齐且光滑；弹性足，拉力强，柔而韧，不易折断；含水量在15%以下，质地干洁，无污物，无斑点黑迹，无霉变异味。同等的生产条件下，绿豆粉丝比蚕豆粉丝白，其柔韧性也胜过蚕豆粉丝。

面筋质量识别法

优质面筋呈白色，油(炸)面筋呈黄色，多呈圆球形，大小均匀，有弹性，质地呈蜂窝状，不粘手，无杂质。品尝其滋味，具有面筋固有的滋味，无其他任何异味。

次质面筋颜色相对较深，弹性差，不粘手，大小不均匀。品尝其滋味，面筋固有的滋味平淡，稍有异味。

劣质面筋色泽灰暗，油(炸)面筋呈深黄或棕黄色，失去弹性，手摸时粘手，有杂质。面筋固有的气味平淡，有臭味、哈喇味(油炸面筋)或其他不良气味。

豆芽质量识别法 正常的绿豆芽略呈黄色，芽茎不太粗，无异味。豆芽的长短与维生素含量高低直接相关，以豆芽长度较短者为佳，长度超过10厘米时营养价值显著下降。

质量好的豆芽外形完整，组织脆嫩，根部呈白色，清晰，头部呈淡黄色，鲜艳有光泽。劣质豆芽灰白发暗，无光泽，不鲜艳。

采用化肥催长的豆芽，根短或无根，豆芽发蓝；倘若将豆芽折断，断面会有水分冒出，有的还残留化肥的气味。用化肥催发的豆芽不能食用。

选购菌类食物的窍门

香菇质量识别法 选购鲜香菇时，用手指压住香菇伞，然后边放松边闻，以香味纯正的为上品。伞背以呈黄色或白色为佳，呈茶褐色或掺杂黑色则为次。

选购干香菇时，一要看菇体，优质香菇体圆齐整，菌伞肥厚，盖面平滑，质干不碎，手捏菌柄有坚硬感，放开后菌伞随即蓬松如故，色泽黄褐，菌伞下面的褶皱紧密细白，菌柄短而粗壮；二看伞面，优质花菇其伞面有似菊花一样的白色裂纹，色泽黄褐而光润，菌伞厚实，边缘下垂，褶皱细密匀整，身干朵小柄短，菌伞直径以2～3厘米为标准；三看伞顶，优质厚菇其伞顶平面无花纹，呈栗色并略带光泽，肉厚质嫩，朵稍大，边缘破裂较多，在花菇和厚菇中，若掺有太多的菇丁(菌伞直径在1.3厘米以下者)，则质次；四闻其味，远处能闻到香菇所特有的香味，香气浓郁。

香菇是否野生识别法

野生香菇的肉质相当鲜嫩，香味浓馥，菇柄较短，菇面纹细，柔软光亮，直径较小；人工栽培的香菇菇柄较长，菇面纹粗，光亮度差，直径大，纤维较粗。人工栽培香菇的主要物质成分含量低于野生菇的60%。

蘑菇质量识别法

质量好的蘑菇，色泽洁白，菇形完整，菌伞未开，坚实肥厚，质地细嫩，清香味鲜，边缘完整内卷，菌柄短而粗壮；质量差的蘑菇，最明显的特征是颜色不白，直至近褐色。

选购蘑菇时，要注意选当天采摘的蘑菇，新鲜、肉嫩；隔夜蘑菇泛红泛黑，在菇面和伞柄处可观察出是当日蘑菇或隔夜蘑菇。不宜购买高温菇、开花菇和水浸菇。高温菇是催熟的，肉薄、味淡；开花菇不新鲜，不能食用；水浸菇含水多，不卫生。

猴头菇质量识别法

猴头菇多为野生，体圆而厚，形状特殊，表面有一种长刺，腹部光滑为肉质块状。新鲜时呈白色，干制后呈褐色或金黄色。以选购形整无缺、茸毛齐全、体大、色泽金黄者为好。

选购平菇法

优质的鲜平菇应外形整齐，完整无损，色泽正常，质地脆嫩而肥厚，清香纯正，无杂味。食用应选用八成熟的鲜平菇，这时菌伞的边缘向内卷曲，而不是翻张开，此时营养价值高，味道最鲜美。若鲜平菇上有蛛网状的绿色及煤黑色等异色，通常是受了病虫损伤，不宜购买。

草菇质量识别法

草菇以色泽明亮、味道清香、菌体肥厚、朵形完整、不开伞和无泥土杂质者为佳。

黑木耳质量识别法

木耳朵大适度，耳瓣略展，朵面乌黑有光泽，朵背略呈灰白色的为上品；朵稍小或大小适度，耳瓣略卷，朵面黑但无光泽的属中等；朵形小而碎，耳瓣卷而粗厚或有僵块，朵灰色或褐色的最次。

木耳用手拿着感觉很轻，水泡后涨发性大的属优质；体稍重，吸水膨胀性一般的为中等；体重，水泡涨发性差的为劣质。

银耳质量识别法

质量好的银耳，耳花大而松散，耳肉肥厚，色泽呈白色略带微黄，蒂头无黑斑或杂质，朵形圆整，大而美观；干燥，没有潮湿感，清香无异味。

看起来十分洁白的银耳是用硫磺熏过的（存放半月之后又会变黄），倘取银耳花少许放在舌上，便有刺舌辣感。

银耳花花朵呈黄色，一般是下雨或受潮后烘干的，质量虽然不受影响，但应该降一等。耳肉略薄，银耳朵形圆整，蒂头稍带耳脚，则列中等。银耳色呈暗黄，朵形不全呈残状，蒂头不干净，甚至呈黑斑状的烂银耳，属于质量差的等外品。

真假发菜识别法

真发菜为灰黑色细小均匀圆柱丝状体，体外包透明胶质，手指捏之较柔软，不易碎；在水中迅速下沉，浸泡后呈浅黄色；有香味，有爽脆感。

假发菜呈乌黑色、黑褐色或绿褐色；一般无透明胶质，有的虽呈丝状、有胶质，但有分枝，下粗上细，手捏易碎；在水中下沉较慢，浸泡液有的呈蓝黑色；无发菜香味。

选购水果类食物的窍门

苹果质量识别法

苹果质量以个大且匀称，色泽鲜艳，无虫害，酸甜适度，清脆，果味纯正，果皮表面上有一层薄薄的白霜者为优。优质的苹果多生长在树冠上方或外部，接受雨露阳光比较充足，所以味甜肉脆，且营养也比一般苹果高。红富士苹果的底部较扁平；颜色浅红，有些小白点；呈圆形，上部与底部大小差不多。

梨子质量识别法

梨子的品种较多，有莱阳梨、鸭梨、砀山梨等，以山东莱阳出产的莱阳梨最好。莱阳梨有“雌梨”和“雄梨”之别。雌梨，脆嫩甜，汁多，体形上小下大，近似等腰三角形，花脐处只有一个很深的带有锈斑的凹坑；“雄梨”粗硬，水少，不太甜，外形像个高脚馒头，花脐处有两次凹凸且没有锈斑。

选购任何品种的梨子，都要注意其花脐处的凹坑要尽可能地深一些，这样的梨子肉脆嫩，汁多味甜。梨子一般应选果皮细而薄，色泽淡黄且有光泽，手捏硬软适度，无板硬感，鼻闻无酸味而有香气，果形完整者。

香蕉质量识别法

香蕉的皮色金黄，两端略青，肉质坚实为熟度适中（八成熟），香脂待放，此时品质最佳。在香蕉腰间出现少量的“芝麻点”，是香蕉趋向完全成熟的阶段，此时最适宜食用。果肉入口柔软糯滑，富有甜味和香气者为优质；肉硬涩口为未熟香蕉；果肉软烂，口味淡薄，甚至发酸者为过熟果。

蜜橘质量识别法

挑选蜜橘时，要选皮呈红橙色且有光滑感的，同时轻按橘皮，如与瓤肉贴得紧实且有弹性，此蜜橘必甜而多汁。

柑橘质量识别法

柑橘应挑选果实表皮光亮且滑润，没有斑点或变软的，用手指轻压果实表面，弹性好的是上等柑橘。反之，则是过熟或尚未成熟的柑橘，口味都比较差。若是果实中等大小，个大皮厚，则肉质并不饱满；个小的尚未成熟，味道比较酸涩。

金橘质量识别法

金橘（寿星橘）皮肉皆可食，是以食皮为主的水果。果很小，最大的如鸽蛋，色泽金黄艳丽，皮较甜，橘香浓郁，肉嫩汁多，酸甜适口，形佳色美。选购金橘时，以皮薄子少、果皮脆甜、肉嫩汁多味浓、无火烫状斑和烂斑的为佳。

橙子质量识别法

好的橙子用刀切开，用手掀皮，皮肉极易分离，肉质糯软，呈玛瑙红色，果核少，味甜无渣，并带有清香味。

柠檬质量识别法

柠檬以果实新鲜，果面光滑，果皮柔软有光泽，无伤残和病虫斑，果汁多，香气浓，酸味重，不苦涩的品种质优。果皮粗糙且较硬的，大多是皮太厚的品种；果面出现褐色斑块，特别是在果蒂部位，说明果实已开始腐烂。

菠萝质量识别法

菠萝以个稍大，果形饱满，果身挺拔，果皮老结，质地柔密，颜色橙黄艳丽，能透出清香味，汁多味甘者为优。若果身变软，浓香过分，说明成熟过度或存放过久；若果实变味，果眼冒汁，说明果肉已开始腐烂、变质；若果色青，说明是抢季节采收的，品质不良。

葡萄质量识别法

葡萄以果面灰白色，果粒完整，似有一层白霜者品质最佳。新鲜而且成熟度适中的葡萄，果粒饱满，大小均匀，青子、瘪子较少。

红提与葡萄识别法

红提形似葡萄，两者果形一致。

葡萄呈褐红色，红提呈深红色。红提大小均匀，整挂无散粒，拿在手里较硬，口感脆甜，有一种纤维质的感觉。葡萄用手一捏，皮和肉易分离；而红提皮比较薄，皮和肉较难分开。

猕猴桃质量识别法

无虫蛀、无破裂、无霉烂、无皱缩和无挤压痕迹的猕猴桃为佳品。猕猴桃有过硬感表示果实尚未成熟，用指按压有弹性，并稍有柔软感，即为成熟。

奇异果质量识别法

好的奇异果大小均匀，表皮黄中泛青，口感略带酸甜。同猕猴桃最大区别在于，奇异果需硬时吃味道才好，而猕猴桃则必须熟透了才好吃。

樱桃质量识别法

粒大饱满，色泽鲜红剔透，表皮光滑、光亮，饱满，富有弹性，肉质厚而软的樱桃为上好佳品。若果实色泽暗晦，果身软潮发皱，皮表面有胀裂及破皮处有“溃疡”现象，或果蒂部分呈褐色，则不宜购买。

石榴质量识别法

石榴以果大皮薄，色泽光亮，籽粒饱满，汁多醇厚，酸甜适度的品种为佳。

荔枝质量识别法

荔枝以色泽鲜艳、个大核小、肉厚质嫩、汁多味甜、富有香气、无刺激性酸味的品种为质好。荔枝的成熟度以九成为好，其果实蒂肩微凹，果顶浑圆，果肉丰满，富有弹性，肉质洁白，香气四溢。

鲜桂圆质量识别法

鲜桂圆的选购，应要求新鲜，果壳呈黄褐而略带青色者为成熟适度；用手捏时手感柔软而有弹性；肉质晶莹洁白，易剥离。同时，个大、肉厚、味甜、汁多、不碎壳、不失色，即为良品。

桂圆以果体饱满、圆润，壳面黄褐醒目，肉质厚实、红亮，有细微皱纹，果柄部位有一圈红色肉头为质佳。如果壳面不很平整，颜色不均匀，有油褐斑迹，说明肉质卤湿变质。

槟榔质量识别法

选槟榔应挑选外形呈梭形，表皮纹路不规则，果身紧实，无弹性的果子，其成熟度适中，纤维细，果肉厚实，入口细嫩、柔软。

橄榄质量识别法

橄榄以个大、色呈青绿或绿中带黄、肉厚、外呈圆形、大小适中、表面无褐黄斑者为上品。

海棠质量识别法

选购海棠要求果体均匀、端正，成熟适度（因太生味涩，太熟则起沙发酥），果面光洁平滑，果实微软有弹性，水分充足，甘甜微酸，具有一股清香扑鼻的气味。品种以果皮呈玉白色的白海棠为好。

柚子质量识别法

因为颈长瓤肉就少，故按一下柚子的皮，以感到皮下海绵体不厚，并能触及较硬瓤肉为佳。果皮上有呈半透明状的油点，此柚子必定皮薄水分多。沙田柚子要挑选葫芦形的品种。

椰子质量识别法

椰子以果实新鲜，充分成熟，壳不破裂，汁液清白不泛黄，肉质油脂厚实，食之富有清香味的为上品。

芒果质量识别法

买芒果应挑选果实大而饱满、手掂有重实感、表面颜色金黄、洁净无黑斑、清香汁多者。

榴莲质量识别法

将榴莲先闻一下，倘若嗅到一股特别的似臭味，则此为好果。若闻之无味，又见裂口处与果肉表面发霉长毛，则此果不良，不能吃。

用手指甲或刀敲击榴莲的刺，熟的榴莲会发出咕咕声。因为熟透的榴莲果肉会缩水，果肉离壳，出现空隙。如果有细微的响声，表示肉厚核小，为上品榴莲；如果响声太大，则表示榴莲核大肉薄。

鲜枣质量识别法

质量好的鲜枣，要求果皮光滑新鲜，肉厚，核小，质脆，汁多，味甜，嚼之有声。若果皮皱缩，味虽甜但食之干燥；若果皮萎缩瘪皱，说明已趋腐烂变质，不宜鲜食；果皮绿且发暗者为过生，有紫红条斑者为过熟，均不宜鲜食。

山楂质量识别法

好的山楂（山里红）以肉厚籽少、酸甜适度为好。同一品种的山楂以个大而均匀，色泽深红鲜艳，无虫蛀，无硬伤，无僵果者为好。

梅子质量识别法

绝大多数水果都以甜香酸取胜，唯独梅子以清酸称绝，故风味不同凡响。梅子的品种很多，在选购时，以果实成色新鲜，质地松脆，酸香不苦，核小肉厚者为上品。

杨梅质量识别法

好品质的杨梅，其表面上的肉柱呈圆钝状，果肉软糯滑口，呈深紫色且个大。杨梅过熟或过生，肉质酥软，酸味过重，果面有水迹现象者为次。

蓝莓质量鉴别法

新鲜蓝莓上挂的一层白霜是果粉，这是蓝莓的香气和营养的重要来源，也是判断蓝莓新鲜度的重要标志，果粉越完整说明越新鲜。成熟蓝莓应该呈深紫色和蓝黑之间，红色的蓝莓没有成熟，但可用于菜肴。

柿子质量识别法

柿子应选果实新鲜，无涩味（熟柿），无伤烂的，以个大、肉细、汁多、味甘、无核者为佳品。若想买的柿子马上就吃，可选购烘柿，此种柿子在树上自然脱涩，皮薄汁多，味甜。生柿子只需用酒精或生石灰在柿蒂处点上少许就可脱涩。

枇杷质量识别法

枇杷应选果实硕大、果皮呈深橙黄色、皮薄肉厚、汁多味甜、独核及果皮明显可见白色茸毛者。果实小，果皮颜色浅黄、光滑者为不良品。

桃子质量识别法

桃子的品质以皮薄、个大、甘甜、清香、汁多、肉厚且味鲜为佳。桃子以果皮呈绿白色，带白黄色且部分呈红晕者为优。桃子在未完全成熟时，果皮为浅绿色，果肉较硬，吃起来略带苦味，不香不甜。

草莓质量识别法

草莓应挑选果蒂鲜黄绿色，果形整齐，颗粒硕大，果面洁净，色泽鲜艳，呈鲜红色，汁多肉嫩，甘甜浓香，成熟度为八九成的。对那些色泽不红或红黄不匀、口感无味的草莓，要提防是用药剂催熟的产品。

杏子质量识别法

杏子以色泽新鲜，黄里泛红，果实个大，味甜多汁，果肉与果核易于剥离的品种为质优。杏子以成熟度为八成以上果肉开始变软者为好。

李子质量识别法

优质的李子，皮色鲜艳并带有果粉，果肉细密，甜香甘美，汁多核小，口感略具弹性，脆度适宜。

甘蔗质量识别法

甘蔗以皮色新鲜，蔗茎挺直，径围粗壮，上下均匀，节平整齐，无水裂，无虫蛀，无干缩和皱皮的品质为上。节距越短，秆体越粗，其甜味就越足。紫皮甘蔗的表皮中透黑有光泽；青皮者色深发亮，均是味浓而甜的表征。

西瓜质量识别法

西瓜应选表面长得匀称，脐部凹陷较深，皮面光滑，花纹清晰有凹凸感，底面发黄者。用手按压西瓜皮觉得发硬，有顶手的感觉即为薄皮瓜，瓤脆沙，口甜；皮软的西瓜是厚皮瓜，瓤软，口淡。连接西瓜的藤茎一定要新鲜，若西瓜藤茎已枯萎，表示已摘下一段时间；果实肥满，果形正，表示生长发育正常，必然甜脆多汁；果皮光滑较硬，以食指弹果皮，声音比较坚实者为优质西瓜。

西瓜蒂细小者多为熟瓜，蒂粗且带茸毛者多为生瓜；用手指摸瓜面，感觉软而发黏的是生瓜，滑而硬的是熟瓜；轻拍瓜身，声音嘭嘭响，手感重的是生瓜，瓜声噗噗、手感轻的，说明瓜酥熟；用拇指顶住瓜头，放耳边有沙沙之声，便可以断定是沙瓤熟瓜；用指甲掐瓜皮，生瓜皮难入，熟瓜皮脆而多水。

哈密瓜质量识别法

选购的哈密瓜以皮色鲜艳，闻有其应有的香味，瓜身微软者为佳。瓜瓤呈浅绿色的发脆，呈金黄色的发绵，呈白色的柔软多汁。哈密瓜皮色分果绿色带网纹、金黄色、花青色等几种。

白兰瓜质量识别法　纯种的白兰瓜呈圆形，皮色黄白分明，瓜瓤玉白带绿；变种的呈椭圆形，瓜皮白色中映衬着黄色，瓜瓤浅红色，风味淡，香味少，肉质粳硬不滑爽，品质不如纯种瓜。

番木瓜质量识别法　番木瓜（乳瓜、万寿果）以新鲜、有桂花和玫瑰香味者为佳，要求成熟适度，色泽鲜艳，皮薄肉厚，味清香，甜滑多汁，无碰压伤和腐烂。成熟的果实，果皮出现黄色条纹，用小针在果实上刺一小孔，流出的汁液接近透明无色。

香瓜质量识别法　好的香瓜应该是果实鲜，成熟，表面光滑，皮薄，脆甜有汁，无腐烂，无锈斑。香瓜因品种的不同，其成熟的特征也不一样，香气愈浓表示愈成熟。

水果是否用过激素识别法　反季节水果中，如果个头太大，颜色鲜艳异常，就有可能是过量使用了激素。如香蕉看起来很黄，但果柄还青着；西瓜瓤是红的，籽还是白的等。像芒果、香蕉等，如果表面看起来已经成熟，可一摸还很硬，则可能使用了激素。激素水果吃起来淡而无味，该甜的不甜。

选购干果类食物的窍门

核桃质量识别法　质量好的核桃应该是个大圆整，壳薄白净，有自然光泽，表面光洁，刻纹少而浅。如互相摩擦能听出脆声，则壳薄、仁肥和身干。如声音浑浊而实，则皮厚、仁瘦和身潮。

桂圆干质量识别法

质好的桂圆肉，核易分离，肉质软润不粘手；质次的桂圆肉，核不易分离，肉质干硬。

将桂圆放在桌上，用手滚动，不易滚动者质优，易滚动者质次。新桂圆的核咬时易碎而有声，陈货变质桂圆咬核性韧，碎时无声。味甜，软糯，清香，嚼时无渣的质好；甜味不足，硬韧，嚼有残渣者质次；味带干苦，是烘焙过度或陈货，不可购买。

红枣质量识别法

红枣以肉色淡黄，肉质紧实细致，枣核小，味道甜浓香糯者质优。将红枣用手捏紧，手感紧实而不粘连，说明身干肉实。

如果红枣皮色深紫，没有果霜，说明含水量较高；皮色黑紫，食时带有酸苦味，是变质的标志；皮色红中带黄，果皮纹多而凹痕深，食时肉质松，甜味差，说明果实成熟度不够；皮光滑没有皱纹，是厚皮粗肉的特征；表皮有凹陷的黑疤，是破皮果实干制后，糖分从破口处溢出所致。

蜜枣质量识别法

蜜枣个大完整，丝纹匀密，色泽黄亮透明，糖霜明显；手捏时有干燥感；入口酥松，肉质厚糯，甜味纯正，略带香味者为上品。

黑枣质量识别法

优质的黑枣果皮色泽黑亮，黑里泛红，花纹细致，浅而明晰；体形短壮圆整，顶圆蒂方，大而均匀；肉质紧细而味甜；肉色蜜黄，核小；用手捏黑枣紧实，枣形不变，不粘手，不脱皮，说明身干。

葡萄干质量识别法

优质的白葡萄干色泽白绿鲜明，红葡萄干色泽紫红鲜明，二者均应微带白霜，颗粒大而均匀，肉质饱满、柔软且味甜。用手攥紧一把葡萄干，松手后粒粒自然散开者身干，相互粘连者较潮，如有较多破碎者为身潮。

栗子质量识别法

质量好的栗子应该是粒大饱满、质细味香、无虫蛀和霉烂的现象，并且壳色呈深褐色，果坚且硬，一面平，一面呈弧形，肉质白黄色，汁少味甜，脆嫩干香。

松子质量识别法

松子以色泽光亮，壳色浅褐，壳硬且脆，内仁易脱出，粒大均匀，壳形饱满的为好。壳色发暗，形状不饱满，有霉变或干瘪现象的不宜选购。

杏仁质量识别法

质优的杏仁颗粒大、均匀饱满及有光泽；仁衣浅黄略带红色，色泽清新鲜艳；皮纹清楚不深，仁肉白净，干燥；成把捏紧时，仁尖有扎手之感，用牙咬松脆有声。

仁体有小洞的是蛀粒，有白花斑的为霉点，不能食用。

芡实质量识别法

芡实（又名鸡头米）分为南芡实和北芡实。南芡实外形呈圆球形，一端呈白色，表面光滑，有花纹；北芡实外形呈半圆，表皮紫红色，剖面白色，富粉性，质硬而脆。南芡实品质优于北芡实。芡实要求粒大、均匀、完整和身干，色白净、碎粒少、无蛀虫、无粉屑和杂质。色泽白亮，粒上残留的内种皮淡红色，质好；色萎暗或皮呈褐红色，质差。齿咬松脆易碎，身干；带韧性，身潮。

莲子质量识别法

品质好的莲子个大形圆，均匀饱满，身干洁净，用水泡煮时膨胀性好。挑选莲子时，要用手将其掰成两半检查是否生虫。

柿饼质量识别法

好的柿饼个大而圆整，柿饼蒂光洁平整，萼盖居中，贴而不翘，边缘厚，不破裂，不腐蛀变质。柿霜厚白，色深橘红而有光泽，无核或少核，肉质软糯潮润者质更佳。

花生质量识别法

选购花生时，要尽可能挑选壳小粒饱满、手摇不响、干燥无杂质的，壳大粒小的花生炒出来没有壳小粒大的香味浓。

花生仁质量识别法

花生仁应选粒大饱满，均匀有光泽，花生衣呈深桃红色者为上品。花生仁干瘪不匀，表面起皱纹，湿润无光者次之。若花生仁黄而带褐色，闻之有股哈喇味，说明该花生仁霉变，发霉变质的花生含黄曲霉素，其致癌性极强，不可食用。

黑瓜子质量识别法

优质的黑瓜子，壳形饱满，颗粒均匀，齿嗑易裂，瓜子落地声音实而响者身干，籽仁肥厚、白净、松脆，有香甜味。

次质的黑瓜子，壳色灰浊或壳面有麻花斑纹，壳色黄浊，壳形瘪瘦，颗粒不匀，籽仁黄熟。如果黑瓜子有哈喇味或霉味则说明已变质。

白瓜子质量识别法

白瓜子以壳色白净，有自然光泽，片粒阔大，籽仁饱满，齿嗑壳易开，声脆身干的为佳。壳面混浊，瓤丝未漂净以及晾晒不干，齿嗑不易开裂，声轻或无声身潮的为质次，表面有黑斑者已变质。

用食指和拇指捏一颗白瓜子，捏着有紧实感的，仁肉肥厚饱满；指捏尚紧实的，仁肉一般；指捏壳瘪的，仁肉瘦或系秕粒。

葵花子质量识别法

葵花子以黑壳为好，花壳其次，白壳较差。中心鼓起、仁肉饱满为好。白仁质优，黄仁质次，中心呈褐色的已变质，有哈喇味的不可食用。用手抓时感到松爽，用齿嗑时两片脆崩的为干燥。

抓一把瓜子，高于接触面 50 厘米，逐渐松手，落下后实粒居中而声响，空瘪粒散落四周，以空瘪粒少者为质优。

选购米面等干粮类食物的窍门

大米质量识别法

质量好的大米富有光泽，饱满均匀，碎米糠屑极少；米粒上的“腹白”（指米粒上呈乳白色不透明的部位）少或基本没有；有清香味，将手插入米中觉得干燥。

新米与陈米识别法

新米“米眼睛”（胚芽部）的颜色呈乳白色或淡黄色，陈米则颜色较深或呈咖啡色；新米有股浓浓的清香味，陈谷新轧的米少清香味，而存放一年以上的陈米，只有米糠味，没有清香味；新米含水量较高，吃口较松，齿间留香，陈米则含水量较低，吃口较硬。

面粉质量识别法

用手抓一把面粉使劲一捏松开手，面粉若随之散开，这种面粉所含水分是正常的。面粉用手捻搓后，如有绵软的感觉，为质量好的；如感觉光滑得过分，则说明其质量较差。正常的面粉应带有香甜味，没有其他任何异味。

米粉质量识别法

优质米粉色白如玉，光亮透明，丝长条匀，一泡就软，富有韧性，吃起来韧而有咬劲，润滑爽口。

挂面质量识别法

好挂面包装紧，两端整齐，竖提起来不掉碎条。抽出几根面条，或在面条的一端闻一下，有芳香的小麦面粉味，而无霉味或酸味、异味。用手捏着一根面条的两端，轻轻弯曲，不容易折断的为上好的挂面。

方便面质量识别法

要选购包装完好、商标明确、厂家清楚的方便面，除注意是否过期外，还可以通过眼看、鼻嗅等方法来观察面的质量。如果发现方便面的表面变色，生有霉菌，有虫蛀痕迹时，说明已变质，不应再食用；如果嗅有哈喇味，口尝有辣味或其他异味时，说明已变质，也不应食用。

高粱米质量识别法

高粱米有红黑色和黄色两种，均以粒大、饱满和有黏性者为好。

薏米质量识别法

薏米(薏苡仁)以粒大、饱满、色白和完整者为佳。

黑芝麻质量识别法

黑芝麻以黑色、粒大、饱满、香味正、无杂质、干燥者为好。

选购糖果及保健品的窍门

巧克力质量识别法

优质巧克力在常温下有坚实的质地,遇冷变硬变脆,入口迅速软化和融化,有可可、牛奶的香味,口感细腻、滑润。没有可可和奶香,却有羊奶腥味或怪异味,入口不化的为伪劣产品。优质巧克力必须块型整齐,包装紧密。表面无光泽,呈花白色,质地疏松,呈蜂窝状的质量低劣。

奶糖质量识别法

优质奶糖表面光滑,口感细腻,软硬适中,富有弹性,不粘牙,不粘纸,无杂质。

硬糖质量识别法

硬糖应光亮透明,粒型整齐,无大的气泡和杂质,不粘牙,不粘纸,糖味纯正,无异味。

糖果质量识别法

质量好的糖果包装考究、紧密、美观,形态齐整、均匀;香味浓郁,有其应有的香气和滋味,不应过浓或过淡,更不得有哈喇味或其他异味;软硬适中,硬糖要脆硬,但不能过硬而垫牙,也不得发韧而粘牙,软糖应具有不同程度的软、韧,巧克力糖应较脆,酥糖要酥松。

食糖质量识别法

好的食糖纯度高，无杂质，无其他异味，晶粒大小应一致，并有光泽，特别是砂糖晶粒必须整齐。白糖的颜色要洁白明亮。红糖要红亮，无碎末。

白砂糖质量识别法

质量好的白砂糖应是洁白带有光亮、颗粒均匀、松散干燥、没有带色的糖粒，糖的水溶液清澈透明，无杂质，无异味。

方糖质量识别法

方糖是用白砂糖加水后经过压制形成的正方形糖块。糖的纯度高，颜色洁白美观，表面有晶莹的光泽，没有突起的砂粒，没有缺角和破碎现象，溶解速度快，水溶液清晰透明，无杂质，口味清甜不带异味，就是质量上等的方糖。

冰糖质量识别法

冰糖是白砂糖的再制品。质量好的冰糖应是纯度高、味清甜纯正，以无色透明最好。

绵白糖质量识别法

质量好的绵白糖应是晶粒细小均匀、颜色雪白、质地绵软、无异味、无结块，溶解于洁净的水中应清澈透明，晶粒或水溶液味甜，不带杂质，无臭味。

赤砂糖质量识别法

质量好的赤砂糖应是晶粒整齐均匀，甜而略带糖蜜味，颜色赤褐或黄褐色。

山楂片质量识别法

质量好的山楂片，切片薄而大，皮色红艳，肉色嫩黄，酸味浓而纯正，肉质柔糯。

质次的山楂片，片厚而僵小，皮色红褐，肉色萎黄，酸味淡而僵硬。

人参质量识别法 人参的真假可用嘴尝来加以区别，其口味很特殊，真品口尝苦中带甜，假品多有麻辣和酸涩味。购买人参时要选大的，一般来说人参越大有效成分的含量就越高，疗效也就越大。如果在等级、枝数相同的情况下，以选用体较重者合算。白参以枝大、芦（脖）长、体美、皮细且色嫩黄或棕色为优等；红参以红色微透明、纹细密、体态饱满、无破伤者为佳。芦短、纹糙和干枯者次之；新鲜人参以枝大、浆足、无疤痕和无破伤者为好。

阿胶质量识别法 质量好的阿胶外形平正，色泽均匀，对光照视呈半透明状，干燥坚实，不弯曲，断面光滑似玻璃。夏天受潮应不软，无异味，若溶于水，水溶液澄清不浑浊，没有夹杂物。真阿胶放在桌面上，用力拍打会碎裂，若拍打不碎则是假的。

燕窝质量识别法 燕窝系丝条状排列，水浸后呈银白色，晶莹、透明、柔软且有弹性，轻拉会伸缩，如出现黄色、不伸缩者则是假品。一般来说，以粉红色的血燕窝最好，灰白色的燕窝较差，灰黑色的毛燕窝则更次。

鹿茸质量识别法 真品鹿茸其色泽呈棕色或棕红色，外皮平滑，毛密柔顺，横切面呈黄白色，有蜂窝状细孔，气味微腥，有咸味。而劣品鹿茸其色泽呈暗黄棕色，外皮微皱，毛疏粗糙，横切面纯白色，孔细小且不明显，无腥味、咸味。

蜂皇浆质量识别法 优质蜂皇浆应为乳白色或淡黄色，有一种特殊的酸臭气味，放入口中品味应为先酸后涩。伪劣蜂皇浆则色淡质稀，表面有气泡，口感甜腻，浆体稠厚则可能掺杂了异物。

蜂蜜质量识别法 优质的蜂蜜，色泽水白、白色或浅琥珀色；入口绵润清爽，柔和细腻，甘甜清香，喉感清润，余味轻悠。纯蜂蜜滴在纸上不易渗开，掺入糖水或含水多的蜂蜜，滴在纸上能很快渗开。

蜂蜜越稠越好。用干净的有机玻璃棒将蜜从桶中挑起，流速慢，断流回缩的浓度高；流速快，断流不回缩的浓度低。

麦乳精质量识别法

选购麦乳精要从其色、香、味等方面来判定。如闻有没有异味，看有无生虫或细菌性变质的现象，冲调后看有没有明显的层次之分，尝尝有没有乳制品的鲜香味等。

真假藕粉识别法

纯藕粉与空气接触后极易氧化，由白色转变成微红色；掺有其他淀粉（如红薯粉、土豆粉等）的藕粉氧化很慢，且颜色变化不明显；从形状上看，虽然纯藕粉与其他藕粉（掺过假的）有时均能成片状，但纯藕粉表面有丝状纹路，假藕粉的纹路不明显；纯藕粉有浓郁的清香气味，掺假的藕粉清香气味淡薄或无清香气味。

奶粉质量识别法

奶粉应当白而略带淡黄色，色泽均匀，有光泽；色深或带有焦黄色和灰白色为次品。正常奶粉有清淡的乳香气，没有这种气味，说明奶粉已变质。

如果颜色变深，结块较大，捻不碎，并带有霉味、酸味、腥味或苦味，是变质奶粉，不能再食用。

特别要注意奶粉里是否加入对人体有害的添加剂类东西。

真假奶粉识别法

将奶粉放在嘴里尝一下，真奶粉具有消毒牛奶的纯味，粉末很细，易粘在舌头及上腭上，溶解也慢；假奶粉的粉末粗，甜度大，没有奶粉的特有味道或有也不浓厚。

用开水调制奶粉静置5分钟后，真品速溶，冲调后无团块，杯底无沉淀；假冒奶粉溶解慢，冲调有团块，杯底有沉淀物或表层有油花。

牛奶质量识别法

在盛水的碗里滴几滴生牛奶，奶汁凝固沉底者为上品，浮散的说明质量欠佳。颜色呈乳白色的是鲜牛奶；色泽微黄，牛奶上有水状物析出的是陈牛奶。

将牛奶煮开后，表面结有奶皮（乳脂）的是好的；表面呈豆腐花状的是坏牛奶。

酸奶质量识别法

选择酸奶用眼看是最佳方法，即观察酸奶表面，颜色乳白色或呈淡黄色，无气泡的是新鲜的上品。上下分层厉害，闻有酸馊味，表明此酸奶已变质。

广式月饼质量识别法

质优的广式月饼的表面应呈棕黄色或金黄有光，上面涂的蛋浆层薄而均匀，没有麻点或气泡，底部周围没有焦圈，圆边呈乳黄色；饼皮松软而不酥脆。

苏式月饼质量识别法

质优的苏式月饼应该是饼皮松酥，外表完整，酥层清晰，层次分明，没有僵皮或硬皮。

面包质量识别法

优质的面包，表面呈黄褐色或金黄色，烤得匀，无斑点，感观新鲜，无烧痕或发白现象；从面包的断面观察，气孔细密均匀，气泡膜很薄，有乳白色光泽，无大孔洞，富有弹性；吃时松软可口，不酸不黏，不牙碜，无异味。

饼干质量识别法

好的饼干表面富有光泽，形体端正，规格一致，花纹字迹清晰，无毛边、掉角、凹陷、起泡以及焦糊现象。内部呈匀细的孔粒状和匀层状，无面结。香味纯正，不僵硬，不糊口，无杂质，无异味。

元宵质量识别法

新元宵一般比较湿润，粉面新鲜；陈元宵则表面干硬或有裂口。质优的元宵煮熟后蓬松个大，富有弹性，无酸味，吃起来口感爽滑，里外一样；劣等元宵煮熟后变成粉红或深红，最好不要食用。

蛋糕质量识别法

好的蛋糕块形整齐，厚薄一致，不破边，不粘边；色泽呈柠檬色，内部蛋黄均匀一致，表面呈均匀芝麻花纹；用手轻按一下蛋糕，松开后应立即弹起，恢复其原状；用手掰开闻一下，其味应是蛋香味浓，无腥味且无其他不良气味；口味纯正，口感绵软细润，香甜适度。

奶油质量识别法

质优的奶油，切面细腻均匀，气味清香；质次的奶油，柔软呈膏状或脆而疏松发裂，且色泽不匀。若有微弱的饲料味、酸败味和牛脂味，闻之酸涩难忍，则说明已经变质，不能食用。

干酪质量识别法

质优的干酪具有干酪的特殊风味而没有苦味、酸味及杂味；断面应致密均匀，无裂缝、脂硬等现象。

罐头食品质量识别法

马口铁皮罐头表面必须清洁，无锈斑，封口完整，不漏气，不鼓听；罐身不应有棱角、凹瘪等变形现象；接缝上的焊锡完整。玻璃瓶罐头，可以放在明亮处观看内部质量情况，轻轻摇动后，内装物块完整，汁清的为好，块碎、汁浑的为次。挑选罐头时注意出厂日期，过期的罐头不可购食。

选购烟酒及饮品的窍门

白酒质量识别法

将白酒倒入无色透明的玻璃杯中，对着自然光观察，应清澈透明，无悬浮物和沉淀物；用鼻子贴近杯口，辨别香气的高低和香气特点；喝少量白酒且在舌面上铺开，分辨味感的薄厚、绵柔、醇和和粗糙，以及酸、甜、甘、辣是否协调，余味的有无及长短。低档劣质白酒一般是用质量差或发霉的粮食做原料，工艺粗糙，设备简陋，白酒卫生指标不合格，对人体是有害的。

果酒质量识别法

好的果酒酒液应该清亮、透明，没有沉淀物和悬浮物，给人以清澈感。果酒的色泽要具有果汁本身特有的色素。如红葡萄酒以深红、琥珀色或红宝石色为好；白葡萄酒应无色或微黄；苹果酒应该为黄中带绿；梨酒以金黄色为佳。各种果酒应该具有自身独特的色香味。如红葡萄酒一般具有浓郁醇厚而优雅的香气；白葡萄酒有果实的清香，给人以新鲜、柔和之感；苹果酒则有苹果香气和陈酒脂香。

汽酒质量识别法

汽酒是一种含有大量二氧化碳的果酒。好的汽酒泡沫应该均匀，酒液散发水果清香，喝到嘴里可以隐约品出新鲜水果的味道，清凉爽口。

真假茅台酒识别法

贵州茅台酒素有国酒之称。注册商标为“贵州茅台”，并指定颜色。大红塑料盖，上有“茅台酒”字样，瓶盖为“Y”形，无螺纹。厂名为“中国贵州茅台酒厂”。茅台酒既不分等级，也没有正品、次品、原装之说。

真假泸州老窖特曲识别法

泸州老窖特曲曾获历届国家评酒会金奖，注册商标上有“中国四川泸州曲酒厂酿制”、“四川省泸州曲酒厂酿制”、“中国四川泸州曲酒厂出品”（外销用）字样。注册商标是“泸州”。假冒商标虽然在图案字形上与真品相似，但纸张用料差，印制质量低。

真假五粮液酒识别法

五粮液酒无色透明，具有浓郁的香气，味醇厚、甘美、净爽，香味谐调及回味悠久。真品五粮液商标用纸、印刷、色彩规范。“五粮液”三个字系用凹版印制，表面光滑，有凸出感，字体清晰，边缘不毛，字体线条无断裂，整体色彩饱和，套印准确，印刷精致，商标上注明的净含量、酒精度、原料、厂名和厂址等铅印部分的各小字非常清晰。而假五粮液商标印刷粗糙，“五粮液”三个字笔画有断裂。印刷用油墨光洁度不好，整体色彩不饱满、不均匀，字体边缘模糊、毛糙。五粮液瓶盖主要有塑料盖、三防盖、高防改进型瓶盖，颜色为大红色，色泽鲜明，光洁度好，盖身平整光滑，印有“五粮液”字样，三防和高防改进型盖有金属拉环。真品金属环色泽为金黄，做工精细，字母清晰，上下扣边，红条光滑。假冒的五粮液瓶盖色泽黯淡，光洁度差，做工粗糙，字母较模糊，金属环口下扣边不光滑。

真假古井贡酒识别法

古井贡酒的注册商标为“古井”牌，瓶贴上部有圆形古井图案和“注册商标”四字；中部有“古井贡酒”四字；下部为厂名；封口透明，窖香浓郁，杯满不溢，绵甜净爽。假酒色泽浑浊，口感麻辣苦。

真假汾酒识别法

汾酒注册商标为“汾”和“古井亭”。商标标识上的“汾”字和“汾酒”二字均为烫金，有凸感，并注厂名。汾酒采用铝制防盗盖，封口整齐。假汾酒瓶贴的图案印制粗糙，字迹模糊无光亮，瓶盖用料杂，封口不整齐，螺纹处没有指示箭头和英文。用收购空瓶兑制的假酒，防盗盖环已断裂，酒色不正，酒味不正，浑浊沉淀。

啤酒质量识别法

啤酒呈微微青的金黄色，酒水清澈、透明、光亮的为好，而色暗、无光且有悬浮物的为差。质量好的啤酒倒入杯中，泡沫细腻洁白、持续时间在四五分钟以上，泡沫散落后，杯壁仍挂着泡沫痕迹（称挂杯）；有酒花清香、纯净麦芽香和酯香味；饮入口中有醇厚、圆润和柔和之感。质次的啤酒没有以上特征，且有生酒味、老化味和其他异味。啤酒如果口味涩口，有酵母臭味及其他不正常异味，表明质量较差。

黄酒质量识别法

质量好的黄酒一般都清澈透明，光泽明亮，无悬浮物或沉淀，应有一股浓郁的香气，入口清爽醇厚。劣质黄酒无香气，只有水味和酒精味，且有辛辣、酸、涩等异味。

真假香烟识别法

假冒香烟包装肮脏、松散且透明纸歪扭，多皱褶；商标图案和字样灰暗浅淡；假烟表面不净、颜色浅淡、搭口歪扭，切口有毛茬；假烟滤嘴粘接处参差不齐及松软，烟支与滤嘴易脱节；假烟的烟丝为棕黑或青褐色，光泽暗淡；假烟烟灰发黑并向外炸开，呈刺球形；用手反复地、轻轻地捏香烟，烟支较硬，弹性极差，便是霉烟；把香烟贴近鼻子，用手捏挤数次，包内空气便会从封口缝隙挤出来，闻出霉味即是霉烟。

茶叶质量识别法

质量好的茶叶，大小、长短较均匀整齐，下脚茶、粗老茶占的比例少；条索紧结而重实，香气浓郁。珠茶以深绿青翠，烘青和花茶以青绿带嫩黄，炒青绿茶以碧绿青翠者为好。乌龙茶中岩茶以色泽以鲜明，呈青褐色带灰光，条索表面有小白点者为优。

新茶与陈茶识别法

色泽青翠碧绿的绿茶，汤色黄绿明亮；色泽乌润的红茶，汤色红橙泛亮，这些都是新茶的标志。在储藏茶的过程中，绿茶中的叶绿素会逐渐分解、氧化，从而使绿茶色泽变得枯灰无光，当绿茶汤色变得黄褐不清时，说明茶褐素在增加，从而使茶失去了原有的新鲜色泽；储存时间过长的红茶，会使色泽变得灰暗，而茶褐素的增多，导致汤色变得浑浊不清，失去鲜活感。不论是何种茶类，新茶的滋味大都醇厚鲜爽，而陈茶则显得淡而不爽。

茶叶是否染色识别法

染色茶叶采用色青的劣质茶叶，加上少许苏打和草木灰加工制成，粗看似新茶，冲泡后，茶汁混浊，没有茶叶特有的味道，口感粗涩。若仔细观察干茶叶，可见叶底呈蓝绿色，正常茶叶应为黄绿色。

西湖龙井茶叶质量识别法

西湖龙井茶叶为扁形，叶细嫩，条形整齐，宽度基本一致，为绿黄色，手感光滑，一芽一叶或二叶，小巧玲珑，味道清香。

铁观音茶叶质量识别法

铁观音茶叶体沉重如铁，形美如观音，多呈螺旋形，色泽砂绿、光润，绿蒂，具有天然兰花香。

碧螺春茶叶质量识别法

碧螺春茶叶银芽显露，一芽一叶，芽为白毫卷曲形，叶为卷曲清绿色，叶底幼嫩，均匀明亮。

君山银针茶叶质量识别法

君山银针茶叶芽头肥壮挺直、匀齐，满披茸毛，冲泡后芽尖冲向水面，悬空竖立。

信阳毛尖茶叶质量识别法

毛尖茶叶外形条索紧、细、圆、光且直，银绿隐翠，内质香气新鲜，叶底嫩绿匀整，青黑色。

都匀毛尖茶叶质量识别法

都匀毛尖茶叶嫩绿匀齐，细小短薄，玲珑秀气，一芽一叶初展，色辉绿润，内质香气清纯、新鲜、回甜。

黄山毛峰茶叶质量识别法

黄山毛峰茶叶外形细嫩稍卷曲，芽肥壮、匀齐，手感润泽，有锋毫，叶呈现金黄色，水色清澈，味醇厚香。

茶叶是否回笼识别法

回笼茶是将冲泡饮用后的茶叶渣收集经晒干、烘炒而成。回笼茶叶无香味，也无茶叶应有的味道，甚至有异味。茶色暗淡无光，叶身轻飘，形不规则。

武夷山岩茶质量识别法

武夷山岩茶外形条索肥壮，匀整且紧结，带扭曲条形，内质香气馥郁、隽永，滋味醇厚回苦。

绿茶质量识别法

绿茶有眉茶、珠茶、龙井茶及扇茶等。眉茶条索紧秀，珠茶颗粒圆结者为佳，扇茶宜平削光滑、匀净，色泽翠绿或苍绿油润为优。冲泡的绿茶开盖后，闻之有清香气味，品时有鲜爽醇和之感为佳。绿茶的色泽以翠绿或绿中微带柠檬黄而明亮的为好。茶汤以清澈和绿或碧绿中呈黄为好。

红茶质量识别法

红茶是一种全发酵茶，特色重在滋味，以味浓醇厚为上品。红茶含单宁酸、咖啡因和氨酸，故有特殊的香味。开汤盖审视时，高级红茶具有甜香的气息，有的还会散发出蜜糖的香气。红茶颜色呈红色或橘色，是茶叶中的单宁酸酸化所产生的化学变化。用沸水冲泡过的红茶叶，以红艳明亮的为优。汤色以深浓、鲜艳，呈红橙色为优。功夫红茶以条索紧结，色泽乌黑油润，芽尖呈金黄色，芽多和白毫多者为优。

花茶质量识别法

优质花茶的条索圆直、紧结且整齐，不含梗、片、末等杂质，手感较重；颜色乌黑有光泽；汤色浅黄明亮，香味浓而持久；滋味爽口而富有收敛性。劣质花茶条索粗松弯曲、掺有杂质，质轻；颜色枯黄，发暗无光泽；汤色深黄或棕黄，发暗；香气不浓，且不持久；口感苦涩，不纯正。

乌龙茶质量识别法

乌龙茶以条索结实肥重、卷曲为佳，色泽以沙绿和乌润或青绿油润的为上品，开汤闻其香气时有馥郁清幽之感。优质乌龙茶叶边带红，汤色金黄且清澈明亮。质量差的乌龙茶外形粗糙松碎、轻飘，色泽枯褐呈铁色或橘红而杂，汤色泛青、红暗、带浊，梗片过多，茶汤淡薄、乏味或有粗涩异味，其叶底红处呈暗红、绿处呈暗绿，色暗而杂。

白毫茶与发霉茶识别法

白毫(银针)属高档茶叶。带有白毫的茶叶，只有幼嫩的叶尖背面才长有白色茸毛；用鼻闻时有原茶固有的茶香；手感松散，不潮。发霉的茶叶，茶叶的正反面均有白色的毛，含水量大，严重的还有绿毛，甚至霉烂结块；用鼻闻时有明显的霉味。

保健茶质量识别法

保健茶是以茶叶为基础，加入适量的针对某些病症的药物或食药两用植物，使之具有保健和辅助治疗作用，但又不失茶叶风味的保健类饮品。保健茶的选购要注意是否有批准文号和保质期。如果没有，不可购买。如果有，则须看清是“食字”还是“药健字”批准文号。“食字”文号是保健食品茶；“药健字”文号是保健药品茶。鉴于目前大多数保健茶是袋泡型包装，易吸潮霉变或生虫，故过期保健茶可能霉变或生虫，不可购买。可根据配方上标明的组成物的作用，再结合自身的需要进行选购。

果茶质量识别法

以瓶盖平整的为好，凸起的表示已经发酵变质。瓶口空隙处应洁净，如有霉点则可能已霉变。一般以橙黄或略带褐色为好，深红色的可能是掺入了色素，以不加防腐剂的为好。过分稠厚的不一定是果肉含量高，而可能是掺入了淀粉或其他添加剂。

咖啡质量识别法

速溶咖啡冲泡后立即溶解，无漂浮和渣滓；而咖啡粉尽管磨得很细，冲泡后有漂浮物，有沉渣，不能下咽。

饮料质量识别法

需补充热量的可选含糖分较高的饮料，如果汁类等。大量出汗需补充体液者可选以矿泉水为主的饮料。患有轻度贫血或维生素缺乏的人，应选购含铁质和维生素丰富的饮料，如刺梨、枣汁等。对于体内酸碱平衡失调的人，可饮一些低糖而富含矿物质的饮料。运动后应喝矿物质饮料，如红牛、脉动、激活等。

果汁质量识别法

优质果汁有原果汁香气，含有丰富的营养，特别是维生素C的含量更为重要。鲜果汁应甜酸适口，具有鲜艳透明的色泽，无其他不良气味。

冰淇淋质量识别法

好的冰淇淋组织细腻、柔软、光滑和适口性好，且能持久不融。凡粗糙有冰碴、呈雪片状或砂状等都是质量较差的。冰淇淋在室温下逐渐融化时，应呈原来混合料的均匀滑腻状态。质量差的冰淇淋融化后，易产生泡沫状或乳清分离现象。

豆浆质量识别法

优质豆浆，具有豆浆固有的香气，无任何其他异味。劣质豆浆，有浓重的焦煳味、酸败味或其他不良气味。

取豆浆样品置于白色玻璃杯中，在白色背景下借散射光线进行观察：

优质豆浆呈均匀一致的乳白色或淡黄色；劣质豆浆呈灰白色。

选购咸小菜及调味品的窍门

榨菜质量识别法

好的榨菜外观应是辣粉均匀细腻且色泽红艳，块形大小一致而圆整光滑，菜块呈青翠色；闻时有一股咸辣味稍带清香，无生腥气；手捏榨菜，肉质紧实而有弹性，光滑而柔嫩；尝之则咸淡适口，无冲辣味，老筋少，入口鲜嫩爽脆。

霉干菜质量识别法

优质的霉干菜，色泽黄亮，菜条肥壮柔软，长短均匀；用手捏紧霉干菜，放手后立即松散，则说明质干。

京冬菜质量识别法

京冬菜以菜丝均匀细软，湿润而不粘手，色泽黄亮悦目，香气和醇扑鼻，无霉宿气或其他异味，入口鲜嫩无渣，咸淡适口，无酸味者为优良。

川冬菜质量识别法

川冬菜以脆嫩，无粗筋，色泽鲜黄，干湿适度，香气浓郁无霉味，食之鲜嫩无渣，咸淡适口者为好。

泡菜质量识别法

优质的泡菜成品应该清洁卫生，保持新鲜蔬菜固有的色泽，香气浓郁，组织细嫩，质地清脆，咸酸适度，稍有甜味和鲜味，尚能保持原料原有的特殊风味。凡是色泽变黯，组织软化，缺乏香气，过咸过酸或咸而不酸又带苦的泡菜，都是不合格的。

什锦小菜质量识别法

质量好的什锦小菜，菜色碧绿，姜丝黄鲜；地梨呈深褐色，均切成3～4厘米长；苤蓝块一律切成菱形，渍成红色；

杏仁洁白，无碎块，无杂物；口感鲜嫩酥脆，具有海鲜的香味。

黄酱质量识别法

质量好的干黄酱应该是水分少，色红黄，有光泽，有甜香味，无不良气味，味鲜而醇厚，无霉花，无杂质。好的稀黄酱水分多，呈稀糊状，深杏黄色，有光泽，并有浓郁的酱香味和鲜味，咸淡适口，无不良异味。

甜面酱质量识别法

好的甜面酱呈金红色，有光泽，咸淡适中，有鲜美的甜香口味，有酱香和醋香气，无其他不良气味。

豆瓣酱质量识别法

好的豆瓣酱呈棕红色，油润，有光泽，有酱香和醋香味，味鲜回甜，酥软化渣，略有辣味及香油味；面有油层，呈酱状，间有瓣粒，瓣粒成形。

咸酱菜质量识别法

腌、酱菜的成品鉴定一般从色、香、味、形上加以区分，感观鉴别法是：色，经加工的成品以色泽鲜艳、光亮、透明为好。单纯盐腌成品应保持原色，一般呈青绿色或黄白色。香，香味是各种腌菜的特色之一。一般腌渍小菜咸中带清香味，糖醋类则应有酸甜香味，辛辣成品应有香辣味。味，味是指小菜的品味纯正。成品甜、酸、咸度适宜，内外味道一致，无异味，如盐腌菜不苦不涩等。形，形主要指条块均匀，造型美观，无异物，给人以清爽之感。

糟货质量识别法

优质的糟货应该是汤色清，若是动物性原料表皮要求色洁白、肉质嫩、糟味浓和吃口爽。糟货要求鲜咸并举，口味微甜，咸味不宜过重。

小磨麻油质量识别法

优质的麻油香味醇厚浓郁，无花生、豆腥和菜子味。纯正的小磨麻油呈红铜色，清澈，香味扑鼻。将麻油滴在冷水上，油花薄，无色透明。

麻油中若掺了猪油，加热后就发白；如掺了棉籽油，加热会溢锅；掺菜子油，颜色发青；掺冬瓜汤、米汤，颜色发浑，且半小时后有沉淀物出现。

麻油中若有种特殊的刺激味儿，说明麻油已氧化分解，油质变坏。

豆油质量识别法

大豆油一般呈黄色或棕色，豆油沫头发白，花泡完整，豆腥味大，口尝有涩味。

花生油质量识别法

将一根光滑明亮的小铁棒烧红后插入花生油中，提起铁棒，油很快流净，并且不沾任何煳物，说明油质量纯正；如果铁棒上有许多煳物，则为劣质油。

虾油质量识别法

好的虾油应为橙红色或橙黄色，不发乌。微微摇动瓶子，嗅其气味，好的虾油具有独特的荤鲜香气，没有腐败臭味。取少量样品放入口内，滋味鲜美余味幽香，无苦涩及异味，不发咸。

菜籽油质量识别法

生菜籽油一般呈金黄色，油沫头发黄稍带绿色，花泡向阳时有彩色，具有菜籽油固有的气味，尝之香中带辣。

食盐质量识别法

质量好的食盐，盐粒大小均匀，结晶整齐一致，色纯白，无杂质，很干燥，不带苦涩和其他异味。

酱油质量识别法

质量好的酱油，有一股轻微的酱香和脂香气，而没有霉味和焦味；咸淡适口，鲜而带甜，味醇厚而柔和，没有苦、酸、涩等异味，并且回味悠长。

将酱油装在白色的玻璃瓶中，对着阳光观察其颜色，质量好的酱油，色泽红润，呈红褐色或棕褐色，澄清不浑，无沉淀物；把酱油倒入白瓷碗内，体态浓，有光泽，烹调出的菜肴色泽红润莹亮。

食醋质量识别法

质量好的食醋，颜色呈棕色或褐色，澄清，不浑浊，没有浮油杂质或沉淀物；有一股明显的醋香，醋味越浓越好。用竹筷蘸一点醋放入口中，酸度适中且微带甜味，入喉不刺激，口留醋香味。

味精质量识别法

质量好的味精，在口中溶化很快，鲜味纯正且浓烈。晶体状的味精应洁白有光泽，颗粒细长，两端方状，大小均匀，透明而无杂质；粉末状的味精为乳白色，有光泽，仔细观察应为细尖形状，无杂物，手摸有涩感。

花椒质量识别法

选购的花椒越干越好，粒大均匀，壳色红艳，睁眼足（即花椒顶端开裂得足够），壳内不含籽粒，香气浓郁，麻辣味足，无杂质。

花椒粉质量识别法

优质的花椒粉应呈棕褐色，颗粒状，具有其固有的芳香味；品尝有花椒的香气，上口有麻辣涩口的滋味，舌尖有麻感。

胡椒质量识别法

黑胡椒以粗大似绿豆，色乌中带黄，皮紧纹细，身无屑为好；白胡椒以色白光润、粒粗无屑的为好。

胡椒粉质量识别法

黑胡椒粉呈黑褐色，白胡椒粉呈米黄色，质量以白胡椒粉为佳。选购胡椒粉时，可将装胡椒粉的瓶用力摇几下，如果胡椒粉松软如尘土，就是质量好的；如果一经摇晃，胡椒粉就变成了小块状，则表示其品质不佳。

辣粉质量识别法

辣粉是由老辣椒晒干后磨碎制成的，以色泽鲜红、味辣且香、不走油、不潮、无粒、无虫蛀为好。

芥末质量识别法

芥末以粉质细腻、爽滑，不潮不黏，具有香辣味，而无哈喇味和苦味为佳。

姜粉质量识别法

纯的姜粉，外观呈淡黄色，颗粒较大，纤维较多，嗅味芳香而有辛辣味，品尝舌尖有麻辣感。

咖喱粉质量识别法

好的咖喱粉应该色泽姜黄，有一股浓郁的药香和辣味，并且研磨细腻，干燥，无杂质。

真假八角识别法

真八角(大料)是八个角，假品一般有十个角以上。真八角的果又肥又大，假的果又瘦又小。真八角的果柄平直，假的果柄弯曲。真八角的籽粒肥满，光色明亮，假的籽粒瘦瘪无光泽。真八角口嚼有甜味，假品有刺激性苦味和樟脑味。真八角的香味纯正，假的有一种松叶气味。

茴香质量识别法

优质茴香色泽黄绿明亮，颗粒饱满，干燥而无杂质，气味香辣。

桂皮质量识别法

好的桂皮质地坚实，用手折断松脆，声音发响，断面平整；长为30～50厘米，厚薄均匀，约为0.4厘米，呈卷筒状。用手指甲在桂皮的腹面刮一下，微有油质渗出，闻之香味足而纯正，断面用齿咬，感有清香，凉味重，并略带甜的为上品。

淀粉质量识别法

优质的淀粉用手搓捻少许淀粉，应光滑、细腻，有吱吱响声；放于清水中应很快沉淀，水色清澈。质量差或掺假的淀粉手感粗糙，响声小或无声；放于清水中浑浊或有其他悬浮物。

食物加工篇

清洗食物的窍门

鲜鱼清洗法

用食盐涂抹鱼身，再用水冲洗，可去掉鱼身上的黏液。一些较难洗的鲜鱼，只要放在较浓的盐水里洗，就可洗得很干净。在死鱼身上擦抹食盐，1 小时后再烧煮，能杀菌且味美。

洗鲜鱼时，常被鱼的黏液困扰，如在洗鱼时将植物油滴入盆中几滴，就可除去鱼中的黏液。

如果鱼比较脏，可以用淘米水擦洗，不但鱼能洗干净，而且手不至于太腥。

将鱼块一一排在竹箩内，用水来回冲洗，然后用净布将水擦干。

鳝鱼清洗法

清洗鳝鱼时，可将鳝鱼放入食醋溶液内浸泡数分钟，待黏液变成“白衣”时，取出用抹布边洗边擦，黏液很快会去除，而且鳝鱼体形不变，肉质酥嫩，味鲜无腥。

带鱼清洗法

将带鱼放入 60～80 ℃的热水中烫泡 10 分钟，然后立即投入冷水中，再用刷子刷或用手刮，即能很快去除鱼鳞，如加入淘米水，更易去除脏污。

黄鱼清洗法

洗黄鱼的时候，不一定非要剖腹，只要用两根筷子从鱼嘴插入鱼腹，夹住肠子后转搅数下，便可以往外拉出肠肚，然后洗净。若鱼不十分新鲜，则还是剖腹洗净为好。

墨鱼清洗法

墨鱼内含有许多墨汁，不易清洗。可先撕去表皮拉掉灰骨，将墨鱼放在有水的盆中，在水中拉出内脏，再在水中挖掉墨鱼的眼珠，流尽墨汁，然后多换几次清水将内外洗净。

墨鱼干与鱿鱼干清洗法

洗前将鱼干泡在溶有小苏打粉的热水中半小时，就很容易去掉鱼骨，剥去表皮。

让泥鳅吐泥法

可将泥鳅放在水中，再放入1～2个辣椒，或在水中滴数滴食用植物油，过一会儿，泥鳅就会将泥土吐出。

鲜虾清洗法

清洗鲜虾时，用剪刀将头的前部剪去，挤出胃中的残留物。将虾煮至半熟时剥去甲壳，此时虾的背肌很容易翻起，可把直肠去掉，再加工成各种菜肴。

虾仁清洗法

用生粉将虾仁清洗3遍，可将外部腐烂组织洗去，还能洗去泥沙。洗好后用干布吸去水分，虾仁的弹性会增强，不易破碎。

螃蟹清洗法

先将螃蟹浸泡在淡盐水中使其吐净污物，然后用手捏住其背壳，使其悬空接近盆边，使其双螯恰好能夹住盆边。用刷子刷净其全身，再捏住蟹壳，扳住双螯，将蟹脐翻开，由脐根部向脐尖处挤压脐盖中央的黑线，将粪挤出，最后用清水冲净即可。

贝类清洗法

将贝类动物如蛤蜊、田螺及蚌之类泡在水中，同时再放入一把菜刀（或其他铁器），贝类动物就会把泥沙吐出来，一般2～3小时即可。或将新鲜的贝类动物养在水盆中，然后在水中滴少许素油，在两天内就可将泥沙吐净。

河蚌清洗法

将河蚌肉加盐搓洗，可去除它身上的泥汁（包括黏液、小蚂蟥等）。

螺蛳清洗法

在加工新鲜的螺蛳前，要使其吐净泥。在养殖螺蛳的清水中滴少量植物油，两三天后螺蛳就可以吐净泥土。

蛤蜊肉清洗法

在容器中放入较小的洗篮，洗篮中装蛤蜊，然后倒入盐水，直至淹没蛤蜊为止，放置1夜后，泥沙即会完全吐出，而且会沉淀在容器底部。把洗篮取出，用水再冲洗一次，即可烹调。

将劈好的蛤蜊鲜肉放在竹篮子里，再把竹篮子放在水中用手顺着一个方向旋搅数遍（切忌正反方向旋搅，否则就洗不干净），然后用清水冲洗一下即可。

海蜇清洗法

将海蜇皮放入5%的食盐液中泡片刻，再放进淘米水中清洗，最后用清水冲一下，海蜇皮上的沙粒即可清除干净。

海带清洗法

海带上常附一层白霜似的白粉，这是甘露醇，具有降低血压、利尿和消肿的作用。海带还含有碘乙酸，甘露醇和碘乙酸都溶于水，如海带在水里泡数小时以上，碘乙酸将会损失90%左右，甘露醇也大多被水溶解，便降低了海带的营养价值。所以在洗海带时，不要将海带在水中浸泡时间过长，只需轻轻地洗去海带上的泥沙就可以了。

鸡肫清洗法

先用刀把鸡肫剖开(不要切断),翻开,清除其中污物,用手撕剥掉内壁黄皮(即鸡内金),放面粉或盐揉搓,最后用清水漂洗干净即可。

家禽内脏清洗法

鸡、鸭、鹅肠的内壁上黏液很多,用清水洗涤难以除去,如果用适量的醋抓洗,很快就能除掉黏液。切不可用盐擦洗,以免失去香味。

鲜肉清洗法

从市场上买回来的鲜肉,上面黏附着许多脏物,用自来水冲洗时油腻腻的,不易洗净。如果用温热的淘米水清洗鲜肉,即能轻易洗去肉上的脏物。

拿一块和好的面团,在肉上面来回滚动,能很快地将脏物粘下。

新鲜猪肉先不宜用热水浸泡,可用干净的布擦净,然后用冷水快速冲洗干净,再用干布把肉上的水分吸干,煮熟后就不会有肉腥味,而且汤里也不会有脏沫子。

鲜肉上沾染了煤油、柴油、机油等非食用油类后,可用浓红茶水浸泡30分钟左右,然后冲洗干净,油污及异味能消除而无毒害。

生肉存放不当,有时污染上机油等异味时,可用浓红茶水浸泡30分钟左右,冲洗干净后再烹制,不但异味没有了,而且还会感觉新鲜、味美。

猪蹄清洗法

用锅盛水烧至80 ℃左右,将猪蹄一端置于水锅中浸烫1分钟,拿出用手一擦,毛垢即可脱尽。再将另一端用同法处理即成。

咸肉清洗法

用清水漂洗并不能达到咸肉退咸的目的,应用盐水来浸洗。只是所用盐水的浓度要低于咸肉中所含盐分的浓度。漂洗几次,咸肉中所含的盐分就会逐渐溶解在盐水中,最后再用淡淡的盐水清洗一下就可烹制了。也可将咸肉放在淘米水里浸泡半天后再用清水清洗,既可去些咸味,又会使咸肉味道鲜美。

火腿与香肠清洗法

火腿和香肠水分含量较多，因此空气中的杂菌很容易附着于表面，使其发黏变腻。若火腿、香肠还没有腐坏的话，可用干净的抹布蘸醋擦拭，然后用热水烫一下，再用干净的干布将水分拭除。

腊肉清洗法

将有烟尘油污的腊肉取出，抖去表面的灰尘，然后用淘米水浸泡20～30分钟，再用软稻草或刨木花轻轻抹擦，便可将腊肉上的烟尘油污去掉，并使腊肉鲜嫩味香。

猪板油清洗法

猪板油脏了很不容易洗干净。如果将猪板油放进30～40℃的温水中，用干净的包装纸慢慢地擦洗，就比较容易将板油洗干净。

猪腰子清洗法

将猪腰子剥去薄膜，剖开剔去筋，切成所需的片或花状，用清水漂洗一遍，盛起沥干。1 000克猪腰子约用60毫升白酒拌和捏挤，用水漂洗2～3遍，再用开水烫一遍即可。

猪肝清洗法

买回来的鲜猪肝不要急于烹调，最好是先把猪肝放在水中洗几分钟，然后再放入水中浸泡20分钟；也可以在水中加一些白醋，可加快肝中毒素的排出。

猪心清洗法

猪心有一种秽气，可放些面粉擦一下，即可使其洁净，消除秽气。经处理后，再进行加工烹调，猪心的味道会更加鲜美。

猪大肠与猪肚清洗法

将猪大肠、猪肚内翻外，用清水洗一遍略沥干水后，每个猪肚或每1 000克大肠放入素油15毫升，用双手反复揉搓2～4分钟，再用水冲洗，就能把肠肚洗干净，且煮熟后既可口又带芳香味。使用的素油最好是花生油、菜油、豆油。

将肠肚放在热锅中干炒，待肠肚有点收缩，污水跑出来时，将肚和肠取出，用水洗净即可烹制。

将猪肠放在淡盐水和醋的混合液中浸泡一会儿，清除脏物后放入淘米水中浸泡片刻，再在清水中轻轻搓洗两遍，就容易洗净。

用吃剩或过期的啤酒洗猪肚和猪肠，可以洗得很干净。

猪肺清洗法

先将肺管套在自来水龙头上，使水灌入肺内，肺扩张，大小血管都充满水后，再将水倒出。反复多次，视肺叶变白，便可认为肺叶已冲洗干净。然后将猪肺放入锅中烧开，浸出肺管内的残物，再洗一遍，另换水煮至酥烂即可。

舌头清洗法

洗猪舌、牛舌时，可先用开水浸泡，泡至舌苔发白，再用小刀刮去白苔，然后用清水洗净。

猪脑清洗法

将买回的鲜猪脑浸入冷水中大约20分钟，视血筋网络脱离猪脑表面后，只需用手抓揉几把，即可将血筋全剖清除。

羊肉清洗法

羊肉上如沾有绒毛，很不容易洗掉。只要用一小块面团，在不洁的羊肉上滚来滚去，绒毛即可被粘掉。

冷冻食物清洗法

将冷冻的肉类、禽类、海味和河鲜在加热前，先放在姜汁液中浸泡30分钟左右再洗，不但能将脏物洗净，还能除腥增鲜，恢复肉类固有的新鲜滋味。

蔬菜清洗法

蔬菜上如有腻虫，可将其放入淡盐水中浸泡3～5分钟，然后用水清洗，腻虫极易洗掉。

要想洗去蔬菜上附着的有机磷农药，可先用清水洗泡一段时间，然后在一盆清水中加入一粒黄豆大的碱，溶解后搅拌均匀，将已冲洗过泥沙和杂物的蔬菜放入碱水中浸泡一下，然后再用清水冲洗干净，即可烹调食用。

若蔬菜上沾有腥味，可将其放入加盐的淘米水中搓洗，再用清水冲净，能除去腥味。

黄花菜清洗法

鲜黄花菜中含有秋水仙碱，在人体内被氧化成为氧化二秋水仙碱，有剧毒。因此，要用开水烫洗浸泡，彻底炒熟后才能食用。

黄瓜清洗法

黄瓜皮层有很多小棱和毛刺，并且多数呈弯曲状，沟槽内藏有大量杂菌和污物，只用水冲洗难以洗净，应该用一把硬毛刷刷洗，然后再用清水冲洗干净即可。

茄子清洗法

茄子切后有了锈，可在烧之前，将茄丝或茄丁放入淡盐水中，用手抓洗片刻，捞出挤出黑水，再放入清水中漂去盐分，捞出挤去水再烹制。

芋艿清洗法

芋艿淀粉很多，黏糊糊的，而且削过芋艿的手会发痒。可将芋艿削皮后放入醋水中煮四五分钟，立即捞起泡入水里能去除黏液。

青椒清洗法

多数人在清洗青椒时，习惯将它剖为两半，或直接冲洗，其实是不正确的，因为青椒独特的造型与生长的姿势，使得喷洒过的农药都累积在凹陷的果蒂上。

生姜清洗法

洗生姜时，最好不要去皮，若去皮，调味效果会减半。可将生姜掰开洗，用少量水多冲几次，一般能洗干净。

豆腐清洗法

要想将豆腐洗干净，不仅要去除表面的污物，还要除去内部的苦涩味道。如果像一般洗蔬菜那样清洗，很容易使豆腐破碎。怎样清洗豆腐既干净又不破碎呢？可将豆腐放在手上，用极小的水流粗洗一遍，尽量保持完整。然后放入盛水的盆中浸泡30分钟左右，以便将豆腐内部的苦涩味道泡出来。也可将豆腐放在碗中，上覆以蒸盘（如电饭锅中蒸馒头用的有眼的铝盘），再放到自来水的龙头下轻轻冲洗，既可使豆腐完整不碎，又可将弄脏了的豆腐清洗干净。

香菇清洗法

将香菇放在60 ℃左右的热水盆中浸泡1小时，然后用手朝一个方向旋搅（不能再朝反方向旋搅，否则就洗不干净），让香菇的“鳃页”慢慢张开，沙粒会随之落下而沉入盆底。再轻轻地将香菇捞出来用清水冲洗干净，即可烹食。

香菇用清水胀发后，加入少许湿淀粉清洗，最后再用清水冲洗，可去沙洁净，且色泽艳丽，比常规的温水浸泡效果要好。

干香菇如储存不当产生霉点，会影响口味。可将香菇装入袋里（布袋、塑料食品袋均可），香菇占袋子1/3，再往袋里加1/3的干稻谷，然后反复抖动袋子，利用稻谷的糙刺，将香菇上的霉点磨掉。

蘑菇清洗法

蘑菇表面有黏液，泥沙粘在上面不容易洗净。洗蘑菇时，在水里放点食盐拌和，泡一会儿再洗，就极易洗去其泥沙。

新鲜蘑菇本身就有水分，而且鲜蘑海绵般的菌体也能吸收大量水分，清除表面脏物可用湿布抹，再用干布或洁净的纸擦干就可以了。这样清理出来的蘑菇，在炒菜时避免了过多的水分溢出，味道更鲜美。

平菇清洗法

将平菇放在淡盐水中浸泡，并将其朝一个方向旋转搅拌，10分钟后泥沙等杂质就很快被清除了。

木耳清洗法

木耳用水泡发后，在温水中加入两勺细淀粉，再用手将木耳在细淀粉、温水中搅拌均匀，附着在木耳上的细小脏物便脱离木耳。捞出木耳，倒掉淀粉水，改用清水冲洗，便可将木耳清洗干净。

有时遇到较脏的木耳，清洗起来十分困难，如清洗不净，食用起来会感到牙碜。可将少许食醋加入清洗木耳的水中，然后轻轻搓洗，能很快去除沙土。

将木耳浸泡在盐水里1小时左右，然后抓洗，再用冷水洗刷几次，可洗除沙子杂质。用此法洗蔬菜，也较易去除沙子。

将木耳放在淘米水中浸泡半小时，再放入清水中漂洗，沙粒极易去除干净。

水果清洗法

水果洗净后，置盐水中浸泡10分钟左右，然后再用凉开水冲洗。或将买回的水果先放在淘米水中浸泡十几分钟，然后再用清水冲洗干净。个体较大，且有一层光滑外皮的水果，如苹果、梨、桃、杏、李等，先在清水中洗净，然后放在沸水中烫泡30秒钟再吃，即可起到消毒作用。

准备生吃的水果，若没有消毒药物处理时，可用15%的盐水浸泡20分钟，能起到一定程度的消毒、杀菌作用。

葡萄清洗法

葡萄要先洗涤再剥皮吃，洗时需将整串葡萄浸入洗涤液中清洗，千万不可逐颗扯下浸入水盆，否则会使细菌渗入葡萄蒂口内，反而洗不净。

草莓清洗法

要把草莓洗干净，最好用自来水不断冲洗，流动的水可避免农药渗入果实中。洗干净的草莓也不要马上吃，最好再用淡盐水浸泡5分钟，再用清水冲去咸味即可食用。淡盐水可以杀灭草莓表面残留的有害微生物。洗草莓时，千万不要把草莓蒂摘掉，去蒂的草莓若放在水中浸泡，残留的农药会随水进入果实内部，造成更严重的污染。也不要用洗涤灵等清洁剂浸泡草莓，这些物质很难清洗干净，容易残留在果实中，造成二次污染。

芝麻清洗法

将芝麻放入水盆内浸湿下沉后，倒去表面大部分水，留水至高出芝麻1厘米左右，用手抓芝麻，使沙粒下沉，抓出上面的芝麻，剩下少数芝麻和沙粒，再分离拣出即可。

将芝麻装进小布袋里，将袋口对准水龙头，用手在外面搓洗，直至袋内流出来的是清水为止，然后晒干。

大米清洗法 取大小两个盆，大小盆中均放大半盆水；把放有米的小盆再放入大盆中，手在小盆中搅动米，不时地将处于悬浮状态的米和水倾入大盆中。如此几次，小盆底部就只剩下沙粒了，大米也就清洗干净了。

消除食物异味的窍门

鱼肉腥味消除法 把活鱼放在淡盐水(盐水可按 1∶10 的比例配制)里，1 小时后，土腥味即可消除。如鱼已死，可放在盐水里浸泡 2 小时，也能去掉鱼的土腥味。

将河鱼剖肚洗净之后，放在冷水中，再往水中放少量的醋和胡椒粉，或放些月桂叶，泡一会儿，就可去腥。

宰杀鱼时，将鱼肚内的黑膜撕去，并把血液尽量冲洗干净，烹调时加入葱、姜和蒜等调料，土腥味基本上可以去掉。

鱼剖肚洗净后，用红葡萄酒或白酒少许腌一下，酒中的鞣质及香味可将腥味消除。

在烹调鱼时，如果加一点醋，不仅可以去腥、增鲜，还可以使鱼刺软化释放出钙和磷，有利于人体吸收。

在烹制鱼类菜肴时，如放适量的白糖，可消除鱼腥味。

在烹调沙丁鱼时，先将其用食盐腌一下，然后再放入啤酒里煮 30 分钟，这样可去掉沙丁鱼的腥臭味。

蒸腥味较大的鱼时，可先将鱼放在啤酒中浸泡 15 分钟，蒸熟后不仅腥味大减，还有螃蟹的美味。

将河鱼在米酒中浸一下，然后裹上适量的面粉，投入烧热的油锅内炸，可去掉泥腥味，且烧出的鱼肉鲜嫩。

烧鱼时放一点橘皮，可去掉鱼腥味。

将鱼放在温茶水中泡洗，一般 1 000～1 500 克鱼用一杯浓茶，将鱼浸泡 5～10 分钟后清洗。因为茶叶里含有鞣酸，具有收敛的作用，故可大大减少腥味的扩散。

炒鳝鱼加点香菜，可去腥、调味。

长期生活在受农药污染水域中的鱼有一股极浓的煤油味，如果宰杀之前将这种鱼放进淡碱水中养1小时左右，即可清除其污染，即使宰杀后的死鱼，在碱水中浸泡也有益无害。

冻鱼腥味消除法

烹调冻鱼时，在汤中加一些鲜牛奶，其味道更加接近鲜鱼。

将买回来的冻鱼放在含有少量盐的冷水中化冻，使鱼肉蛋白质遇盐后慢慢凝固。在烧冻鱼时，加入少许米醋或黄酒，烧出的鱼肉鲜嫩，没有腥味。

咸鱼咸味消除法

咸鱼由于含盐分较多，即使多次冲洗也难减退其咸味。最有效的办法是把咸鱼浸在浓度为2%的淡盐水里，利用两者的浓度差，使咸鱼中的高浓度盐分往低浓度的淡盐水里渗透。浸2～3小时后，再把咸鱼捞出用淡水冲洗干净。

鲤鱼腥味消除法

鲤鱼背上两边有两条白筋，这是产生特殊腥味的东西。抽鲤鱼筋时，可在鱼的两边靠鳃后处和近肛门的地方各直切一刀到脊骨为止，然后用刀面拍一下鱼肉，鱼筋即冒出头，用手(最好是用镊子夹住)捏住鱼筋一头，一手再拍鱼身，慢慢地拉出鱼筋，烧出来的鲤鱼就不会有腥味了。

黄鱼腥味消除法

在烧黄鱼之前，应把鱼头上的皮撕掉，这样可以大大减少腥味。

鱼胆苦味消除法

剖鱼时，如不慎将鱼胆弄破，只要在鱼肉相应的位置上涂点小苏打或白酒，待苏打溶解后，用清水冲洗，烹调出来的鱼就不会有苦味了。

虾肉腥味消除法

先将虾用清水洗，然后用沸水烫煮，同时放一根肉桂在水中，既可消除虾的腥气，又不会影响虾的鲜味。

虾在烹制前腌渍时或在制作过程中加入少许柠檬汁，可去除腥味，使其味道更鲜美。

煮白灼虾时，可在开水中放入柠檬片，这样能使虾肉更香，味更美而且无腥味。

对虾罐头中有一股异味，可用少许葡萄酒将对虾浸渍 15 分钟左右，异味就会消失。

海参苦涩味消除法

将已泡发的海参改刀成所要烹调的形状，加少量醋拌匀，然后放入冷水中浸泡2～3 小时，至海参还原变软，即可去除其苦涩味。

海带腥味消除法

将海带放在蒸笼里蒸 30 分钟，取出后用碱面搓一遍，再放入清水内浸泡 2～3 小时。这样，海带既没有腥味，还又脆又嫩。

鸡肉异味消除法

将鸡肉放在盘中，倒入适量的啤酒腌渍 15 分钟左右，然后烹调就可除去鸡肉所特有的一股异味。

将鸡肉放在淡盐水中浸泡一下，并放入几粒胡椒，取出烹制菜肴就无鸡肉的腥味了。

西式烹调时，将鸡肉先沾些牛奶，再加酒、洋葱及其他调料，可去除鸡肉的腥臭味。

将鸡肉用冷水洗净后，再用柠檬切片涂抹一遍，既可去除鸡肉的异味，烹调后又鲜嫩可口。

将鸡肉浸泡在酱油里，并加少量酒、生姜或蒜，浸泡 10 分钟左右，可除腥味。

冻鸡肉异味消除法

从市场上买来的冻鸡，有些从冷库里带来的怪味。在烧煮前先用姜汁浸 3～5 分钟，能起到返鲜作用，怪味即除。

鸭肉腥臊味消除法

鸭子在烧制之前，应先将其尾端两侧的臊豆去掉。鸭子最好不要用煮及炖等烹调法，相比之下，用卤、酱及煸的方法烹制更好。

将鸭皮剥下炼油，再用此油炒鸭肉，即可除去鸭肉腥臊味。

家禽下水异味消除法 清洗家禽肠时，若欲去其臭味，可用少许明矾粉末擦洗，或加入一把干淀粉抓捏，臭味即除。

鸡蛋异味消除法 将鸡蛋打开后，把蛋黄上的小圆点（俗称鸡眼）去掉，鸡蛋就没有异味了。

在烹调鸡蛋时加点酒，蛋腥味就可以除去。

用姜末和米醋配成的姜醋汁调匀蛋，能改善蛋的味道，既去腥，又解涩，还具有解毒、杀菌的作用。

松花蛋碱涩味消除法 松花蛋有一股碱涩味。如果把鲜生姜切成碎末，加一些食醋，调成姜醋汁，然后浇在切开的松花蛋上，就可以去掉碱涩味，而且味道鲜美。

咸蛋咸味消除法 鸭蛋腌得过咸而无法食用时，可将生咸蛋1个磕入碗内，加入鲜鸡蛋2个，用筷子将蛋黄夹碎，然后将蛋液打散，并加入适当冷水搅匀，再放入葱花、味精、香油（或猪油），入锅用急火蒸10分钟，取出即成一碗可口的蛋羹。

猪肉异味消除法 因宰杀不当，放血不净，猪肉会产生体红血腥，如用热水浸漂后，再用清水浸漂至体白，即可除去血腥味。

猪肉存放不当，会产生血污味。如用稀矾水浸漂和反复洗涤后，投入锅内用水煮（忌锅盖盖得过严），等烧开后除去浮沫和血污，捞起后再用清水洗净即可。烹调时适当加些葱、姜、酒等佐料，血污味就没有了。

炒肉时，投入蒜片或拍碎的蒜瓣，可使肉去腥味。

将肉切成薄片，浸泡于洋葱汁中，待肉入味后再烹调，就不会有腥味了。对于肉馅，可将少许洋葱汁搅入其中。

在烹调猪肉时适当添加一些草果、八角、五香粉、姜丝、蒜蓉、葱头、辣椒、白酒、食糖、食醋、味精等调味品，并适当多放一点花生油，即可把猪肉的腥涩味去除。

在猪肉上滴几滴柠檬汁，可消除其腥味，也可促使肉早些入味。

肉类异味消除法　肉类因堆放时间较长产生异味，或者本身带有异味，可以用淡盐水浸泡数小时后，再用温热水洗净。烹调时，多加些葱、姜、料酒和蒜等调料，异味就会消失了。

肉上油污异味消除法　生肉被污染上煤油、柴油及机油等异味时，可用浓红茶水浸泡 30 分钟左右，然后冲洗干净，油污异味即被除去，再烹制，就能放心食用了。

冻猪肉异味消除法　烹制冻猪肉时，可先用少量啤酒将肉渍 10 分钟左右，用清水冲洗一下再烹制，能去除冻肉腥味，增加香味。

将冷冻肉用姜汁浸泡可去除异味。

冻肉如用盐水化解，不仅有利于去除异味，而且还不失肉的鲜味。

猪肉在冰箱里储存时间过长，容易产生异味。烹调前，放上几根稻草，待肉煮熟后再加几滴白酒。捞出切片（或块）回锅炒一下，便可除去异味，使其同鲜肉一样美味可口。

肥肉腻味消除法　肥肉在烹调时加 1 杯啤酒，可去肥肉腻味，吃起来会很爽口。

将肥肉切成薄片，加调料炖在锅里，按 500 克猪肉 1 块腐乳的比例，将腐乳放在碗里，加适量温水，搅成糊状，开锅后倒入锅里，再炖 3～5 分钟即可食用。这种方法做出的肥肉再蘸蒜泥，吃起来就没有腻味了，而且味道鲜美可口，别有风味。

咸肉异味消除法　咸肉存放时间长了，往往会产生一股辛辣味。遇到这种情况，可在煮肉时取几块白萝卜放在锅中，待煮沸后，将肉捞出去掉水分。咸肉再烹调时，就没有辛辣味了。

咸肉有了哈喇味，可将咸肉用布包好，埋在湿土中 3～4 小时后取出，经这样处理的咸肉能除去哈喇味。

如咸肉里面无异味，仅外面有味，可用水加少量的醋清洗一下就行了。

火腿异味消除法

火腿如有一些哈喇味，与鳝鱼或蚌肉同烧，就能除其异味，与笋同烧的效果也不错。

腊肉异味消除法

腊肉有异味，如果放几颗钻些小孔的核桃同煮，会使异味消失。

猪心异味消除法

将猪心白色的筋管剪掉，用玉米面或面粉撒满猪心表面，稍置片刻，用手揉搓几遍，同时边搓边撒些面粉，然后用清水冲洗干净，即可去除猪心的异味。

猪肝异味消除法

猪肝常有一种特殊的异味，烹制前，先用水将肝血洗净，然后剥去薄皮，放进盘中，加入适量的牛奶浸泡，即可除去异味。

将猪肝白色筋管用刀割断，在猪肝表面用面粉擦一下再洗净，可去除猪肝中的秽气。

猪肺异味消除法

取 50 毫升白酒，从肺管中慢慢倒入，然后用手拍打肺的两叶，让酒渗入到肺的各个支气管内，30 分钟后，将肺管套在水龙头上，使水灌入肺内，让肺涨开，待血管都充满水后再将水倒出。如此反复多次。

肠肚异味消除法

煮猪肚时，取十余粒胡椒放入布袋内与其同煮，能除去猪肚的异味。

将猪肠或猪肚用水稍洗后，用面粉擦几遍再用水洗。入锅加水烧沸后，出锅后放入冷水中，用刀刮去肚子的白脐衣，再用冷水洗到有滑腻感时，异味就没有了。

猪肠和猪肚上有很多黏液，并有一股腥臭味，如果用适量的食盐和少许明矾来洗，很快就可以除去黏液和异味。

先用清水洗猪肠或猪肚，再用少许醋、酒混合搓洗，然后放入清水锅中煮沸，取出用清水洗净，异味即除。

将肠肚倒净污物，翻卷过来，然后将洗净的葱结捣碎，按葱结和肠肚1∶10的比例放在一起搓揉，至无滑腻感时再用水冲洗干净，即无异味了。

猪腰子腥臭味消除法

将切好的腰花用葱白、姜、黄酒拌入浸腌30分钟，就可去腥。

将花椒15粒放入锅内，冲入沸水(够浸泡腰花即可)，10分钟后捞出花椒。等花椒水晾凉后，将腰花放入花椒水内浸泡3～5分钟，捞出腰花，再用清水漂净，即能除其异味。

牛肝异味消除法

牛肝有一种特殊的异味，可将牛肝浸于淡盐水中，把其中的血液压挤出来，再不断地更换盐水，直至血液完全挤出为止，然后再与香菜一起放在热水中烫片刻，就能消除牛肝的异味。

先用湿布将牛肝擦干净，切成薄片，然后浸于牛奶中，可除去其异味。

羊肉膻味消除法

羊肉切块放入开水锅中，加点米醋(每500克羊肉加水500毫升、醋25毫升)，煮沸后捞出羊肉，再进行烹调就没有膻味了。

羊肉先用热水洗净后，切成大块，加入适量香料，如茴香、桂皮、胡椒及香菇等(最好选用两种以上)，与羊肉同时入锅煮沸后捞出羊肉即可。

煮羊肉时，与用纱布包好碾碎的山楂、丁香、砂仁及紫苏等同煮，不但可以去膻，而且羊肉还会有一种独特的风味。

煮羊肉时，加一些扎了孔的白萝卜同煮，膻味会被萝卜吸掉。

煮羊肉时，可放入几块橘皮同煮，不仅可去膻，而且可使味道鲜美。

炒羊肉时，往羊肉里洒些浓茶，连续3～5次，膻味即可去掉，而且吃起来鲜香可口。

每500克羊肉加鲜笋250克，同时放入锅中，先炒，然后加水炖。

每500克羊肉加蒜头25克，同时入锅炒数分钟，然后加水炖。

每500克羊肉加青蒜100克，同时入锅炒数分钟，然后加水炖。

将2～3只核桃洗净，上边各扎几个小孔，和羊肉一起下锅炖，可以去羊膻味。

将500克羊肉与5克咖喱粉同炖，不仅可去膻，而且味道独特。

红烧羊肉时，开锅后每500克羊肉加入10～12毫升白酒，不但可消除膻味，还可使肉的味道鲜美，并容易烧烂。

煮羊肉时，每1 000克羊肉中放入5克绿豆，煮沸10分钟，将水和绿豆倒掉，即可去除羊肉的膻味。

烧羊肉时，放一些胡萝卜（葱、姜、酒等也可），不仅可以去掉膻味，补充羊肉所缺乏的胡萝卜素和维生素，吃出来既不觉得油腻，还能提高食物的营养价值。

烧羊肉时放入剖开的甘蔗（或加入25克蔗糖），不仅可去膻味，而且煮熟的羊肉鲜美可口。

羊肉馅膻味消除法

取花椒30粒用热水浸泡。待水凉后，将水倒入羊肉馅内（花椒去掉），然后再放其他调味料，包出的饺子无膻味。制羊肉馅时加入适量白萝卜、葱、姜、料酒等，不仅可除膻，还补充了羊肉中缺少的维生素，吃起来也不腻口。

羊奶膻味消除法

羊奶中的膻味要想去掉，只要在煮奶时放入一小撮茉莉花茶就行。待奶煮开后，将茶叶撇掉，奶中的膻味就除去了。羊奶加茶叶煮后，奶的颜色有些发黄，但不会对奶质有影响。

在煮羊奶的锅里放少许杏仁，煮开后捞去杏仁，膻味就能消除。

兔肉草腥味消除法

将刚宰杀的新鲜兔肉趁热置于纯净的黄土之上，过一夜，第二天用清水冲洗干净，再烹制食用，成菜味道会更加鲜纯而没有腥味。

兔肉特别是野兔肉有一股异味，此味不宜用泡洗法去除，烹调时可用些厚味调料，最好与大白菜加醋同时烹调，不仅可除异味，而且吃起来鲜美可口。

狗肉腥味消除法

将刚宰的狗肉包好埋在土里1个星期左右，然后取出洗净烹制就没有腥味了。

在加工狗肉时，先将其用盐浸渍一下，然后洗去盐汁，加调味品烹制，这样就能去除狗肉的腥味。

野味腥涩味消除法

一般野味如野兔及山鸡等带有腥涩味。烹调前先要洗净，以去血腥气；烹调时，要配以山药、胡萝卜、土豆、大葱、洋葱和肥肉等配料，适当加一些草果、八角、五香粉、姜丝、蒜蓉、葱头、香菜、辣椒、白酒、食糖、食醋和味精等调味品，并适当多放一点花生油，即可把腥涩味去除。

蜗牛腥味消除法

烹调蜗牛前，先饿养2～3天，在烹调时多用香料，即可去除腥味。

大白菜异味消除法

炒大白菜时往锅里加点甜面酱或其他酸果酱，以此代替酱油，菜出锅后就没有异味了。

卷心菜异味消除法

卷心菜的美中不足是有一种不爽口的气味。在炒菜或做馅时，调入适量的甜面酱以代替酱油。如果再配上葱或韭菜，那么吃起来就更清香可口了。

苋菜异味消除法

将油锅烧热后连锅离火，待锅凉油凉后放入苋菜，再用旺火炒熟。苋菜明亮、爽口，且没有异味。

芹菜异味消除法

夏季炒香芹菜前，应先用开水烫透，并挤干水分，再烹调，可去除其药味和苦味。

芥菜苦味消除法

芥菜（又称芥疙瘩、水芥和春菜）很好吃，但切开后放置半小时左右就会苦得不能吃。防止变苦的方法是在锅内用植物油加一些花椒烧熟，然后马上将花椒及油倒在切好的芥菜丝上，并加些醋拌匀,就没有苦味了。

莴笋苦涩味消除法

在煮莴笋的水中加少许土豆,即可去掉其苦涩味。

冻土豆怪味消除法

先将冻土豆放在冷水中浸泡一段时间,再放入加有1汤匙食醋的沸水中,待冷却后再烹制就不会有怪味了。

洋葱异味消除法

炒洋葱或大葱之后,会产生一股浓烈的刺激气味。可将一小杯白醋放入炒锅中煮沸,刺激气味就会自然消失。

在洋葱等具有强烈气味的蔬菜中加入少许柠檬汁,可以减少异味。

萝卜异味消除法

将萝卜切好,按1 500克萝卜加5克小苏打的比例拌匀烧熟,即可除去萝卜的异味。

将萝卜切碎,按300∶1的比例放入食醋,再上锅蒸,可去除其异味。

苦瓜苦味消除法

苦瓜切好后,用少量盐渍一下,滤汁再炒。在烹炒苦瓜时,加少许白糖,滴点醋,炒出来的苦瓜不仅没有苦味,而且特别清香适口。

大蒜异味消除法

大蒜是烹调中经常使用的调味品,但有一种异味,如果把丁香捣碎在大蒜里一起食用,异味可除去。

生食大蒜后,如即饮热牛奶1杯,或吃点生香菜,或吃几粒花生仁,或嚼几粒茶叶,口腔中的蒜味即可消除。

吃完含有大蒜的菜肴后,用芹菜也可以轻松清除口中的大蒜味,使口气清新。

辣椒辣味减轻法

辣椒太辣时,放一只鲜蛋与其同炒,可减少辣味。若在带辣味的食物里加少许醋,也会减轻辛辣味。

切辣椒和葱时，眼睛往往会因受其刺激而流泪。如果在操作前把辣椒和葱放在冰箱里冷冻一下再切，就可减少其辣味的散发，使眼睛少受刺激。

吃特别辣的辣椒时，口辣难忍，可先用清水漱一下口，然后再咀嚼一点干茶叶，口中辣味就能除掉。

菜中涩味消除法

将菠菜洗净后放入开水中烫一下，捞起再炒，既可将涩味去掉，保持颜色碧绿，又能使其所含的营养成分更容易为人体所吸收。

为去掉白菜苦涩味，可在菜汤里放点黑面包屑。

油菜腌制后若发现有苦涩味，滴些醋即可消除。

黄瓜若有涩味，将其浸于醋水中一段时间后即可除去涩味。

烧萝卜时，如果在切好的萝卜上加少量盐渍一下，滤去萝卜汁后再烧，可减少苦涩味。

将连皮的竹笋放在淘米水中，加入1个去籽的红辣椒，用中火煮开后自然冷却，再取出冲洗和剥皮，竹笋的涩味便可消除。

炒竹笋时，若加少许萝卜，将可除去竹笋苦涩味。煮竹笋时加入红薯数片，可除掉竹笋的涩味。

将蔬菜切好后，撒上少量盐拌匀渍一会儿，然后将汁水滤掉，再进行烹制，即可减轻苦涩味。

热油炒芥蓝要加糖和酒，是为了以酒去掉异味，以糖冲掉苦涩味。同时，炒芥蓝时放汤要比一般菜多一些，因为芥蓝梗比较粗，炒的时间要长一些，烹制时挥发水分必然会多一些。这样炒，才能使炒出来的芥蓝无苦涩味，并且比较爽脆。

菜中酸味减轻法

在烧制某些糖醋菜肴时，若醋放多了，醋味太重，可以加点米酒再煮一下，酸味就会减轻。

炒菜时，应加酱油却错放了醋，这时只需撒入少许小苏打，搅拌一下即可除去酸味。

用酱油烧出来的菜往往有股酸味，这是因为酱油在加热过程中一部分糖分解了，致使酸味突出。炒菜时稍加一点糖，问题就解决了。

若是炒菜时醋放多了，可马上剥一个皮蛋捣烂拌入，即能起到一定的中和作用。

菜中咸味减轻法

菜炒咸了，加些白糖或醋补救，便可减弱菜的咸味。

酱菜过咸了，可拌入少许糖，再装入罐子里封上几天，就能去掉一些咸味，且可使酱菜略带点甜味。

一时不慎将盐放多了，如向汤里加点水，固然可使汤变淡，但鲜味也就淡了。这时可把煮熟的大米饭（或面粉）包在纱布中，放进锅里，米饭吸收了盐分，咸味就减轻了。

在锅内加适量的白糖或加一些醋，咸味会大大减轻。

食物油腻减轻法

吃油腻的食物时，加点醋或蘸醋吃，就不会感到腻口。

在烹调脂肪较多的肉类或鱼类时，如加1杯啤酒，不仅能帮助脂肪溶解，而且还会使菜变得清淡爽口，香而不腻。

蔬菜上沾有腥味消除法

若蔬菜上沾有腥味，可将其放入加盐的淘米水中搓洗，再用清水冲净，即能除去腥味。

菜中酱味减轻法

炒菜时，如果调味酱汁放多了，只要加入少许牛奶，便能调和菜的味道。

汤中咸味减轻法

汤中的咸味过重，通常情况下是再加点水，但是加水的同时也冲淡了汤的美味。不妨切几片番茄放进汤里，也可以在汤里放几片土豆片或几块豆腐，都可使汤变淡。

装一小布袋面粉（或煮熟的米饭）扎紧放进汤里，煮一会儿，可吸收一部分盐分，使汤变淡。

在汤里磕入1个鸡蛋，因为鸡蛋可以吸收汤里的咸味，尤其是做豆酱汤时，加进1个鸡蛋会使汤的味道更好。

豆腐异味消除法

豆腐在下锅前用开水烫泡一下，既可去掉泔水味，又可避免烹调过程中破碎。

豆腐干、豆腐皮等豆制品含有豆腥味，若在盐开水中浸泡，既可去除豆腥味,又可使豆制品色白质韧。

豆浆腥味消除法 豆浆有一股腥味,可将豆浆加热煮沸,腥味就会蒸发掉,同时抗胰蛋白酶也会被高温所破坏,蛋白质不再被分解,这部分腥味物质也就不会释放出来了。

在磨豆浆之前,先将黄豆浸泡,再用 80 ℃左右的热水烫一下,新黄豆烫 1 分钟,陈黄豆烫 5 分钟。烫后把水倒掉,然后再用冷水磨黄豆,就没有豆腥味了。

豆芽腥味消除法 炒豆芽时放少量食醋,既可除掉豆腥味,又可达到保护营养素的目的,还能使炒出来的豆芽更脆嫩。

拌黄豆芽时,先在豆芽中加点黄酒,然后再放点醋,拌出的豆芽味美可口。

烧豆芽菜时,先加点黄酒,然后再放盐,能去掉豆腥味,突出豆芽本身的风味。

猴头菇苦味消除法 将猴头菇浸泡在 0.5%的柠檬酸溶液中约 1 小时,再用清水漂洗,苦味即除。

将锅内的水烧开,把剪去苦柄的鲜猴头菇投入锅中煮 10 分钟左右,捞出再放入温水中漂洗即可去除苦味。

将锅内的水烧开,把干猴头菇放入锅中泡发 20 分钟左右,捞出后再用温水挤洗 3 次即可去除苦味。

柿子涩味消除法 根据柿子量的多少,放入盐水中(比例为:食盐 3%,明矾末 1%,水 96%),浸泡4~5 天即可使柿子不涩。浸泡时须用竹片压一下,以防柿子浮起。

吃柿子时,如果柿子是涩的,可在柿子咬开的部位注入白葡萄酒,涩味就会奇迹般的消失。

每 100 个柿子配上苹果(或梨子)30 个,混放于缸内,放满后封闭缸口,置于20~25 ℃的室内,过 4~6 天即可除尽柿子涩味,使其甜美可口。

用浓度 90%的酒精,均匀地喷在柿子上,再把柿子放入缸中,封闭缸

口，放在室温为20 ℃左右的地方，3～5天后再喷一次，仍然封严缸口，再过2天即可去涩。

将柿子放在电冰箱的冷冻室里1～2天，取出来解冻后食用，可使柿子迅速脱涩且又软又甜。

将柿子埋在谷糠里，4～5天即可去涩。

将鲜柿子放入浓度为3%的石灰水溶液里，以水没过柿子为度。盖好盖后，3～5天即可去涩。

李子涩味消除法

将青李子放入缸里，喷洒少许白酒，封缸2～3天，即可去除涩味，且甜味大增。

菜油怪味消除法

先将菜油炸一次花生仁，再用此油炒菜就不会有怪味了，且炒出的菜肴香味可口。若用来拌凉菜，还有一种香油的味道。

将菜油倒入锅内，下入几粒芸豆、馒头片或少量米饭炸成焦糊状后捞出，菜油中异味便可消失。

用锅烧热菜油，放些花椒、茴香、葱段和蒜瓣炸至焦状时捞出。这样不仅能除去菜油的异味，而且用其炸出的食品质地松酥，色泽金黄，比用其他食油炸的食品保质期长，不易产生哈喇味。

花生油异味消除法

将花生油入锅烧沸，放点葱花炸至微黄时，将锅端下晾凉，即可去除花生油的异味。

除棉籽油异味法

棉籽油入锅烧沸后，放少许花生仁炸一下，即可去掉棉籽油的怪味。

猪油异味消除法

炼好的猪油存放久了吃起来有一股怪味，如果炼油时将一片白萝卜放在盛油的器皿里，然后再盛油，就不会再有怪味了。

猪油有哈喇味是保管中温度过高、保管时间过长、含水量过多所造成的，可将猪油重新加热熬炼，通过加热能去掉不良气味，同时去掉多余的水分。

油中鱼腥味消除法

将炸过鱼的油倒入锅中烧热，投入少许葱段、姜和花椒，炸出香味时将锅离火，抓一把面粉撒进油内，面粉受热渐渐糊化沉积，即能除去油内大部分腥味，再澄清油底，去掉葱、姜和花椒，油就洁净无腥味了。

炸过鱼的油有腥味，若用此油炸一些土豆片，就可除去油中的腥味。

要想除去食油中的异味，特别是想除去炸过鱼的油中的腥味，可在油中加几滴柠檬汁。

米饭异味减轻法

米饭若烧焦了，赶紧将火关掉，在米饭上面放一块面包皮，盖上锅盖。5 分钟后，面包皮即可把全部焦味吸收。

饭如果烧糊了，可先将饭锅从火上端下，放在较潮湿的地方，趁热将一根约 6 厘米长的大葱插入饭里，盖严锅盖，过一会儿，饭中的糊焦味就能消除。

将小块木炭烧红，盛在碗中，放入锅内，将盖盖好，10 分钟后揭开锅盖，将盛木炭的碗取出，饭的焦糊味即可消失。

焖米饭糊锅了，米饭会有焦糊味。可用 1 个碗盛上冷水，放到饭锅中间，压入饭里，使碗边与米饭表层平齐，然后盖上锅盖，将炉火改小，焖一两分钟，即可消除焦糊味。

冷饭重热时会有一股味道，如果用蒸锅蒸饭时，只要在锅中加点盐，饭就会变得可口。

切面碱味消除法

买来的切面碱味重时，只要在面条快要煮好时加入几滴醋，就可消除面条的碱味，而且可使面条颜色变得白些。

馒头中异味消除法

如果揭锅时发现馒头碱味大，只要在蒸馒头的水里倒入适量的醋，再把馒头蒸 10 分钟，馒头就会变白且无碱味。

将一张干净的纸包上一块木炭放在蒸锅里面，盖上锅盖，过一会儿，馒头的碱味将会大大减弱。

干奶酪异味消除法

奶酪风干之后将会变味，如果将风干的奶酪切成1～2厘米厚的块状，放在米酒里泡一段时间，然后取出来隔水蒸一下，奶酪就会重新变得柔软，异味也就除去了。

酱油酸味消除法

用酱油烧出来的菜往往有一股酸味，如在炒菜时加少许糖，酸味就可消除。

咖喱粉中药味消除法

由于咖喱粉的成分中含有多种香辛料兼药品的物质，所以带有一股明显的中药味。如果直接食用，滋味不佳。为了除去这种药味，必须用油炒一下，制成咖喱油备用，不仅可去掉药味，而且做出的菜芳香四溢，汁浓明亮，色泽金黄。

芥末辣味减轻法

将芥末用水调成稠膏状，盛在容器里，放到火炉上烤，或上笼蒸一下，可除去部分辣味。

砂糖异味消除法

砂糖存放的时间长了有一种异味，如用棉纱布包好，放入冰箱，异味即消除。

咖啡异味消除法

如果原来用开水冲泡咖啡的话，现在改用牛奶来泡，即可消除咖啡所独特的异味。

只喝不掺牛奶的清咖啡者，不妨切一片柠檬皮放在咖啡杯内，能达到清除咖啡异味的效果。

水中异味消除法

如开水中有油渍味，可将开水倒回锅中，把一双干净的没有油漆的竹筷子放在里面煮，能去除水中的油渍味。

当自来水煮沸后，揭开壶盖煮5分钟，即可去除自来水中的氯气味。

用水壶装凉开水常常会有一股水锈味，如先在水壶内加1小匙红葡萄酒，即可使水不变味。

食物去皮剥壳的窍门

墨鱼去皮法 在剥鲜墨鱼薄皮时，先用装水果的塑料网袋搓。若不是生用墨鱼的话，可浇上开水，然后用菜刀背朝着下部方向捋，皮就能剥下来了。

马面鱼去皮法 先用菜刀在鱼背脊的一根长长的鱼鳍处切一小口，然后用手把鱼头撕下来，并将鱼肚、鱼肠一起去除，再在切口处把鱼皮轻轻地拉下来，用自来水冲洗一下就可以烹调了。

鱿鱼去皮法 洗前应泡在溶有小苏打粉的热水里，泡透后剥去表皮。凡是已泡透了的，剥起来很容易。

鲜虾去皮法 先用少许明矾水将虾拌匀，稍放一会儿。然后将虾头去掉，用手轻轻地从虾的尾部向前一挤，虾肉就脱离了皮。既容易，又不会使虾皮带肉。

先用自来水冲洗一下，然后用手把虾腹部足部朝天，轻轻地由内腹向背部剥下外壳，再把头部挤拉下来，同时将尾部挤压出来，最后去除虾足。

将鲜虾放入冰箱的冰格内急冻约 2 小时，使虾肉收缩，再取出剥皮，这样虾肉便脱离虾皮，不会把虾肉弄散。

龙虾去壳法 先将龙虾头与龙虾尾分开，用力在肚皮位置(即软壳的一面)落刀，割开两边，然后用拇指将龙虾肉顶出。

熟蛋剥壳法

在煮蛋的水中加些醋，容易去壳。

煮熟了的蛋，立即放入冷水中，冷却后用手搓一下，壳就去除了。

松花蛋剥壳法

将松花蛋两头的泥除去，小头处只需剥至蛋壳露出即可，大头处厚泥剥落至松花蛋最大直径处；在小头处将蛋壳敲一小孔，大头处将蛋壳剥至最大直径处；用嘴自小头处一吹，整个松花蛋即会自行脱落，既不沾泥又不会破碎。

鹌鹑蛋剥壳法

鹌鹑蛋必须先用水煮过，再放到冷水内泡一下，放到空锅内上下摇动，使蛋壳上有裂缝后，很快就能将蛋壳剥掉，且个个光滑好看。

灌肠去皮法

用拧干的湿布将灌肠包起来，停留10分钟后再剥皮就容易了。

土豆去皮法

有的土豆皮只需用小陶瓷片刮几下，皮就被刮下来了。但有的因存放时间较长，土豆皮很难刮下来，若将其煮熟后放进冷开水中，皮就极易剥去。

将新鲜土豆用水浸湿，洗去泥土。然后用丝瓜络（丝瓜瓤）搓土豆的皮，皮即可大片除去。此法不伤土豆肉，省时省力。

将土豆放入热水中浸泡一下，再放入冷水中冷却，捞出就很容易剥皮了。

将土豆在微波炉中加热20～30秒，容易去皮。

芋艿去皮法

将带皮的芋艿装进塑料编织袋中（最多只能装袋子的1/3），用手抓住袋口，将袋子在水泥地上摔几下，然后倒出芋艿，芋艿皮就全部脱落下来了。用此法去芋艿皮，速度既快，手又不会痒。

将芋艿洗干净，放入开水锅里，稍微焯一下捞出，芋艿的皮就容易剥了，而且能剥得很薄。

山药去皮法

先将山药用清水洗净，再放在开水锅中煮4分钟左右，晾凉后即可顺利地去掉皮。但不要煮过火，否则山药变烂后反而不好去皮。此法可避免山药的黏液粘到手上而发生刺痒。

可用有棱角的竹筷将洗净的山药刮去皮。

红萝卜去皮法

红萝卜的皮很硬，要去除十分麻烦。需要把红萝卜煮过再炒的菜肴，可以把带皮的红萝卜整个放进水中煮，然后放在水龙头下，借水的冲力把皮去除。

毛豆去皮法

将毛豆冲洗干净，倒进水锅里煮开后焖3分钟，取出放入冷水盆中，改"剥"为"挤"，与生剥的没有什么两样。

莴笋去皮法

将莴笋的叶和根都去掉，在自来水的冲淋下，用小刀拉着莴笋皮很容易撕下来。

洋葱去皮法

若将洋葱放在水龙头下，边冲水边剥，剥起来就很省力。

甜菜去皮法

将煮熟的甜菜趁热放在凉水下冲一下，很容易就能把甜菜的表皮剥下来。

青椒去核法

青椒内长满果核，往往难以清除。可用酒瓶盖贴近蒂部旋转压入，青椒核就能顺利地除去，既方便又省时。

生姜去皮法

生姜的形状弯曲不平，体积又小，欲削除姜皮十分麻烦，可用汽水瓶或啤酒瓶盖周围的齿来削姜皮，既快又方便。

生姜去筋法

腌生姜时要将筋去掉，方法是先用蝉蜕（知了壳）泡的水将姜洗干净，待用盐腌生姜时，可在盐中加碎蝉蜕少许，这样不仅可去掉姜筋，且腌出来的姜软柔鲜嫩。

大蒜去皮法

先将大蒜掰成小瓣，浸泡在温热的水中，几分钟后取出即可剥去其皮。若一次需要剥较多的蒜，可将浸泡后的蒜瓣摊在菜板上，用菜刀面拍打，然后拣出蒜皮。

大葱去皮法

剥大葱时，可将其根部切掉，再剥洗时就省时省力多了。

玉米去须法

玉米剥除了外叶后，里面往往还会残留不少纤细的须，可用洗奶瓶的刷子用力刷除，非常方便。

苹果去皮法

苹果最有营养的地方是紧贴在皮下的那部分。只要把苹果放在开水中烫 2～3 分钟，这时可用小刀将其皮撕下来，既去了皮，又保留了营养最佳的部分。

橙子去皮法

将橙子洗净，置于桌面，旋转手掌揉果，力度适中，估计果的各部位都揉到了即可剥皮，揉后的橙子剥起皮来毫不费劲。

橘子去皮法

将干了的橘子泡在凉开水中，过 24 小时后，便可很容易地剥下皮来。48 小时后，橘肉中的水分显著增加，味道鲜美如初。

柑橘去皮法

吃柑橘时，如用刀切，既麻烦又不卫生。如果先将柑橘用开水泡一下捞出，再剥皮就容易多了。

将柑橘洗净，用手按住转圈滚动数分钟，然后以蒂尾为中心，用刀顺着柑橘瓣向下划开柑橘皮，划的深度以没划到柑肉为好。只要用手轻轻一剥，皮肉即可分开。

石榴去皮法　将石榴用刀从中间一切为二，然后用勺子背用力拍打石榴皮，这样石榴籽就会自动脱落掉入盘中，一直拍到所有石榴籽都掉出来为止。

桃子去皮法　将桃子放在滚开的水中浸泡 1 分钟左右，然后捞出放入冷水中，取出后可用手不费劲地剥去皮。

桃子去毛法　将一点食盐加入冷开水中，再把鲜桃子放在里面，只要依次用手轻轻一抹，桃子上的细毛便可彻底脱掉。

将桃子用水淋湿，抓一撮细盐涂在桃子表面，轻轻搓几下，注意要将桃子整个搓到，接着将沾着盐的桃子放入水中浸泡片刻，搓洗后用清水冲洗，桃子毛即可全部去除。还可用清洁球擦拭，将桃子毛去除。

番茄去皮法　将番茄洗净放在容器中，用开水烫一会儿，随即移至冷水中，用手就能剥去其皮。

将番茄冷冻一下，再用开水一烫，便可轻松地剥下番茄皮。

用刀背将番茄皮揉皱，然后用手剥去皮。

将番茄底部划开一个十字口，放入微波炉内加热 1 分钟，取出后便可随意将皮剥下。

核桃剥壳法　将核桃放在蒸笼里用大火蒸 8 分钟左右，取出放入冷水中泡 3 分钟，捞出逐个破壳就能取出整个核桃仁。

用普通小刀在核桃有小缝的一端插入，手握刀把用微力一拧，核桃即开。再用钳子在间隙处一夹，夹碎外壳，即可取出核桃仁。

核桃仁去皮法　将核桃仁放在开水中烫 3～5 分钟，只要用手轻轻一捻，皮即刻脱落。

榛子仁去皮法

要想去掉榛子仁上那层棕色的、纸一样薄的果皮，可以把榛子仁放到火炉上烘烤5～10 分钟，果皮开始崩裂，这时只要用布裹住榛子轻轻揉搓，果皮将完全脱落。

板栗剥壳法

将栗子放在冰箱中存一个晚上，第二天取出后立即放进开水中，然后取出再浇一遍凉水，去栗子壳就很容易了。

栗子煮熟后不易剥壳，只要冷却后放入冰箱冷冻室内冻上数小时，即可使壳肉分离，剥起来既快，肉又完整。

煮栗子时加几匙油，煮好后就很容易剥去其壳。

板栗去皮法

将剥好壳的板栗放在沸水中煮 3～5 分钟，捞出后再放入冷水中 3～5 分钟，用手指甲就能剥去其皮。

用糖水浸泡栗子 12 小时，然后煮熟，就极易剥除其涩皮。

红枣去核法

选一块小木头（约 10 厘米见方，4 厘米厚，越结实越好），在正中挖出约与红枣核直径差不多的小眼，1 厘米深即可；把红枣平放在木板上用小锤子敲下，以使枣肉与枣核分离；再用左手竖拿红枣对准小木板上的小眼，右手拿一把小木槌在红枣的顶部向下敲一下；然后再用一根竹筷头在红枣的一端向另一端顶一下，红枣核就轻易地顶出了。

红枣去皮法

将去了核的红枣用水浸泡约 3 小时后放入锅中煮沸，待红枣完全泡开胀大了捞起，剥皮就不费劲了。

在煮红枣时，加少许灯心草，就会使枣皮自动脱开，用手指搓一下，枣皮就会脱落。

莲子去皮法

在 1 000 克莲子中放 2 500 毫升水、50 克纯碱，煮开到用手能搓去莲皮时捞出，倒掉碱水，换清水 4 000 毫升，双手搓揉，可去净外皮。

莲子去心法 将去过皮的 1 000 克莲子与 4 000 毫升清水共同放入锅中煮开后连水一同倒入钵内浸泡，冷却后，用牙签推出莲心，再换清水蒸到莲子肉烂软即可食用。

芝麻去皮法 先将芝麻放于多其 1 倍的清水中浸泡，约 30～40 分钟后捞出，沥水后放入洁净的布袋内，扎好口，摊放于桌面上，用小木棍反复拍打，注意轻重要适度，拍打要均匀，拍打至芝麻外壳脱落，放入清水中漂洗去外壳，即得白净的芝麻仁。

花生仁去皮法 将花生仁用沸水浸泡 10 分钟，趁热去皮非常容易。

蚕豆去皮法 将干蚕豆放入陶瓷或搪瓷器皿内，加入适量的碱，倒入开水闷 15 分钟左右，泡软后，其皮剥起来就很容易。剥去皮的豆瓣要用水洗一下，以去除碱味。

黄豆去皮法 家庭磨制豆浆时，最好是将黄豆皮剥去。早晨先将干黄豆放入容器中，适当多加一点开水盖好，到晚上用手一捻即可将黄豆皮剥去。将去皮的黄豆泡在冷水中，第二天早晨就可磨出漂亮的豆浆。

涨发食物的窍门

涨发海参法 将干海参上火烤至外皮酥脆起泡，用刀刮去外皮，倒入开水浸泡 24 小时左右。海参泡软后，用刀剖开腹部，除去内脏和泥沙，用净水漂净后，放入热水瓶中用开水浸泡，盖紧瓶塞过一天即可完全发好。

将500克海参放入锅中，加水1 000毫升和碱20克，煮沸20分钟后，焐在保暖用的草窝中2小时，取出用刀剖开海参腹部，清除腹腔内容物，并用清水将海参洗干净。然后再加水2 000毫升和碱20克，煮沸20分钟后，放入草窝焐3小时。这样，海参便可全部发好，用清水洗净后放入冷水中浸泡，随用随取。

将海参先放入锅内，加冷水浸泡2小时后再点火将水烧开。先用小火煮3小时以上，待涨大时取出剖肚，剔除腔肠，洗净后再浸入热水中，用小火再煮1小时，漂洗干净后，取出整理即可待用。水发时切勿沾油，因为油会影响海参的吸水膨胀，降低出品率，同时还会造成海参变质。

大乌参等粗皮参，表面均有一层硬皮，水发难于发透，须采用火、水结合方法发制：先将参体用火燎焦，然后刮去焦皮，至露出深褐色，放入冷水内浸2天（勤换水），体质回软，下锅煮沸，转用小火焖2小时，再离火自然降温，开肚、取肠、净沙，再用冷水浸泡，热天4小时，冷天一昼夜，再煮焖1.5小时，捞出漂洗，软硬分开，软的浸清水中，硬者再煮、再泡，直至全部变软，再反复漂洗即可使用。或采用油发：将海参放入凉油锅内，逐步加温，炸至参体浮起，捞出放入开水锅内，加少许碱氽一下，取出放开水内浸泡至软，开肚、取肠、除沙洗净后，再用开水氽一下，移离火口闷一会儿即可，此法多用于形体小的海参。将已泡发的海参，改刀成所要烹调的形状，加少量醋，抖匀，然后放入冷水中浸泡2～3小时，至海参还原变软，即可去除其苦涩味。

家庭食用少量的海参时，可将其用冷水浸泡1天，用刀剖开肚子，取出内脏，洗净切成条，然后放入保温瓶中，倒入开水，盖紧瓶盖，发10小时左右。中间可捞出检查1次，挑出先发透的嫩小海参。个别大的还有硬心，可继续浸泡，直到发透为止。发好的海参，泡在冷水中备用。

泡发海蜇法

将海蜇皮用清水搓洗，剥去褐色薄皮。若担心泥沙没有除尽，可将海蜇皮切成细丝，泡入盐水中，用手搓洗片刻，然后再用干净盐水冲刷2～3次，再浸泡在清水中30分钟左右，捞起后用凉开水浇淋几遍后即可食用。

涨发鱼翅法

鱼翅先用开水泡，再用刀刮皮上的沙子，如果鱼翅较老需反复泡。将收拾干净的鱼翅放入冷水加热，水开后离火。水凉后取出鱼翅，脱去骨，再放入冷水锅内，加少许碱，烧开后用文火煮1小时左右。待用手掐得动时出锅，换水漂洗1～2次，去尽碱味即可烹制。

先剪去鱼翅的毛边，然后放入热水锅内，烧至将沸时，用慢火煮焖1小时。接着“煺沙”。煺沙后再捞到开水内泡十几个小时。捞出后洗净再入锅煮，反复煮焖至软，剔出硬骨，码入碗内上笼蒸，其间换几次水，以除去异味。出笼后用开水泡上，使其吐尽腥味。具体泡发过程中，煮的次数可根据鱼翅质量和老嫩及涨发程度而定。发好的鱼翅不能在水中久泡，否则易变质。

将鱼翅的薄边剪去，然后放入冷水中浸泡10～12小时，待鱼翅回软，放入沸水中煮1小时；再用开水焖至沙粒大部分鼓起后用刀边刮边洗，除净沙粒（如除不净，可用开水再焖一次即可除净）；将翅根切去部分，放入锅内焖透（老硬鱼翅一般焖5～6小时，软嫩鱼翅一般焖4～5小时）；将焖透的鱼翅取出稍凉，即可出骨和清除腐肉。把清理好的鱼翅放入锅内再焖1～2小时，至完全发透后取出，用清水漂洗干净，去掉异味即成。此法特别适合翅板厚大、皮苍老的鱼翅的涨发。

鱼翅边缘薄而嫩，含有极细的沙粒，又没有翅针。发制时，翅边极易糜烂，并容易将细沙卷进翅肉内部，影响鱼翅的质量，所以在涨发前要把鱼翅边剪除，以保证鱼翅的质量。鱼翅在发制过程中，翅体和水的温度都很高，如果中途突然向锅内加入大量冷水，翅体表面因受冷会急剧收缩，使表面崩裂，造成沙粒混入翅体内，难以刮除。在发制过程中，更不可用力搅拌，以防鱼翅破碎，影响鱼翅的质量。涨发鱼翅时，要特别注意，不要使用铁锅或铜锅发制，因鱼翅中所含硫蛋白质遇铁、铜会发生化学反应，生成硫化铁等，使鱼翅表面出现黑色、黄色斑点，影响成品质量。发制鱼翅时，最好选用瓷缸、不锈钢锅等器皿焖煮，或用木桶浸泡。煮发鱼翅时或已发好的鱼翅，都不能沾有油、碱、盐等物质，否则会引起鱼翅肉体表皮溶化，影响质量。

涨发鱼肚法

先将鱼肚放在温水或开水中泡软，然后倒入锅内以慢火焖煮。在煮焖过程中，3～4小时换一次水，换水时要将鱼肚用温水洗一次再煮，煮至软透无粘性时，用手指一捏即透便可。

锅置火上，放入适量的食油烧至50℃左右，将干鱼肚投入锅内，炸至鱼肚起泡时，用铁篦子压盖，再用小火焖煨30分钟，然后用碱水煮沸，取出，洗去鱼肚上的油，用热水泡起来，待炒时随用随取。

涨发鱼皮法

将鱼皮投入沸水锅中煮约45分钟捞出，拣出沙粒及已脱的嫩皮，把未脱沙的老皮重新下锅，煮至脱沙捞起，同嫩皮一起放入木桶中，倒入沸水盖好焖8～10小时，即可刮去余沙，并出骨、洗净。将鱼皮放入锅中加清水煮沸，改用小火焖约1小时，即可取出放入清水中漂净备用。

涨发鱼唇法

将鱼唇放进有盖的容器中，用开水泡焖3小时，随即用双手搓揉，去尽表面沙粒，然后漂洗干净再进行焖煮。等能去骨时，轻轻抽去骨，剪去边沿的腐坏部分，用清水漂洗去腥味及黏质，存放于清水中备用。

涨发鱿鱼干法

取纯碱500克、生石灰200克与沸水4 500毫升混合，再加4 500毫升冷水搅匀，水冷后去渣，即成碱溶液。将冷水浸泡3小时的鱿鱼干捞出，放入碱溶液中再泡3小时即能发好，然后反复清洗，除去碱味即可烹制。

取500克干鱿鱼，用香油15毫升及碱少许，同放于适量的水中，待鱿鱼泡至涨软为止，取出冲洗备用。

将鱿鱼干放在清水中泡上一天。然后按500克鱿鱼放50克碱的比例，将纯碱用水化开，将鱿鱼放入浸泡，勤翻动，待鱿鱼变软变厚时捞入清水中待用。

涨发墨鱼干法

将墨鱼干放入冷水内浸3个小时，再用碱水泡。碱水的浓度以用两个手指搓擦感觉有黏性即可。碱水要将墨鱼干浸没，这样泡3个小时，见墨鱼干涨大、颜色均匀鲜润，即将它与碱水一起倒入锅内煮沸捞出，放入清水中将碱水全部漂净，浸在清水中备用。

泡银鱼干法

将银鱼干用温水（冬天用沸水）浸泡1小时后取出，从嘴叉下边扯断，连同下水一起带出来，再用温水漂洗干净即可。

涨发鱼骨法

先用温水洗净，再用热水浸开，然后入锅蒸软取出，浸泡于冷水中即可。

用冷水洗净，放入盆内，加少许豆油或香油，拌匀后上笼蒸透，回软时取出，用开水浸泡，至色洁白、无硬质、状同凉粉时即发透。

涨发蛏干法 将蛏干用冷水泡大剖开，洗去肚杂，放入有水与少量生石灰的桶内，盖好闷1分钟左右(时间切忌过长)，然后立即将桶内的蛏倒入竹箩内用冷水淘洗干净即可。

涨发干贝法 将剔除边上老肉和杂质的干贝清洗干净，并用清水泡3个小时，洗净后盛于容器中，加入姜、葱、料酒和适量的水(没过干贝)，上笼蒸2～3小时，用手掐感到松软时即可。

将干贝边上的一块老肉和附着的贝壳等杂质剔除，清洗干净，盛于容器中，加热水(没过干贝)后泡一昼夜，泡至用手掐感到松软即可。夏天气温高，不宜用此法。

涨发海螺干法 先将海螺干用水浸泡回软，然后用慢火焖煮至螺体柔软。接着将煮好的海螺置于碱水(按500克海螺干加25克碱的比例配制)盆中，浸泡6小时左右，至涨发为止。最后，将已涨发的海螺以清水冲洗脱碱，再浸泡在清水中待用。如果涨发不够，可再加碱，提高碱水浓度，直到发透为止。用这种方法泡发海螺，500克干品可出水海螺1 500～2 000克。

泡发乌鱼蛋法 将乌鱼蛋外表洗净，放入锅内，加入清水、葱段、姜片和酒，用小火煮40分钟左右取出，放凉水盆内，剥去外皮，用手掰成片状，再放入沸水锅内焯一下，用冷水浸泡即可。

泡发咸鱼法 将咸鱼放入淘米水中，再加进50克食用碱，搅拌均匀。浸泡半天后即可取出烹调。

泡发海米法

大海米应先用温水洗净，再用开水泡 3～4 小时，待其回软即可。也可用冷水将大海米泡后并上锅蒸软。天热时，发好的海米应加醋浸泡，可延长保管时间。

泡发虾米法

将虾米放温水里浸泡 1～2 小时即可，泡虾米的水不要倒掉，炒菜或做汤时放入，味道鲜美。

泡发虾子法

将虾子放在 50 ℃的水里淘洗去沙，再放入 70～80 ℃的水中浸泡 2 小时左右即可涨发。泡后的水可留作烹制菜肴用。

用凉水将虾子淘洗干净，放入容器内，入锅蒸制 5 分钟左右至发软后即可烹调。

泡发海带法

将海带放在蒸笼里用旺火蒸 30 分钟左右，放在通风处让其自然干燥备用。想吃海带时，拿出几条放在盆里用冷水（加少许醋）浸泡，烹调前稍加清洗即可。经这样处理过的海带，只要稍加烧煮，吃起来就软烂脆嫩。

将海带在冷水中泡半小时左右，洗去海带表面的沙粒和盐，捞出后放入带盖的容器中，用热水泡发 10 分钟。取出后，倒入少许米醋，用手捏擦，使海带表面的黏液浮起，用清水冲去即可。海带不宜在水中浸泡时间过长。

将海带加入适量的水后放入微波炉中加热 30～60 秒，即可泡软。

泡发淡菜法

将淡菜放碗内，加入开水烫至发松回软，捞出摘去毛，除去沙粒，在清水内洗净。放入锅内，加入清水，用小火炖烂即可。

将淡菜洗干净后放入热水碗中，加入适量的黄酒浸泡 1 小时左右，再放入锅稍蒸后待用。

涨发蹄筋法

家庭涨发蹄筋时，可将适量的粗粒食盐放入锅内炒热，将干蹄筋放入，经食盐传热后就会使其逐渐发起来。用食盐发干料，既省油，味又纯正。

将蹄筋用温水洗一下，放入温油锅中，一直用温油浸炸至里外发透。炸好的蹄筋，以用手一掰即断，断面呈海绵状为好。然后放入加有微量碱的温水中泡透，并将蹄筋中的油挤出来，再放入清水中漂洗待制。

在烹制的前一天晚上，将干蹄筋用温水浸泡过夜。然后加清水炖或蒸 4 小时，待蹄筋绵软，捞入清水中浸泡 2 小时，剥去外层筋膜，再用清水洗净，即可烹制菜肴。

冬天泡发干蹄筋时，可将蹄筋放入捞饭的米汤里浸泡，一天换一次米汤。当蹄筋泡至涨开时再换开水泡，直至泡软为止。

涨发肉皮法

用旺火先将粗盐炒热，投入肉皮翻拌一次，盖在盐中焖几分钟，再翻再焖，至肉皮回软卷缩，再慢慢翻炒至肉皮泛白但未全部鼓起时从盐中取出，降低火力，等到肉皮涨发，中间无黑云斑即好。

肉皮和冷油一起下锅。油要多，火不宜过大，油温逐步升高，待皮上泛出小白泡时将油锅离火，2～3 小时后将肉皮捞出。等气泡瘪去，将油烧至六七成热时，将肉皮逐张下锅发到鼓起，略有爆声，用锅铲一敲即碎，且声音清脆时即可捞出。使用前用开水泡软，再用碱水洗去油腻，漂清碱味，浸在清水中备用。

猪奶脯皮不易涨发，必须通过延长温油涨发时间来解决，即延长油焐阶段。在油焐阶段油温不宜太高，约在 40 ℃为宜。将肉皮与冷油一起下锅，用微火慢慢加热，待油热后，保持此油温，一直到干肉皮受热卷起，表面有一个一个小白泡突起时，将肉皮捞出，再用热油发透即成。

将肉皮晾干水分，穿在铁丝上，放入电烤箱的托盘中，将烤箱的温度调至 60～80 ℃。预热后烤 20 分钟，当肉皮干透时，将电烤箱的温度调至 130 ℃；不断翻烤10～15 分钟，至肉皮发透、色泽发白而微黄即可。

涨发牛鞭法

先去净杂物，割去尿道管，切成段，再放入冷水锅内用小火煮焖 2～3 小时，用清水冲漂，去除异味，放入容器内，加入清水、葱段、姜片和料酒等炖至软熟即可。

泡发干笋法

泡发干笋时，先将其放入铁锅内，加足水煮 30 分钟，然后用小火煮焖一会儿，再捞出切除老根，洗净，浸泡在淘米水中，每隔 2～3 天换一次水，食用前捞出洗净。

先用冷水将干笋泡软后切成薄片，再用少许碱水烧开浸泡5分钟左右捞出，放在清水中漂净，即可与其他食品一起烹调。

将笋干放在铁锅内，加满水煮沸30分钟，再转小火焖煮，然后捞出，切除老根，洗净，浸泡在石灰水中待用，每隔2～3天换一次石灰水。使用前捞出洗净，切成片状，入锅烹制，成菜鲜嫩味美。

泡发玉兰片法

将玉兰片放入带盖的容器里，倒入沸水，以水淹没玉兰片为度，盖好容器盖，浸10小时左右；然后将浸过的玉兰片放入锅内，用大火烧开后改用小火煮10分钟，最后将煮过的玉兰片放进淘米水中泡，直至发透并除去异味和黄色即成。

泡发扁尖法

将扁尖放入清水里浸30分钟左右，去掉老的，挤干水，撕成1厘米长的条，切细，再放入清水一起蒸30分钟，冷却后备用。

泡发黄花菜法

将黄花菜梗和杂质去掉，用冷水浸30分钟左右（时间不宜太长，否则味会走失）取出，挤干水分备用。

泡发莲子法

有些人在烹煮莲子之前要用水浸泡，其实这样莲子反而不易煮烂。最简易的方法，是在用莲子做菜前，将莲子洗净，倒入锅中用旺火烧开，煮沸5分钟左右，然后用小火焖几分钟就可熟烂了。

将莲子放入开的碱水中（按1 000克莲子加25克碱的比例），搅搓冲刷，3分钟换一次水。当莲子皮已全部脱落，呈乳白色时捞出，用清水洗净，控净水分，削掉莲脐，捅出莲心，入锅蒸烂即可。

发黄豆芽和绿豆芽法

发豆芽要选颗粒饱满整齐的黄豆或绿豆，然后用清水浸泡豆粒到表面无皱纹，能捏扁时将豆捞出，装入经过消毒的木桶或箩筐中，桶底要有几个漏水小孔。装豆不可太多，以免影响空气流通，妨碍生长。底层应铺草以保持水分，豆面上铺草防淋水时冲断芽根。生芽期，夏季每天淋6～8次，冬季每天5次，室温保持在18～22 ℃为好。当豆芽长到0.5厘米时，把漏水孔堵住，放水轻搅，使有芽豆上漂，无芽豆下沉，然后排水，这有助于发芽。芽长到3厘米左右就成了。

发蚕豆芽法

先将蚕豆洗净，浸泡在冷水中，以淹没蚕豆为宜。浸泡12～24小时后(冬天可长些)，将蚕豆倒入淘米箩内冲洗并换水，浸泡2天，然后滤去水装入食品袋。将袋口扎紧，每隔一段时间，隔着袋翻动一下，室温在27～28 ℃时，经3～4天即可发芽。

泡发腐竹法

腐竹较长不便于整个放进容器中泡发，可折断放入容器中，倒入凉水或温水淹没腐竹。腐竹涨发不能用放到锅中煮的办法，因煮时腐竹里外受热不同，待里面煮软时，表面则已煮过头，煮烂且糟，做菜不美观，甚至不成形。

泡发木耳法

黑木耳在烹制之前，用淘米水泡发，效果要比用普通水好。淘米水泡发的木耳肥大、松软，味道也鲜美。

用凉水(冬季用温水)浸泡木耳，让其渐渐渗透并能恢复到生长期的半透明状，且脆嫩、爽口；而热水发木耳，每500克只能出3 000克左右，且口感绵软发黏。

浸泡木耳之前，先准备好一小锅稀米汤，将米汤烧开，倒入盆内，趁热放进木耳，用盖子盖严。30～60分钟后把木耳捞出，用清水洗净即可。用此法泡发的木耳，不仅肥大、松软，而且味道鲜美。

泡发银耳法

将银耳放入凉水中浸泡3～4小时，然后去净根部的杂质，用清水漂洗几次，烹制前用开水烫一下就好了。

泡发干香菇法

干香菇在泡发前，先在阳光下晒一下，使得香菇中所含的维生素D便于人体吸收。然后用清水将香菇洗净，随即放入5 ℃的加有白糖的冷水中浸泡，可以减少香菇鲜味的流失。半小时后菇盖全部软化捞出，稍微挤干即可使用。

干香菇在烹调前，最好用60～80 ℃的热水浸泡一会儿，使香菇中的核糖核酸水解成为具有鲜味的乌苷酸，那就味美可口了。如果在烹调前用冷水浸泡，香菇中的核糖核酸不被水解，鲜味出不来，吃起来就乏味了。

干香菇加入适量水后放入微波炉中加热3分钟，即可泡发。

干香菇在烹调时必须先用水浸软才能下锅。若没有充足的时间浸泡，可以在水中加一撮白砂糖，如此可节省浸泡的时间。

泡发干蘑菇法

一般吃干蘑菇时，必须先用水泡开。但用温水泡，蘑菇的香味会跑掉。

在1 000毫升温水中加糖25克，把洗净的蘑菇切好放入浸泡1～2小时，既能使蘑菇吃水快，保持蘑菇的香味，又能使蘑菇吸收糖分，烧好后味道更鲜美。

泡发口蘑法

口蘑分口叮和口片。将洗好的口叮放在温水中浸泡即可(不要倒掉该汁，澄清后去掉沉淀物可以使用)。泡发口片时，先将口片放在冷水中浸泡30分钟，捞出刷净泥沙，剪去柄根，用清水洗净后捞出，再用温水浸泡回软即可使用。口叮、口片在用温水浸泡时水量不能太多，否则会影响原料的鲜味。

泡发猴头菇法

将猴头菇用凉水漂洗干净，放入器皿中，加开水上锅蒸3小时，用手捏无硬心即可。

将洗净的猴头菇放在小焖罐或锅里，加水烧开后，改用慢火煮3小时即可烹调。

将猴头菇洗净，放在沸水锅内烧开，加入10％～15％的食用碱用文火煮制，待猴头菇酥烂，用凉水漂洗数遍去掉碱味，再用凉水浸泡一昼夜，换水漂洗2次，彻底除去碱味。

将猴头菇洗净，放入凉水锅里煮制2小时，加入熟豆油继续用慢火煮2小时，待猴头菇酥烂即可改刀烹制食用。

泡发竹荪法

将竹荪直接放入温水中泡发，约1小时即可发透，然后再用清水洗净杂质泥沙，洗过后放入清水盆内浸泡备用。

泡发石花菜法

做凉拌菜时，可用温水浸泡石花菜，浸泡时间约为2小时。浸泡好后，用清水冲洗干净，去除根部及杂质等。

泡发燕窝法

将燕窝放入冷水内浸3～4小时，在水内用镊子除去毛及杂质，用手抖松剔整后，放入开水内泡一下后投入冷水内浸泡3～4小时，再用开水氽一下即可。

将燕窝用清水稍加刷洗，再放入80℃的热水中浸泡2小时，至松软后去毛，然后再换热水焖发1小时即可。暂不用时，可放在阴凉处或冰箱内，每天换水2次。

泡发虫草法

将虫草放入盛器中，用冷水抓洗2遍，洗去泥沙，拣去杂草，再放在小碗里加葱、姜、料酒和水，上笼蒸10分钟左右，待虫草体变软饱满时即可取出待用。

泡发发菜法

发菜泡发前，先剔尽所含沙土和杂质，放入温水中浸泡，待发至膨胀起来，再用清水洗净即可。

泡发哈士蟆法

将哈士蟆先用温水泡一昼夜，洗净杂质，摘净黑筋，煮十几分钟备用。

泡发白果法

将白果去掉外壳，剥出果仁，放入开水中煮10分钟左右，搓去衣膜。

将果仁加水上笼蒸15分钟左右取出，再用开水氽一下，捞出放入盆内，倒入开水浸泡，即可使用。

泡发百合干法

将百合干用开水浸泡闷30分钟左右，然后去其杂质并洗净，放入凉水内继续浸泡备用。

泡发西米法

将水烧开，放入西米煮沸 15 分钟左右，待西米有 80%～90% 由白色变透明、中间仅有很小的白点时，带锅内的水一同倒入盛有冷水的容器内，或者连锅端下来用冷水冲，待西米冷却后，仍浸在冷水内待用。

泡发芥末法

将芥末放在热水中搅拌，或用冷水调匀后放到火炉上加热，使其受热发酵，芥末特有的辛辣味就会散发出来。

泡干梅子法

用残茶水浸泡干梅子，具有特别的香味。

原料初步加工的窍门

宰杀鳝鱼法

宰杀鳝鱼很费劲，如果将其用水洗净后捞入容器中，倒入一小杯酒(酒的浓度不能太低)，鳝鱼便会发出吱吱的声音；待声音消失，鳝鱼已醉(但没有死)，此时即可取出宰杀。

如果要宰杀的鳝鱼较多，可在一块小木板上钉一只钉子(将钉子穿透木板，最好使钉尖露出 2～3 厘米长)。将钉子尖朝上，抓起鳝鱼，把其头用力摔在钉子尖上，扎住以后再用小尖刀就可从头划到尾，极其方便。

宰杀甲鱼法

将甲鱼腹面朝上，待其伸出头来将要翻身时，快速准确地将头剁下；然后把甲鱼放入 70～80 ℃的热水中，烫 2～5 分钟取出(水温和烫泡的时间可根据甲鱼的老嫩和季节的不同掌握)。从甲鱼裙边下面两侧的骨缝处割开，将盖掀起，取出内脏，用清水洗净。再放入开水中煮去血污，取出用冷水洗净。将盖上的裙边摘下(盖可入药用)。如果小甲鱼不去盖，在腹部开膛即可。

宰杀鲇鱼法

在剖杀鲇鱼前，可将鱼放入盐水中片刻，剖杀时就能免去鱼滑跳而失手，安全稳妥。

清理墨鱼法

先除墨鱼的眼睛，拉出头，撕去墨色皮膜，随即露出白色的肉身，再取出肚内的船形骨（中药名海螵蛸），抽出肚内的头须，去掉头须上的墨膜和吸盘上的黑褐色角质。经过几次清洗即成为洁白如玉的墨鱼肉。

让泥鳅吐泥法

泥鳅味道鲜美，营养价值高，在烹烧前必须让它吐尽肚中的泥土。可将泥鳅放在水中，再放入1～2只辣椒，或在水中滴数滴食用植物油，过一会儿，泥鳅就会将泥土吐出。

清理黄鱼肠肚法

洗黄鱼的时候，不一定非要剖腹，只要用两根竹筷从鱼嘴插入鱼腹，夹住鱼肠后转搅数下，便可以拉出其肠肚。若黄鱼不太新鲜，还是剖腹洗净为好。

去除鱼鳞法

鱼鳞一般要逆刮，不能顺刮，只有逆刮才能把鱼鳞刮得干净。把鱼放入加了醋的冷水里（每1 000毫升水加醋10毫升）泡2小时再刮，鱼鳞就很容易刮干净。

小鱼去鳞很麻烦，可将鱼装在网眼约为0.8厘米的塑料网袋里，手握紧网口，在盛满水的盆中快速抖动，摇晃，鱼鳞很快就能去净。但要注意，晃动时间不可过久，否则鱼肚会破裂。

取一根长约15厘米的小圆木棒，在其一端交错地钉上七八个啤酒瓶盖，利用瓶盖端面的齿来刮鱼鳞，是一种很好的刮鱼鳞工具。

去除鱼刺法

将收拾干净的鱼平放在案板上，用刀划开鱼的背脊，从头至尾划两道口子，而后将鱼尾切除，在鱼的鳃部切一刀，但注意不要把头切断，把其放入烧开的水中，过一会儿再捞上来，从头部的切口处就可将整齐的鱼骨取出来了。

清理对虾法

将对虾剪去须脚，在脑部前端斜剪一刀，挑去脑部沙袋，用竹签或剪刀的一头从虾背中端刺入，挑去背上沙筋（又称沙肠、沙线）。若制作虾球，则去头剥壳，用刀从背部剖成两片，同时剔去沙筋，洗净即可。

清理龙虾法

龙虾有一个特别的地方，就是在它尾叶的底端，长有一根纤小的黑色分泌腺，要用一根竹筷从尾叶端孔直插进去，一直插到后缘沟近虾头处，再拔出筷子，会有一股膻水流出。膻水一定要放净，此法又称放尿，能够使龙虾本身没有异味。

清理螃蟹法

螃蟹污染较重，初加工搞得不干净，吃了容易中毒。对螃蟹初加工，首先要将其放入淡盐水中，促使其吐出体内污物，再放入清水中浸洗，一般要换水 2～3 次。换水时，要用刷子刷洗干净。其次，换水刷洗时，手要拿住蟹壳的两端，防止被蟹螯夹住。如被夹住，不要硬拉，而应连手带蟹浸入水中，这样，螃蟹就会自动放开。刷洗干净后，最好将螃蟹用细绳捆绑住，不让其在加热时乱爬乱动，因乱爬乱动容易引起蟹脚脱落和流出内部蟹黄，降低食用价值。初加工后，或蒸或煮都可以，但必须蒸透煮透，以蟹壳发硬并呈红黄色为准。

使贝类吐污法

将贝类动物如蛤蜊、蚌及田螺之类泡在水中，同时再放入一把菜刀或其他铁器，贝类动物就会把泥沙吐出来，一般 2～3 小时就可将泥沙吐干净。

宰鸡法

一般杀鸡，多是用刀割其脖子，这种方法往往不易一下子割断血管，还会因食物从食管中流出把血弄脏。如果杀鸡的时候，用剪刀伸入鸡嘴内，剪断血管，让血由鸡嘴流出，鸡不但死得快，而且不会把血弄脏。

杀鸡时最好是在昏暗的光线中，悄悄地剪断颈部血管，让鸡安静地死去。如果在临死前让鸡剧烈地挣扎，使劲地抖动翅膀和双脚，就会使鸡肉变硬，影响鸡肉的鲜嫩。拔毛时烫鸡的水温最好不要超过 70 ℃，因为用开水烫鸡，会使鸡的肌肉强烈收缩，肉质也会变老。

清理鸡毛法

在宰杀鸡之前 15～30 分钟，给鸡灌入一小汤匙白酒或醋。烫毛后，用手逆着毛的长向推，以毛卷毛，既快又方便，而且很易干净。

在烧好的水中加一汤匙食醋，将宰杀好的鸡放入，不断翻动，几分钟后取出，鸡毛轻拔即落。

在烫毛用的热水中加入一点盐（1 000 毫升水加 25 克盐）搅匀。把宰杀好的鸡放入，浸 5～6 秒钟后取出，逆着毛的生长方向推搓，很快便可将毛除尽。

清理鸭毛法

鸭子宰杀后先用冷水把鸭子全部淋湿，然后再放入热水中烫。鸭子烫得比较均匀，不至于有些部位尚未烫好毛拔不下来，而有些地方烫过火了连皮都被扯下来。为了掌握好烫的温度，可以将冷水浸透的鸭子放入 40 ℃左右的温水内，一边烧水升温，一边翻动鸭子，当感觉拔毛比较轻快时将鸭子取出，用大拇指从鸭腿向上倒搓鸭毛。搓时可拿一把鸭毛，以毛搓毛，既快又干净。

清理鹅毛法

将鹅杀后趁体温未下降时迅速拔毛。用双膝夹住鹅颈，左手握住鹅翼，先拔尾羽、翼羽和头、颈、胸、腹及背部的羽毛，后拔臀部和腿部的羽毛。

将鹅杀后先用冷水浸透其毛，再用 60～70 ℃的水快速烫透全身，当头部的毛可以拔掉时，说明其他部分的毛已烫好，即捞出水拔毛。先拔大羽毛，后拔绒毛，顺着毛的方向拔。然后用明火烧去不易拔的绒毛。拔毛时注意不要拔破皮肤，破皮后脂肪容易溢出。

宰杀鸽子法

先用手将鸽子的头及翅膀抓住，然后将鸽子颈部的羽毛摘去几片，再下刀将血放尽。将放尽血的鸽子用热水烫一下，拔去毛，最后开膛，取出内脏洗涤干净即可。

宰杀鹌鹑法 宰杀鹌鹑前，先用指头猛弹其后脑部，乘其昏迷之际用手撕开腹部的表皮，随即连同羽毛和皮一起撕下，剪去喙及脚爪，再用手指伸进腹腔把内脏掏出，洗净即可。

清理猪蹄毛法 可将洗净的猪蹄先在沸水中烧沸几分钟，再捞入清水中，用小镊子拔毛，既快又好又干净。

也可用比较钝的指甲钳拔毛（但手用力要轻，防止剪断），比用其他工具快好几倍。

断猪骨法 做骨头汤用的筒状长骨，比较难砍。可用钢锯（断锯条也可），在骨的中部锯出一个深0.1厘米、长0.5厘米左右的缺口。将锯好的缺口朝下放在案板上，用刀背砍一下，因用力集中，骨头会很容易被折断，既省力又安全。

宰杀家兔法 宰杀家兔前要停止给水2～3小时，停食20～24小时，以便清除其胃肠道的内容物。先把兔嘴撬开，再灌数汤勺食醋，家兔便口吐白沫很快死亡。然后用手挤压家兔小腹部，使残尿排出。家兔放血时，割断鼻腔血管和颈部静脉血管，注意要把血放尽，然后待3～4分钟再剥皮。

清理兔毛法 将200克生石灰用1 500毫升开水化开，投入宰好的兔子翻动几下取出，用手拔兔毛，兔毛即可除净。

用刀切制食物的窍门

切鲜鱼肉法 鲜鱼肉质细、纤维短，极易破碎，切时应将鱼皮朝下，刀口斜入，要快切，最好顺着鱼刺，切起来要干净利落，这样炒熟后形状完整。

切鱼肉时，在菜刀口放几块冰块，菜刀遇冰冷缩，这样切起来会更顺利。

鲜鱼的表皮有一层黏液非常滑，所以切起来不太容易。若在切鱼时，将刀放在盐水中浸泡一会儿，切起来就不会打滑了。

切咸鱼干法

由于咸鱼干质地坚韧难切，切咸鱼干时，可往刀刃上涂些生姜汁和麻油，再硬的咸鱼干也能顺利切断。

切墨鱼片法

将墨鱼竖着切成两半，然后横着切成薄片即可。

切鸡肉法

相比之下，鸡肉显得细嫩，其中含筋少，要顺切，只要顺着纤维切，炒时才能使肉不散碎，整齐美观，入口有味。

切熟蛋法

要把煮熟的鸡蛋、鸭蛋、鹅蛋以及咸蛋切开，而且不碎，可将刀在开水中烫热后再切，这样切出来的蛋片光滑平整，而且不会沾在刀上。

煮熟的鸡蛋晾凉后，置入冰箱中1～2分钟，再用刀切时，切口整齐，不易切碎。

切白煮蛋时，应在蛋完全冷却后再切。若用普通菜刀切，可在刀上蘸点水，切出的蛋片就比较光滑。

切松花蛋法

可用牙齿咬着一根丝线的一头，用手拉着另一头，在剥好的松花蛋上绕一圈，相向一拉，松花蛋就被均匀地割开了，蛋黄完整无损。

切猪肉法

猪肉的肉质比较细，筋微少，要斜切。如横切，炒熟后会变得凌乱散碎；斜切，既可使其不碎，吃起来也不会塞牙。

切肥肉法

切肥肉时，可先将肥肉蘸凉水，然后放在案板上，一边切一边洒点凉水，既省力也不会滑动，又不易粘案板。

切肉片法

切肉片时，最佳方法是先在肉类表面上洒水，能冲淡黏度，原料平稳，滑润利刀，成品能达到厚薄均匀或片薄如纸，可提高肉片的质量。

切肉丝法

将肉块剔去筋膜后，修整齐，放在冰箱里速冻后取出，稍晾一会，这时切肉丝非常便捷。

切熟肉法

熟肉的肥瘦软硬程度不同，肥肉较软，瘦肉较硬，切肉不得法，不是切烂就是切碎，不易切出完整的块或片。如用直刀切硬的瘦肉就能切得整齐；用锯刀切软的肥肉，就能切得光滑。切熟肉必须掌握组合刀法，先用锯刀法下刀，切开表面软的肥肉；再使用直刀切瘦肉，用力均匀直切下去。这样切出来的熟肉不碎不烂，整齐好看。

切火腿法

火腿鲜美好吃，但买回整只的火腿要想切开却很不容易，此时若以锯代刀，便可获得理想效果。取钢锯一把，将火腿置于木凳上，一脚踏住火腿，一手持锯，按所需要的大小段，只要 1 分钟左右即可锯下一段，且段面平整。

切猪肝法

新鲜的猪肝切后放置久了肝汁会流出，不仅有失养分，而且炒熟后有许多颗粒凝在肝片上，影响外观和质量，所以鲜肝切片后，应迅速用调料及水淀粉拌匀浆好，并尽早下锅。猪肝要现切，一般以等下锅炒之前切为宜。

切牛肉法

牛肉的筋腱较多，并且顺着肉纤维纹路夹杂其间，如不仔细观察，随手顺着切，许多筋腱便会整条地保留在肉丝内，这样炒出来的牛肉丝就很难嚼得动。牛肉要横切，可先将筋、腱剔除，顺着纤维切成条，再横切成片或丝。切牛肉时，可先将菜刀浸于热水中，刀刃就锋利如初不致难切。

切羊肉法 羊肉中有很多膜，先要剔膜，切丝之前应先将其剔除，否则炒熟后肉烂膜硬，吃起来难以下咽。

将羊肉洗净，去筋，卷好，放进冰箱冷冻室。到吃涮羊肉时用小刨像刨木头一样刨成片，吃多少刨多少，刨出来的肉片既薄又卫生。

切大葱法 将大葱先竖切细丝再横切，要比把大葱剁成碎末香得多，原因在于剁大葱破坏了大葱黏膜，会产生异味。

切洋葱法 将洋葱放进冰箱冷冻，过一两分钟后拿出再切；也可先将菜刀在凉水里浸一下再切；还可在砧板旁放一盆凉水，边蘸水边切，都能有效地减轻辣味的散发。

如果要将洋葱切成细丝，可把洋葱平放在菜板上，根部在下，切时不要一刀切到底，这样切完的洋葱就不会散乱，而且容易切，最后将根部去掉就行了。

切生姜和大蒜法 将生姜或大蒜放在菜板上，用菜刀的侧平面将其拍碎，然后再切，就比较好切了。

切土豆法 土豆切开后将切面放在80～100 ℃的水中烫一下，或把切开的土豆浸入水中，可防止土豆变黑。

切藕片法 鲜藕切片后应立即投入清水中浸泡，可使鲜藕保持白嫩。

切番茄法 切番茄时，要看清其表面的纹路，将蒂放正，依照纹路切下去，能使种子不与果肉分离，果浆不流失。

切柠檬法

切柠檬时香味容易流失，所以在切柠檬时不要慢慢切，切得越快越好。

切黄瓜法

将整条黄瓜清洗后，用筷子贴住两边，斜切成薄片（不要切断），背面也这样切，这种蛇形切法，口感好，易入味，适合拌食。

将黄瓜放在砧板上，撒上一些盐，用两手轻压滚动，再以棒子轻拍，最后用手撕开，这样处理的黄瓜咸度适中，清脆可口。

切辣椒法

先将辣椒放在冰箱里冰冻片刻，或先用凉水浸泡一下菜刀再切，或边蘸水边切，均可减少辣味的散发，减轻对眼睛的刺激。

切干辣椒法

想将干辣椒切得很细很不容易，如用剪刀剪，轻而易举就会剪得很细。

切豆腐干法

切豆腐干时，先在沸水中放一点食盐，再放入豆腐干煮一下捞出，趁热摊平，用重物压实，凉透再切。切时既省力，又不碎不乱，容易切成很细的丝。

切凉粉法

切凉粉、豆腐、海带等容易粘刀，只要在刀面上淋些水，就不会粘刀了。

切蛋糕法

切生日蛋糕或奶油蛋糕要用钝刀，而且在切之前要把刀放在温水中蘸一下，也可以用黄油擦一下刀口，蛋糕就不会粘在刀上。

切大面包法

要想切好大面包，可以先将刀烘热再切，这样既不会使面包被压而粘在一起，也不会切得松散掉渣，不论薄厚都能切得很好。

切三明治法

将三明治横着平放，夹在里面的东西便不会被破坏，而且很好切。

切黄油法

剪下适当大小的聚乙烯包装纸放在黄油上，然后用餐刀从上向下压着切。

切奶油法

块状奶油切片比较麻烦，可在奶油上先铺一张薄纸或保鲜膜，用手轻压刀背切下，既可避免刀面沾染奶油，也可使奶油的薄片不碎裂。

切年糕片法

先将每条年糕的两头各切去 3 片，再把整条年糕切成约 2 厘米厚的小段，然后把小段年糕竖起来纵向切成 5 片，由于不切到年糕的表面，所以省力不少。

年糕硬了很不好切，若先在年糕上喷上酒，过 20～30 分钟之后再切便好切多了。

切黏性食品法

切黏性食品，往往粘在刀上不太好切，而且切的食品很难看。可以用刀先切几片萝卜，然后再切黏性食品，就能很顺利地切好。

烹制技巧篇

炖制食物的窍门

炖鲜鱼法

炖鱼时，加入适量的时鲜水果，如鸭梨、苹果等，可使成菜有一种水果香味，风味独特，使人食欲大开。将水果洗干净，削皮去核，切成小块，装入纱布袋内，扎住袋口（也可直接放入锅中）。待鱼肉即将熟时放入，与鱼一起炖煮，熟后取出水果袋即可。

炖鱼时，将调料放入水中烧开，再放鱼，并加1汤匙牛奶。这样不仅可除鱼腥味，还可使鱼肉变得酥软鲜嫩，鱼汤雪白味美。

炖鱼时，放几颗红枣，既可去鱼腥，又能增添鱼肉和汤的香味。

炖鱼之前，先将盆放适量的水，再滴点醋，把鱼放盆里泡一会儿再炖，这样炖出来的鱼细嫩鲜美。

炖黄鱼法

将新鲜的黄鱼去鳞及内脏，洗干净，切成小块（不必去头、骨）。将油锅烧热，放葱、姜炸出香味，投入鱼块生炒2～3分钟，加入适量的水，用旺火炖开，待炖至鱼肉离骨、汤厚发白时，用筷子将鱼骨取出，撒入精盐及胡椒粉即成。

炖青鱼法

炖青鱼等之前，先煮好调料，并于锅底放置几段4厘米长的葱段，最后放入鱼炖熟。

炖鲤鱼法

炖鲤鱼时，可将已蒸好的糯米装进布袋内再封紧袋口，与鲤鱼以及调味料一齐下锅，这样炖鲤鱼清醇可口。

炖鳕鱼法

将鳕鱼鱼块切成段，并用盐腌一个晚上，取出洒上热水，立刻用冷水充分洗净，并放入清水中炖。此时，也可加入蔬菜后再炖，成为一道可口的鱼汤，为了品味鱼的美味，可加入姜末。

炖甲鱼法

将甲鱼剖腹，去掉内脏，洗净，挖破苦胆，用胆汁将鱼体内外涂擦一下，再用清水漂洗干净。然后将甲鱼的头及爪剁去，放入 80 ℃ 的热水中滚烫片刻，扒去身上的浮皮，揭去背盖，把肉切成小块，用开水汆过捞出放入锅中炒，炒前先放生姜，而后加入清水，用文火炖，开锅后半小时放入适量的调料，即成香喷喷的美味佳肴。

炖海带法

炖海带时，如果加一点碱面、醋或小苏打，可使海带变软，不仅吃时柔软，而且异常鲜嫩。

炖老鸡法

杀老鸡之前，先给它灌一汤匙醋并等片刻再杀。这样宰杀的鸡，炖出来的鸡肉既易烂又味美鲜嫩。

炖鸡时，将鸡切成块状，用清油翻炒，等水分炒干时，及时倒入适量的陈醋，快速翻炒，炒至锅内发出噼啦噼啦爆响时加入适量热水，但水要盖住鸡块，再用旺火烧 10 分钟，最后加入作料改用文火炖 50 分钟，鸡肉便可酥烂了。

炖老鸡时，可放 3～4 个山楂或土豆或黄豆或适量的干菠菜，这样炖鸡肉易烂。

用高压锅炖老鸡，肉虽易烂，但不入味。如果先用高压锅将鸡炖至五成熟，再改用砂锅炖 30 分钟左右，既省火又味美。

清炖鸡时，若用纱布袋装一些米粒放入锅内一起炖，则能使鸡肉的味道更鲜美。

炖鸡块时，总觉得鸡肉与鸡骨不易剥离。只要放入 2 个咸梅干，鸡骨和

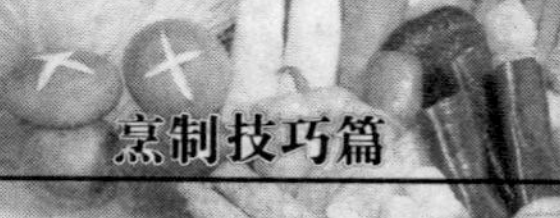

鸡肉将迅速地变软并分离。

炖鸡前，用刀平着把鸡的胸骨拍塌，腿骨折断，经过这样处理，鸡炖好后，肉可与骨头自行脱离。

炖鸡过程中加盐，鸡肉组织细胞内的水分向外渗透，蛋白质产生凝固作用而不易吸水膨胀软化，肉组织明显收缩变紧，既会影响营养素向汤内溶解，也影响汤汁的浓度和质量，而且煮熟的鸡肉会变得硬、老，吃起来肉质粗糙，肉无鲜香味。若是等鸡汤炖好后降温至 50～90 ℃，加适量盐并搅匀，或食用时再加盐调味则更显鲜嫩。

炖老鸭法

炖老鸭时，加几片火腿肉或腊肉，能增加鸭肉的鲜香味。

取猪胰一小块，洗净后切碎，与鸭肉同炖，不但鸭肉易烂，而且可使其味道鲜美。

炖老鸭前，先将其剁成肉块，放进混有少量食醋的凉水中泡上 2～3 小时，上锅用小火炖，鸭肉就会容易烂，而且鲜嫩可口。

炖鹅肉法

炖鹅肉时，如果取数片洗净的樱桃叶与鹅肉放锅里同炖，鹅肉就会很容易炖烂了。

炖猪肉法

将切好的猪肉块放锅内炒一下，然后放入调料及适量鲜汤用急火烧开，再改用慢火炖。这样炖肉容易酥烂，肉里的油腻也就炖出来了，吃着肥而不腻。

炖肉放适量的鲜姜不仅会味道鲜美，而且会使肉质柔嫩。因为每 40 克鲜姜可提取 1 克鲜姜素，每克鲜姜素能软化约 1 000 千克的肉类。

要炖的猪肉宜切成稍大一点的块，因为炖时，肉内可溶于水的肌溶蛋白、肌肽、肌酸、肌酐、嘌呤碱和少量氨基酸会释放出来，这些含氮的浸出物越多，味道越浓，人们就觉得香美好吃。而如果肉内浸出物过多，肉体本身的香味会自然减淡，因此肉块要适当大些，使它的总面积减小，肉内的汁水出来的相应少些，所以炖大块方肉比小块肉好吃。

砂锅比铁锅、铝锅传热缓慢而均匀，砂锅的内壁和盖子涂有一层釉，可使食物不会产生化学反应，炖出的肉色正味美，保持食物原有的味道，所以用砂锅炖肉香。

炖香猪头法 将收拾好的猪头放入锅内煮开，把汤倒掉，重新加汤，放足调料，用小火慢炖，这样炖出的猪头肉香美。

炖牛肉法 将切好的牛肉用凉水浸泡1小时，使肉变松。然后把牛肉放入烧开的水中，撇去浮在汤上面的血沫，放一点水可以把沉在锅底的血沫带上来，肉汤就会清澈鲜美。然后放入葱段、姜片、花椒、八角，但不要早放酱油和盐。炖牛肉一定要用微火，使汤水保持微开，汤面的浮油起焖的作用，锅底的火起炖的作用，牛肉熟得快，而且肉质松软。待炖到九成熟时，再放精盐和酱油。因为盐能促进蛋白质凝固，放早了牛肉不容易烂，还会使汤中蛋白质沉淀，影响汤汁的味道。

冷冻牛肉往往因为新鲜度略差，红烧后口感微酸，滋味不佳，若先以面粉水（或淘米水、酒水）洗净，再用清水炖熟（加入酒及少许姜片或卤味香包），等到散发出肉香味方才加入香油及冰糖（或砂糖）继续炖至烂熟为止，如此炖的红烧牛肉美味可口。

牛肉的纤维组织比较质密，因此嚼咬时韧劲儿比较大。若在案板上垫一块软布，将切成条状的牛肉放在布上，用刀背仔细拍打牛肉，破坏其纤维组织，然后再切块、炖煮，则不仅易烂，而且口味更佳。

炖牛肉时，锅内放几只山楂或几块萝卜，则肉不仅熟得快、易烂，还可去除其膻味。

炖牛肉时，锅内加适量的料酒或醋（1千克牛肉放2～3汤匙料酒或1～2汤匙醋），或将纱布装的茶叶和老牛肉一起炖，可使其熟得快，其味不变。

在炖老牛肉的头一天晚上，往肉上涂抹一层干芥末，第二天用凉水把肉冲洗干净再炖，经过这样处理的老牛肉，不但容易熟烂，而且肉质变嫩。

炖牛肉时，用啤酒代水，牛肉将会质嫩味美。

炖羊肉法 炖羊肉时，在锅里放几节甘蔗和2个扎了孔的萝卜，再放入几粒绿豆，炖熟后，羊肉的腥膻味就没有了。

用纱布将碾碎的丁香、砂仁、草果、紫苏等药料包裹起来做成药料包，与羊肉同炖，既可去除羊肉的膻味，又具独特的风味。

炖狗肉法

炖狗肉时，如果狗肉较老，可在锅里加几根月季花枝，这样狗肉就会加速炖至酥熟，且味道鲜美。

炒制食物的窍门

炒鱼片不碎法

要想使炒出的鱼片不碎，要求所选原料新鲜，最好是青鱼。鱼片炒前先上浆，上浆要匀，最好用蛋白和淀粉。炒时要控制好油温，油温过高会使鱼片外焦里生；油温过低，会引起脱浆，一般三四成热的油温为佳。

炒鱼片时，鱼片下锅后，当鱼片色泽泛白、轻轻浮起时即捞出。这时锅内留少量余油，放入葱末、料酒、高汤、味精、精盐、湿淀粉勾芡后，将鱼片轻轻滑入锅里，翻动几下便可装盘，用此法炒鱼片可不碎。

炒鳝鱼片法

炒鳝鱼片或鳝鱼丝用淀粉上浆时不加基本调味。鳝鱼含有大量的蛋白质和核黄素，如果在上浆时加入盐等调味品，会使鳝鱼中的蛋白质封闭，肉质收缩，水分外溢。如果用淀粉上浆，油滑后浆会脱落，因此在上浆时不加基本调味。

炒鳝鱼片、鳝鱼丝要用热油滑炒。用热油滑后，可使菜肴脆嫩香浓。相反，如果用温油滑，因鳝鱼的腥味大，难以去除，影响成品菜肴的风味。

炒鱿鱼法

炒出来的鱿鱼卷不成筒状，一是鱿鱼本身质量不好，是生晒死鱿鱼（也就是不新鲜的已经过时才晒干的鱿鱼）。这种鱿鱼浸发后鱼身实，并且横起一种粗丝散纹，不管怎么炒都不会卷起。二是加工方法不对，如切鱿鱼时在背部改花，这样也是不卷的，应该在鱿鱼肚处，即有软骨的一面改花，这样炒起时才会卷成圆筒状。

炒虾法

炒虾之前，可用一小块桂皮泡出的沸水冲烫一下，这样炒出来的虾味道更鲜美。

炒虾仁法

将虾仁放入碗内，每250克虾仁加入精盐2克和少许碱粉，用手轻轻抓搓一会儿后用清水浸泡，然后再用清水漂洗干净。这样能使炒出的虾仁透明如水晶，爽嫩而利口。

将漂洗干净的虾仁，用洁净的干布揩去表面所附浮水后放入器皿内，按每250克虾仁加入蛋清15克和淀粉12克及精盐1克，用手抓拌均匀，使粉浆均匀地裹在虾仁表面。这样可促使蛋白质凝固，并能保护虾仁在热炒时水分逸出不至于过多，以保持炒出来的虾仁形态饱满。

虾仁下锅的温度，以油四五成热为宜。下锅即用筷子搅动拨散，待虾仁变色发白，略透明，且虾身蜷曲时捞出，倒出锅内的油，再与配料、调料一起下锅，翻炒均匀至熟，即可起锅装盘。如果油温过高，虾仁下锅后很容易粘连成块或起壳变老；若油温过低，虾仁下锅后就会像水煮一样，使虾仁外表裹覆的蛋清、淀粉浆脱落下来，变得干瘪萎缩。

炒田螺法

炒田螺时，先把洗净的田螺放到锅里翻炒片刻，然后连汁盛起，另用生油起锅，爆香蒜头、豆豉，再将田螺放入用猛火炒熟。炒匀之后再放适量食盐、少许糖、味精、八角等佐料，喜欢食辣的，可加少许辣椒，配以少许紫苏叶丝，不但味道更佳，而且有抗寒和杀菌作用。

炒鸡蛋法

将鸡蛋打入碗中，加入少许温水搅拌均匀，倒入油锅里炒；炒时往锅里滴少许酒，这样炒出的鸡蛋蓬松、鲜嫩、可口。

炒猪肉片法

猪肉切成薄片后，用少许酱油、淀粉及料酒拌匀，这样既除去了异味，又突出了鲜味。待锅中油烧热后即可放入，用锅铲轻轻拨散，见肉片伸展变色后加其他调料翻炒片刻，马上盛出，这样炒出的肉片鲜嫩可口。

将切好的肉片放在漏勺里，在开水锅中晃动几下，待肉片刚变色时就起锅，沥出水分，然后再下锅炒，只需3～4分钟就能熟，并且鲜嫩可口。

将锅内的油烧至八成热后，投入肉片炒至变色，点少许冷水激一下，再放入调料翻炒片刻即成。

炒肉时晚些加食盐，可以使食盐对肉的作用时间短，减少肉的脱水(脱水是肉变得老而韧的主要原因)，炒时火适当加大，就能使肉炒得鲜嫩。

烹炒肉片、肉丝时，除了往切好的肉片、肉丝中放入酱油、盐、葱、姜、淀粉等辅料外，若适量加点冷水拌匀，效果会更理想。炒时，待锅内油热将肉倒入锅内迅速翻炒，再加少量水翻炒，并加入其他菜炒熟即可。这样就弥补了大火爆炒时肉内水分的损失，炒出的肉比不加水的要柔嫩。

炒腰花法

腰花切好后加少许白醋，用水浸泡 10 分钟左右，腰花会发大，无血水，炒熟后洁白脆嫩。

将花椒一小撮放入碗内，冲入开水半碗，10 分钟后捞出花椒；花椒水凉后，将切好的腰花放入花椒水中浸泡 3～5 分钟，然后滗出花椒水，再用清水淘净。腰花经过花椒水浸泡，上火过头而不老，也不会溢出血水，可以保持其鲜嫩。

炒猪肝法

猪肝要现切现炒，新鲜的猪肝切后放置时间一长里面的汁液就会流出，这样不仅损失养分，而且炒熟后还会有许多颗粒凝结在猪肝上，影响外观和质量，所以猪肝处理后应迅速使用调料和湿淀粉拌匀，并尽早下锅。烹调猪肝的时间不能太短，应该在大火中炒至肝完全变成灰褐色，并且看不到血丝为止。

将猪肝洗净并除其筋，切成厚薄均匀、长为 3～4 厘米的薄片(以利炒时受热均匀、成熟一致)，加适量酱油、料酒及干淀粉拌和上浆；然后投入烧至六七成热的油锅中，嫩汆至肝片挺起饱满时捞出。锅内留少许底油，下葱段煸炒出香味时，加入少许配料、调料及鲜汤略经炒后，即用淀粉浆勾成薄芡；随即将汆过的猪肝片倒入薄芡卤汁中，用旺火快炒拌匀，让卤汁紧包猪肝表层，淋入香油，即可起锅装盘。这样炒出来的猪肝，肝内含的水分及营养素基本上不受损失，其色泽好看，肝片光滑，鲜嫩可口。如果火候过头，就会使猪肝老硬干瘪。

炒肚尖法

取 500 克生肚尖，片成片或改成各种花刀块，放入钵内，加清水 1 500 毫升、食碱 15 克(事先用沸水将食碱化开)，浸发 12 小时左右

(碱水的浓度和浸发时间应根据季节灵活掌握)取出,用清水洗去碱分,控干后即可浆制烹调。用这种方法炒成的肚尖菜,肚尖丰腴松厚,入口脆嫩异常。

炒牛肉片法

牛肉的蛋白纤维比较粗糙,越想多炒些时间让它熟透就越会老得难以嚼烂。炒牛肉片之前,先用啤酒将面粉调稀,淋在肉片上,再在牛肉片中放好其他调料,加入少许生油拌匀,腌渍20分钟左右,然后投入锅中旺火速煸至熟迅速出锅。这样煸炒出的牛肉金黄玉润,肉质细嫩,松软可口。

炒牛肉丝时,把新鲜的牛肉切成细丝,放在稀薄的苏打溶液中拌一下,炒出来的牛肉纤维疏松,吃起来又嫩又香。

炒油菜法

炒油菜时,可先用热水把油菜稍焯一下,捞出控干,用急火热油炒,这样既保持了油菜的嫩绿,又可以尽量减少蔬菜的营养流失。

油菜洗净切好后,用少许盐拌渍几分钟,控去水分后再进行烹炒,这样就能保持菜质脆嫩新鲜。

要想使炒后的油菜仍然保持碧绿的色泽,可先将炒锅置旺火上,放油烧至冒烟,速将切好的油菜下锅煸炒至快熟时,随即加入调料炒透马上出锅。这样炒出的油菜既能保持其鲜绿的色泽,又不会过多的损失维生素,且味鲜可口。

油菜和香肠一起炒味道最好。炒的时候,先将熟香肠切成薄片,在滚热的油锅中煸炒几下,放些料酒,接着投入切好的油菜同炒,边炒边淋些水,以防炒老,菜色变绿,放点盐和糖等调料,再炒1～2分钟便成。只见油菜青翠,香肠红艳,色味俱佳。

炒卷心菜法

卷心菜是人们日常食用的蔬菜,肉多筋少而叶大,鲜嫩清脆。但它有一种不爽口的异味,不讨人喜欢。在炒卷心菜时,可调入适量的甜面酱,用以代替酱油,卷心菜的异味就能除掉,如果再配上一些葱或韭菜,那么吃起来会更加清香可口。

炒菠菜法

炒菠菜前，先将菠菜用开水焯一下，去掉菠菜的涩味。然后用急火热油炒，边炒边加盐，这样炒出来的菠菜翠绿鲜嫩。

炒芹菜及韭菜法

芹菜和韭菜若炒得不好，质韧不好吃。如将油锅用猛火烧热，再将菜倒入锅内快炒，能使炒出的芹菜或韭菜鲜嫩、脆滑、可口。

炒苋菜法

炒苋菜如用旺火热锅烫油，成菜不仅失其鲜嫩，而且还有一股难闻的石灰味。炒锅内不放油，且不上火，倒入苋菜后置炉火上，翻炒塌秧至熟，出锅装碗里。将炒锅洗净，放油烧热后取下，下入熟苋菜充分拌和，撒些蒜泥即可食用。

在冷锅冷油中放入苋菜，再用旺火炒熟，这样炒出来的苋菜色泽明亮、滑润爽口，不会有异味出现。

炒菜花法

菜花炒、烩加热时间不宜过长，以保持其脆嫩适口。如果过火，变得软烂，就没有风味特色了。炒菜花时，加少许牛奶，会使成品更加白嫩可口。

炒菜花之前，用清水洗净后要焯一遍，然后与肉片等一起下锅熟炒即可。

炒空心菜法

空心菜嫩茎叶可以炒菜、做汤和凉拌。炒空心菜可以和肉片、虾米共炒，也可以素炒，但要热锅快炒，这样炒出的菜碧绿、味美。

炒土豆丝法

炒时先用葱花炝锅，再放土豆丝，快速煸炒，边淋水，边加盐、醋及味精等。炒土豆丝时淋水是为了防止炒干、炒老、炒软。

将冻土豆放在凉盐水中泡几次(1 小时内泡四五次)，土豆就能恢复新鲜。

炒藕片法

藕片炒得好，雪白清脆，而有时会将其炒成褐色。要选择嫩藕，切成薄片，用滚开水焯一下立即捞出，放一点食盐腌一会儿，用清水冲洗干净，再放入烧热的油锅内，加入醋、姜末、味精和香油炒熟，这样炒出的藕片清脆可口。

将嫩藕切成薄片，放入烧热的油锅内爆炒，撒入适量食盐、味精便立即出锅，这样炒出的藕片就会色白如雪，清脆多汁。

如果炒藕片时越炒越粘，可边炒边加少许清水，不但好炒，而且炒出来的藕片又白又嫩。

炒洋葱法

将切好的洋葱粘上面粉，再入锅炒，这样炒出的洋葱色泽金黄，质地脆嫩，味美可口。

炒洋葱的时间长了会失去原味，而炒的时间短、太快了，又使其不柔软。如果先用少许苏打捞一下，不论炒、煮，甚至炸，都能使其柔软，而且食后容易消化。

炒洋葱时，加些啤酒或少许白葡萄酒，不会炒焦，炒出来的洋葱鲜脆爽口。

炒胡萝卜法

胡萝卜营养价值很高，含胡萝卜素多。胡萝卜素是脂溶性物质，只有溶解在油脂中才能被人体吸收。因此，炒胡萝卜时一定要多放些油，特别是同肉类一起炒较好。

炒芦笋法

将鲜芦笋去皮，切成段或条，置于热水中氽后，浸于冷水中去苦味，入锅与肉丝共炒，加酱油、精盐和味精等调味，装盘即成色美味浓的佳肴。

炒青椒法

炒青椒要用急火快炒，炒时加少许精盐、味精和醋，烹炒几下，出锅装盘即成。

如果觉得青椒辣味太重，烹制前可先将青椒切成细末或丁，将油烧热放盐煸熟，再磕入 1 个鲜鸡蛋搅匀，倒入锅里炒成“蛋包椒丁”，辣味可大大减轻。

炒茄子法

炒茄子时，先在切好的茄子上撒点盐，拌匀腌 15 分钟左右，挤出渗水，炒时不加汤，反复炒至全软为止，再放各种调味品，这样炒出的茄子既省油又好吃。

炒茄子时，如果加少许醋或柠檬汁，肉质可变白。

茄子削皮或切块后肉质会由白变褐，这是氧化作用的结果。可将切好的茄子立即放入水中，也可将其浸入淡盐水中，临炒时捞起滤干。

炒瓜菜法

炒瓜菜时，加入少许苏打，可增加菜的色泽，同时还可保持它的叶绿素不被破坏。

将瓜菜洗净切好后，撒少许盐腌渍几分钟，控去水分，然后再烹饪，这样炒出来的菜将会鲜嫩可口。

将适量的香油放入热锅中烧热，倒入西瓜皮丝（去外皮和瓜瓤，洗净后切成丝）1 000克、青椒丝和姜蒜末爆炒片刻，加入酱油和精盐翻炒，待熟后铲入盘中即成。若能加入少量瘦肉丝同炒，味道会更鲜美。

西瓜皮削成薄片，将肉切成片，过油出锅，留少许油，放入酱、葱，炒出香味后，把西瓜皮和肉片共入锅炒，加适量盐和味精，成品色香味均佳。

炒豆芽法

豆芽鲜嫩，炒时速度要快，断生即可。但脆嫩的豆芽往往带有涩味，若在炒时放一点醋，既能去除涩味，又能保持豆芽爽脆可口。

炒豆芽时，旺火热油，不断翻炒，边炒边淋些水，以保持豆芽脆嫩。

炒黄豆芽时，加少许料酒后再放盐，这样能除掉黄豆芽的豆腥味。

炒豆角法

为了在烹调以后仍保持其鲜绿的颜色，可将豆角放入开水锅里氽烫一下后捞出，撒上些精盐，再进行炒制，就会使其鲜绿的颜色不变。

炒锅烧热后放入油和盐，待油烧到冒烟时投入扁豆，翻炒几下后放一点点水，盖上锅盖，让扁豆在油和水的热力下焖烂，中途可翻炒 2 次。

将扁豆择洗干净切开。炒锅置火上放油烧热后投入扁豆，用锅铲不断翻动，随锅中温度升高，豆腥气不断挥发，直到扁豆全部变色，豆腥气排尽至熟即可。

炒豆腐法

炒豆腐时，将豆腐放到淡盐水中浸约半小时，再炒就不易破碎了。

炒豆腐干法

豆腐干或百叶与菠菜同炒时，要先用沸水将菠菜烫一下，使菠菜中的草酸溶于水。否则，草酸会和豆腐中的钙质化合生成不能为人体所吸收的物质，削弱了其营养价值。

炒木耳法

一般木耳都是素炒，宜旺火快炒，不放酱油，出锅前加盐、味精和蒜末，炒熟后带粘性，吃起来柔软，鲜香适口。

炒饭法

炒饭时，若及时添加点酒，饭会立即均匀地松散开来，并炒成香喷喷的饭。但酒要适量，放多了会使饭炒焦。

将蛋打散于饭中，加葱末等调料，再置于煮锅中加以热油炒熟，即成为香喷喷的炒饭。如果在蛋汁中加入少量水或高汤后再炒，炒出来的饭更加松软芳香。

将洋葱、大蒜炒出香味，然后将蒸好的米饭倒入锅内，加入适量番茄酱和食盐即可炒出别有风味的番茄饭。

将米饭炒热后加入 2 个剥皮后的香蕉，搅碎混匀，加少许食盐，便炒得香气浓郁、令人食欲大振的香蕉饭。

用带骨鸡肉熬煮浓汤，加适量淀粉使其成稠汁。用温油将米饭炒至微黄后加入鸡汁以及洋葱、熟青豆、生菜叶等佐料，出锅前稍淋橄榄油即可炒得西班牙风味的鸡汁饭。

蒸制食物的窍门

蒸鲜鱼法

蒸鱼以刚熟时最为鲜美。蒸时，先在鱼身上抹些干面粉，不要揭锅盖。以 250 克鱼为例，在鱼身厚薄一致的情况下，蒸 8～10 分钟

为宜。每增重 250 克，则多蒸 5 分钟。

清蒸腥味较大的鱼类时，用啤酒腌浸 10～15 分钟，蒸熟后则腥味大减。

清蒸鱼前，要在鱼肉面剞“井”字纹，其作用是当鱼蒸熟、肉质收缩时，通过“井”字纹均匀地收缩，从而使鱼肉面积增大，显得更加美观。如果不剞“井”字纹，肉质便向着同一个点收缩成一块，这样就不美观了。

蒸鱼时，一定要先把水烧开，然后再蒸。鱼在突然遇到温度较高的蒸汽时，外部组织凝缩，内部的鲜汁不易外流，这样蒸出的鱼肉味道鲜美，而且还富有光泽。在蒸鱼的时候，在鱼身上放一块鸡油或几片猪肥膘肉同鱼一起蒸，蒸熟的鱼肉滑润，更加鲜美。

将鱼洗净后控干，撒上细盐，均匀地抹遍鱼身，如果是大鱼，应在腹内也抹上盐，腌渍半个小时，再制作。经过这样处理的鱼，蒸熟不易碎，易入味。

蒸鱼前，先握住鱼的头尾弯一下，并在鱼身弯曲处垫上一块姜，这一做法可保证鱼在蒸熟后腰部呈弓起状，有利于菜肴的外形。

蒸鱼头羹法

一些小鱼头或咸鱼头可蒸制成鱼头羹。先将鱼头放在案板上，用刀剁成细泥，放在碗内，加入适量的糯米粉或米粉、面粉及葱姜末、辣椒粉、胡椒粉、料酒、味精等调料，拌匀后上笼，用大火蒸十多分钟即可食用。蒸好的鱼头羹鲜香甜辣，入口即化，多食不腻，老幼皆可食用。

蒸螃蟹法

蒸蟹时，蟹受热在锅中乱爬，蟹脚容易脱落。若用绳子将蟹脚缚住，又很麻烦。可在蒸前左手抓住蟹，右手拿一根结绒线用的细铝针（长一点的其他金属细针也可），在蟹吐泡沫的正中处（即蟹嘴）斜戳进去 1 厘米左右，然后放在锅中蒸，蟹脚就不会脱落了。

将蟹洗净下锅，放入中药紫苏或生姜、黄酒、微量食盐同蒸，以避寒解腥。

蒸海带法

把成团的干海带打开放在笼屉内蒸半小时左右，再用清水泡一夜。这样处理后的海带又脆又嫩，用于炖、炒、凉拌都可以。

蒸鲜鸡法

清蒸鲜鸡时，先用含啤酒20%的啤酒水将收拾干净的鸡浸泡20分钟，然后上锅蒸制。成品口味纯正，鲜嫩可口。

蒸鸡需用急火，将筷子插在鸡腿上，若流出的是白水而非血水，说明已熟透。

清蒸整鸡前，用刀平着将鸡胸脯压塌，腿节拍断，蒸好后肉会自动脱骨。

蒸鸡蛋糕法

蒸鸡蛋糕时，宜用慢火使蒸锅里的水维持在似开非开状态，且将锅盖打开以排除蒸汽。用此法蒸的鸡蛋糕，其糕面平整、光亮，味佳。

蒸蛋羹法

在蒸鸡蛋羹时，往打好的蛋液里加入适量的凉开水，并滴入几滴酒，再根据自己的口味，加入香菇、用调料拌好的鲜肉馅等，这样蒸出来的蛋羹风味多变，鲜美异常。

要想使蒸出的蛋羹表面光滑似豆腐脑，那么蛋液中必须加冷开水，决不能加生水。因为生水里有空气，当水被烧开后，随着水中空气的排出而使蛋羹出现蜂窝。蒸蛋时间不宜过长，一般7～8分钟就可以了。

在盛蛋羹的容器内壁涂上一层油，然后再加入蛋、凉开水和调味品，搅打均匀后上笼蒸熟。在蒸制过程中，可将蒸锅稍偏放在炉上，这样能避免锅内水蒸气凝成的水滴在蛋羹内，使其沿锅壁流回锅底，以保证蛋羹的质量。

将松花蛋切成小块，放入鲜鸡蛋液中，上笼蒸熟，可做成色、香、味均别具一格的水晶蛋羹。

蒸扣肉法

蒸扣肉时，在下面放些八角粉，这样蒸出来的扣肉浓香味美。

蒸排骨法

将500克排骨斩成长方形小块，放盆里加入葱末、姜末、酱油、精盐、白糖拌匀后腌渍15分钟。将五香米粉放入腌渍入味的排骨里，再加少许冷水，均匀地包住排骨，然后放一盆里，摆在蒸锅中用旺火蒸1个小时，排骨酥软时出锅即可。

蒸腊肉法 在待蒸的腊肉上洒少许啤酒，可缩短蒸煮时间，且出笼后腊肉松嫩、香气四溢。

将腊肉60克用清水洗净沥干后切成1厘米厚的片，摆放在事先洗净的腊八豆碗上，隔水蒸约90分钟即可，蒸好的腊肉十分可口。

蒸肉丸子法 蒸肉丸子时，要等水煮沸后再放入锅中蒸，而且盖子要盖严，这样就能蒸得鲜嫩。

蒸米饭法 将米淘洗干净后分装在碗或饭盒中，按1份米加3份水的比例倒进开水，然后放在大铝锅的隔架上蒸。约30分钟后将锅端下再焖一会儿，即成干饭。用此法蒸饭，出饭量高，每500克米可出饭2 100～2 200克。

蒸馒头法 将面粉500克放入盆内，掺入用250毫升温水化开的酵面拌揉成面团，发酵后，放在案板上，加入碱水揉匀、揉光润。稍饧，揉搓成条，摘剂子10个，搓揉成圆头形的馒头生坯，再稍饧片刻，均匀放入蒸屉内，留出一定间距，用旺火沸水蒸15分钟即熟。

蒸馒头的锅里应该用冷水，这样馒头受热均匀，即使馒头发酵差点，也能在温度缓缓上升中弥补。这样蒸出来的馒头个大、味甜且比较省火。

蒸馒头前，如能在发面中倒入半杯啤酒，蒸出的馒头就会松软好吃。如果能在发面里再掺和一些开水烫过的玉米面，吃起来松软可口且有糕点风味。

在蒸馒头时，将一小块猪油搅化揉进发面里和匀，蒸出来的馒头不仅松软、洁白，而且味道香美可口。

蒸馒头时，用橘皮切成细丝和在发面里，上锅蒸后，会发现馒头清香味美。

为防止蒸熟的馒头发酸，可将面发好后，按每500克面加入5克盐的比例以盐代碱揉面。用这种方法蒸得的馒头又白又鲜，营养损失少，也不会再有发面的酸味，而且还可防止馒头发黄。

欲知道馒头是否蒸熟，可用手指轻按馒头，待手拿开后，按处很快平复说明馒头熟了，否则说明还没蒸熟。

馒头蒸熟后不要急于卸笼。先把笼屉上的盖子揭开，再继续蒸3～5分钟，最上层馒头皮很快就会干结，这时再把它卸下来翻扣到案板上，取下笼布，此时馒头不但不粘案板，笼布也干净好洗。稍等1分钟再卸下第二屉，这样依次卸完，卸下的馒头光净美观。

当揭开锅发现蒸的馒头夹生时，再盖上锅盖也很难熟了。此时在锅中加少许白酒，盖上盖，再蒸至锅上冒热气，馒头便可熟透。

未发起的面也可蒸馒头，将面坨上按一个凹窝，倒入少量白酒，用湿布捂10分钟左右即可发起。如还未发起，把死面馒头上屉后，在屉布中间放一小杯白酒，这样蒸出来的馒头照样松软。

蒸包子法

蒸肉包、糖包时，可在蒸屉上铺些嫩玉米皮，可防粘屉布破皮露馅。

蒸窝窝头法

蒸窝窝头时，为使其味美，可在每500克玉米面中放入100克豆面或半块豆腐和匀，这样蒸出的窝窝头会更加松软好吃。

用鲜豆浆和玉米面，再加入少许小苏打和匀，蒸出来的窝窝头又松又香。

蒸汤团法

在盘底抹一层油，放一层汤团，入锅内蒸熟，取出换盘，用白糖佐食，香醇柔软。

蒸番茄酱法

将番茄去皮捣烂，用食盐拌和，装入耐高温瓶子（如葡萄糖瓶等），上笼蒸15分钟，将锅提下，待冷却后再揭锅盖（不然瓶子容易炸裂），取出放阴凉处，存放至第二年春仍有鲜味，做汤最适宜。

煮制食物的窍门

煮鲜鱼法

煮鱼前，把鱼浸在醋和水的溶液中，这样煮出来的鱼有甜而软的滋味。煮鱼时，加适量的醋，可保护维生素C的稳定性，而且还可促进钙的溶出,有利于人体对鱼类钙质的吸收。

煮鱼时,先在鱼身上撒些食盐,可以防止煮鱼时肉散碎。若鲜鱼宰杀后,放在盐水中洗一洗,不但能去腥味,而且烧时不易碎,还能增加鲜味。

煮鱼时,在锅里放入少许山楂,能使鱼骨酥软可口。

煮冷冻过的鱼时,在汤中加些牛奶,会使鱼的味道接近鲜鱼。

煮鱼时,放几粒红枣,既可除腥又能增美味。

章鱼要煮得颜色好看,必须把萝卜切成圆片,放进热水中煮,等萝卜煮熟后再将章鱼放进同煮,如此颜色既好看,味道又鲜美。还可加一小撮粗茶末于章鱼汤中,亦可令汤增色。

煮甲鱼法

小心地取出甲鱼深处的一小胆囊备用。将甲鱼切成块后清洗,沥去水,用备用的甲鱼胆汁遍擦甲鱼的肉,搓洗多遍,最后用清水洗,直至肉面无苦味时再入锅用文火清煮。至香飘厨外时,即可食用。

煮鲜虾法

煮白灼虾时,可在开水中放入柠檬片,这样能使虾肉更香、味更美,而且无腥味。

煮海带法

煮海带时,适当加点碱或小苏打,或者在锅里放适量的食醋,易使海带变软;若放几颗菠菜,海带易烂。

煮老鸡法

老一点的鸡一般是不容易煮烂的,如果在煮鸡的汤里放入少许黄豆与鸡同煮,那么鸡肉就很容易煮烂了。

老母鸡肉不易烂,如将老母鸡灌点醋再杀,肉就容易煮烂了。

先把鸡放在醋水溶液中浸泡 2 小时,再用文火煮,肉就会变嫩。

煮老鸡时,放几粒凤仙花籽或 3～4 个山楂,可加快熟烂速度,省火省时。

煮白斩鸡法

白斩鸡煮熟后不要马上将鸡拿出,而任其浸在鸡汁内(最好整只鸡浸没或不时翻动)至冷,1 小时左右取出。这样由于鸡的肌肉纤维中有一定量的鸡汤,吃起来鲜嫩而不老。

煮风鸡法 煮风鸡时，要想汤味鲜美，可将一条250克左右的鲟鱼两面煎黄，放入风鸡内一块煮，熟时将鱼捞出，汤味与鲜鸡汤无异。

煮整鸡法 煮整鸡前，要先用刀平着把鸡的胸脯拍塌，腿节拍断。这样煮出的整鸡，骨头能顺利脱掉。

经过预定的烹调时间后保持一定的水溢，看到鸡体已浮起；或捞出用手指捏一下鸡腿，肉已变硬，有轻微的离骨感；或用牙签刺一下鸡腿，若没有血水流出，说明鸡肉已煮熟。

煮老鸭法 用几粒螺蛳肉与老鸭同煮，任何陈年老鸭都会煮得酥烂。

煮板鸭法 将板鸭先放入冷水中浸泡4小时，然后下入锅内在冷水煮沸，捞出在冷水中浸一下，再煮再浸，反复3次。最后用小火焖熟，这样能保持鸭皮不裂、不走油。

煮老鹅法 取猪胰一块切碎后与老鹅一起入锅煮，容易酥烂，而且汤鲜味美。

煮鸡蛋法 煮鸡蛋最好是凉水下锅，水开后煮3分钟，蛋呈溏心状，也就是使蛋黄在加热中只达到乳化的程度，而这种乳化的蛋营养成分最利于人体吸收。如果煮成实心的，蛋白质已经变性，这种老化的蛋白质是不利于人体吸收的。

用针先将鸡蛋的大头刺一小孔（深度不得超过3毫米，否则会刺破蛋内薄膜，导致蛋清外溢），然后再放入水中煮。

如果发现鸡蛋壳有裂缝，可在水中加少许盐，这样可使蛋清不致流出来。

煮蛋时如果蛋壳在水中破裂，立即加一点醋，可防止蛋清流出，而且容易剥壳。

煮荷包蛋时，应先把鸡蛋磕入碗内（不要碰散蛋黄），当锅内的清水烧开后加少许食盐，用汤勺沿锅壁向前推水，使水在锅内旋转，然后把碗内的鸡蛋顺锅边溜入水中。待鸡蛋浮起时撇去浮沫，水再开后约3分钟即可盛出。煮出的荷包蛋色泽洁白，形态完整，质地鲜嫩，蛋与蛋不连，汤清味美。

煮五香茶叶蛋法

将蛋洗净后，放入酱油、盐、味精、糖、酒及茶叶的水液中浸泡2～3小时，然后入锅再加进桂皮、八角及小茴香等调料煮至断生，取出浸入冷水中，将蛋壳碰破，再放锅里煮沸后，用小火煮20分钟左右，即可得色呈棕黑、香味四溢、美味可口的五香茶叶蛋了。煮好的蛋可再放卤汁里多浸泡一些时候，则味道更浓郁、可口。

煮猪肉法

煮猪肉时，加入少许醋或几片土豆，既可除去异味，又可缩短烧煮的时间。

热水煮肉肉味美，冷水煮肉汤味香。煮肉时可先把水烧开再放入肉，煮出的肉，不仅味道鲜美而且营养丰富。用冷水煮肉，小火慢煮，煮出的汤营养丰富、味道鲜美。

煮肉时，一开始不要加过多的盐及油，否则其纤维就紧紧地缩起来，这样吃起来会觉得很粗糙，不嫩软。所以，肉应在即将煮熟时加盐为好。

煮猪肉时，放进少许八角或八角粉，只需加适量的盐，煮出的猪肉鲜嫩、味美。

将肉浸在葡萄酒内，由于酒含有多种酵素的酒精，能与肉里的蛋白质相互作用而使肉变软，保持相当的新鲜度，所以用葡萄酒浸过的肉煮熟后鲜嫩可口。

煮猪蹄法

煮猪蹄时，可加入适量的山楂（500克猪蹄加25克山楂）同煮，能使其很快熟烂，且味道更鲜美。

煮咸肉法

咸肉虽香，但因存放时间较长，使蛋白质、脂肪氧化等，常有哈喇味。如果在煮咸肉时放几个钻有小孔的核桃，就可去掉哈喇味，使咸肉味美、咸香、可口。

煮猪脚爪法

煮猪脚爪时加点醋，可以使骨头中的胶质分解出钙和磷，增加其营养价值，猪脚爪中的蛋白质也容易为人体吸收。

煮火腿法

火腿在加工过程中肉皮会发硬，不易煮熟煮透。可在下锅前，将火腿表面涂抹一些白糖，这样既容易将火腿煮烂，也不影响火腿的鲜味。

煮火腿时皮不容易烂，如果在火腿下锅之前，将皮上涂些白酒，就会很快煮烂，味道比不涂白酒的更鲜美。

煮肉汤法

将芹菜叶洗净，放入冰箱内冷冻，在煮肉汤或火腿汤时将其放入汤中，可使汤味更加清香鲜美。

煮猪肚法

将洗净的猪肚放入锅内煮熟，切成条形块状，放在碗内，再加适量汤，入锅用旺火煮15分钟左右，便自然发泡，使其增大1倍，凉拌、红烧或做火锅料都很好。不过，千万勿在煮猪肚时放盐，否则猪肚会收缩。

煮牛肉法

煮牛肉时，应先将水烧开，再下牛肉，不仅能使牛肉保存大量的营养成分，而且味道也特别香。

煮牛肉时，一般每1 000克牛肉放2～3汤匙料酒或1～2汤匙醋，肉更易煮烂。

煮牛肉时，把泡过的茶叶装进纱布袋里，然后放入煮牛肉的锅中同煮，这样牛肉煮得又香又烂。

煮羊肉法

煮羊肉时，在锅里放点食碱，便很容易煮熟。

煮蔬菜法

将煮菜的汤烧沸后先放入少许盐，然后再放入蔬菜煮，能保持菜色翠绿。

煮白菜时，用植物油加盐炒或在菜汤里加点醋，用旺火烧，都能保持白

菜的鲜嫩。

煮菜花时加1汤匙牛奶，菜花会显得更白嫩，且润滑、可口。

烫菠菜时，在沸腾的滚水中加少许盐，可以抑制叶绿素变化，让烫好的菠菜保持光泽而不易变黄。

蔬菜和肉一起煮时，要先把肉煮至八成熟以后再放入蔬菜。这样煮不仅味道鲜，而且维生素的损失也小。

煮鲜豆法

将毛豆快速洗净后放入竹箩中，抓把粗盐搓，以除去细毛增加口感，然后将毛豆放入加了盐的沸水中煮，水量为毛豆的1倍以上，别煮得太久。这样煮出的毛豆色泽鲜丽，口感佳。

煮冷冻或罐装的四季豆时，可加1匙醋，吃起来味道就觉得新鲜。

煮竹笋法

用沸水煮新笋不仅容易熟，而且松软，脆嫩可口。要使笋煮后不缩小，可加几片薄荷叶和少许食盐。

笋干味美只是不易煮烂。如果在煮干笋时加入一点香油，笋干不但容易煮得烂，而且美味可口。

煮红薯法

由于新鲜红薯含淀粉多，进入胃内转化成糖，会导致胃酸增加，产生呕酸水或烧心的感觉。如果在煮红薯前，将少量明矾或食盐溶解于水中，放入切好的细薯片浸泡10分钟左右，再煮熟食用，就会减少胃肠反应。

水煮开或蒸笼冒热气时，马上把红薯下锅，使它的表皮在短时间内煮成半熟。然后用温火烧，使锅中的水不沸腾。因为红薯中的淀粉酶在60℃左右时能促进淀粉很快转变成糖。这样烧十多分钟后再用旺火煮熟，红薯特别香甜糯软。

水煮甜红薯时加少许柠檬汁，红薯的颜色会保持艳丽。

煮土豆法

煮土豆时，当锅中的水烧开后，改用文火来煮，能使土豆内外受热均匀，熟后又软又沙。如用旺火煮，土豆外部煮烂了，而内部仍然不熟，自然会产生“硬心”了。

白水煮土豆时，加少许牛奶，不但味道好，而且煮出的土豆肉质不会发黄。

煮土豆时，加入少许食醋，热酸交融，能有效地分解土豆中的毒素，从而避免食用土豆中毒。

土豆煮时极易破碎，如果在烧煮时撒上点盐，就可保持形态完整不碎，味道也好。

煮豆腐法

将豆腐在淡盐水中浸20～30分钟，煮时稍加一点盐。这样煮的豆腐不但滑嫩，而且不碎。

煮豆腐时，加少许豆腐乳或香汁，食之有其独特的香味；放入少许八角与豆腐同煮，可使汤味鲜美，豆腐也清香可口。

煮干丝法

煮豆腐干丝，不容易煮软，而且豆腥气浓。要使干丝柔软，无豆腥味，可将切细的干丝先用盐开水浸泡2～3次，每次间隔半小时，再捞出备用。经过这样处理的干丝，色白，柔软，无豆腥味。

煮干蘑菇法

煮干蘑菇应在前一天晚上就将其泡透洗净，煮时切细烧熟，然后再放入猪油和盐，其味道不比鲜蘑菇差。

煮银耳法

挑去银耳的杂质后，放入锅里，加温开水适量，煮沸后在炉子上焖30分钟便好。

煮干枣法

先用剪刀剪去红枣的两端再入锅煮，这样红枣不但熟得快，而且不失鲜枣风味。

煮黑枣时，加少许灯草，枣皮会自动松开；煮熟以后，只要用手指一捺，枣皮就能脱掉。

煮莲子法

有些人在煮莲子之前用水浸泡，其实这样莲子反而不易煮烂。将莲子洗净倒入锅中用旺火烧开，煮沸5分钟左右，然后用小火焖几分钟即可熟烂。

煮栗子法

将栗子泡在2 000毫升水加有1茶匙明矾的溶液中，可除去栗子涩味，并保持原来漂亮的茶色，煮好后再用水冲洗一次。

煮豆馅法

将洗净的红小豆放入高压锅内，加入适量的水，盖上锅盖，用火煮。开锅后扣上限压阀，煮15分钟豆子就烂了。

煮豆沙法

煮豆沙时，可以把一粒玻璃弹子放入锅内，这样能使汤水不断地滚翻防止烧糊。但要注意，此法不宜用于砂锅，以防砂锅被弹子打碎。

煮绿豆汤法

绿豆汤清热祛暑，又解渴，是夏季的好饮料。将洗净的绿豆晾干，倒入滚开的水中，水量没过绿豆1厘米即可，当水快要被吸干时，再次倒入滚开水，水量可根据需要而定，然后把锅盖严。煮十几分钟，绿豆便煮烂了，而且颜色保持碧绿色。

将绿豆先在铁锅中炒10分钟左右，然后再加水煮，不论怎么坚硬的绿豆都能很快煮烂。但注意不要炒糊，以免使绿豆汤有一股糊锅味。

煮黄豆法

黄豆含有一种抗胰蛋白酶物质，吃了会妨碍蛋白酶的活动，使蛋白质不易被人体吸收，引起腹泻。因此，煮黄豆要火足，煮熟煮透，让抗胰蛋白酶物质在高温中遭到破坏。

煮黄豆时一般需要花费较长时间才能酥烂，如果在煮黄豆前先将黄豆放在水中浸泡一个晚上，煮时加入少许海带，可使黄豆柔软而便于烹调，还可使黄豆的味道较易散发出来，使黄豆味道更香美。

煮玉米法

煮玉米时，不要把玉米皮全剥掉，留一层皮，这样煮出来的玉米味道更鲜美。对于已剥过皮的玉米，可将剥下来的嫩皮垫在锅底，这样煮熟的玉米味道会更香。如果在水中加点盐，玉米的口味会变得更清甜。另外，煮好的玉米最好立即沥干水分，不要长时间浸泡在煮玉米的水中，否则玉米的味道就不太浓郁了。

煮米饭法

人们一般习惯用冷水煮饭，特别是用自来水烧饭，这时水中所含氯气会使维生素B1损失近30%。如果改用开水煮饭，则可避免这种损失。用开水煮米饭，米中的维生素B1可免受损失。谷物类中维生素B的损失与蒸煮时间成正比例，因此米饭的蒸煮时间要短，所以用沸水下锅为好。

如果胃胀或消化不良，只要吃几顿用茶水煮的饭就可消除。这种饭不仅色香味俱佳，而且去腻、洁口、化食。做法是将茶叶0.5～0.7克用500～1 000毫升开水泡4～6分钟(忌用隔夜茶水)；把茶水过滤去渣后待用；将米洗净倒入锅内，掺入茶水，使其高出大米平面3厘米左右，煮熟即可食用。也可自己根据需要进行调整，以决定米饭的软硬程度。

煮饭时，500克大米应放水量称之为吃水量。正确掌握吃水量，是煮好饭的关键。不同种类的米吃水量不同，主要靠实践经验来掌握。一般来说，500克米放500～700毫升水。糯米吃水量比粳米少，粳米吃水量比籼米少。

煮米饭时，在水中加几滴香油或荤油，不仅饭烂松散、味香，还不会糊锅底。

煮米饭时，加入2%的麦片或豆荚，不仅好吃，而且富有营养。

将麦饭石洗净后装入纱布袋里，与大米一起下锅(三四口人用餐，可取麦饭石50～100克)，米饭洁白，营养丰富，喷香可口。这样做出的饭夏季还可延长保存时间，锅底的米饭也很容易铲掉。

在一家人中，往往有的人喜欢吃较硬的饭，有的人喜欢吃较软的饭。两全其美的办法是，把淘洗干净的米下到锅里，一边堆高，一边自然偏低，高的部分浸水浅些，低的部分浸水深些。这样煮好的饭，就一边稍硬，一边稍软了。

煮饭的米要提前淘洗，新米提前1小时，陈米提前2小时，使米充分吸足水分，这样煮出的饭香润可口。

煮饭(干、稀均可)时，取一小块生姜放进锅里，煮出的饭可置一天多而无酸味。因生姜性微温、味辛，与饭同煮，饭香好吃，又可以防治呕吐、咳嗽和夏季流行的感冒风寒等症，一举多得。

将鸡蛋壳洗净放入锅中，微火烤酥后研成粉末，掺入淘洗好的米中，即可煮成钙质米饭，不论正常人还是缺钙者食用都有好处。

煮饭时，在煮饭的锅内加入少许牛奶，煮出来的饭不仅晶莹洁白，而且还有奶香。

将鸡肉煮汤，再捞出鸡肉下油锅里炒一下，然后将淘洗好的米下锅，炒至呈焦黄色时下入洋葱、蒜瓣、番茄酱和鸡汤，用文火将汤熳干，饭熟可食。

在锅里倒入适量的油，然后将洋葱和蒜下锅，炒出香味时，加水和适量的番茄汁，然后将洗好的米下锅，煮熟即可食用。

如果饭煮夹生了，可在锅里洒点米酒再蒸一会儿，饭就好吃了。

煮陈米饭法

将陈米淘洗后用水浸泡2小时再煮，并放入少许麻油或猪油，用大火烧开锅，再用慢火煮熟。这样煮的陈米饭，会像新米煮的饭一样松软而香。

煮籼米饭法

将籼米淘净后，加少许食盐和花生油（或猪油）拌匀，然后入锅，这样煮出的籼米饭粒粒闪光，好吃。

取籼米七成、糯米三成同煮，这样煮出的饭就会与粳米饭一样适口。

煮小米饭法

做小米饭时，应先用笼屉干蒸一下，然后再放入锅里加水煮，并保持水面微开，烧至锅内米汤只高出小米1.5厘米时改用文火焖煮。待听不到锅内水响时即熄火，不要掀盖，再焖7～8分钟即可食用。

煮稀饭法

煮稀饭应在水开时下米。这时下米由于米粒内外温度不一，会产生应力，使米粒表面形成许多微小裂纹。这样，米粒易熟，淀粉易溶于汤中。下米后，用大火加温，水再沸，则将火调小，以使锅内水保持沸腾而不外溢为宜。要想使稀饭黏稠，必须尽可能让米中淀粉溶于汤中，而要做到这一点，应该加速米粒之间、米粒与锅壁之间的摩擦和碰撞，以及水与米之间的摩擦。因此，必须使稀饭锅内水保持沸腾。煮稀饭全过程均需加锅盖，这样既可避免水溶性维生素及某些营养成分随水蒸气跑掉，又可减少煮稀饭的时间，煮出的稀饭也黏稠好吃。

淘好米后立即下锅煮，不能将淘好的米放一段时间后再下锅，否则煮好的稀饭黏性差，米粒易碎烂，口味也差。

煮稀饭的过程中，不宜中途加水搅动，中途添水会影响稀饭的黏性，搅动则会使稀饭黏锅底，进而容易糊锅。

煮稀饭时常会发生溢锅现象，不但洗刷不便，还会浪费很多营养成分。

如果在煮稀饭时给锅里加点食用油，即便火急一些，稀饭也不会溢出锅外，煮出来的稀饭会更加稠香可口。

如果用电饭锅煮稀饭，可在煮之前3小时把米洗净，放在适量的水中浸泡。这样，煮稀饭时就可以避免米汤外溢。

煮稀饭时，在停火前加几片橘皮，能使稀饭的味道异常清香。若在锅中加少许醋，稀饭会更香甜。

用剩饭煮的稀饭总是黏糊糊的。如果先将剩饭用水冲洗一下再煮，煮成的稀饭就不会发黏，像新米煮出的稀饭一样好吃。

煮桂花稀饭时，可将糯米漂洗干净后，放入清水中浸泡1小时，然后沥干，加水煮沸。待稀饭快煮好时，按自己的口味放入适量的桂花和食盐，用勺搅匀即可食用。在煮成桂花稀饭时，加入鸡或鱼、鸭、蛋、花生仁等，即为各种咸桂花肉稀饭或素稀饭。

取适量新鲜精羊肉切成小丁，与整个萝卜共炖，待膻味已除，羊肉即将熟时取出萝卜，放入适量大米煮稀饭即可。秋冬季节晚服食，对肾虚劳损、腰背酸痛者具有温补之功效。

在用玉米粉煮稀饭时，为使玉米粉中的B族维生素能被肠道吸收和利用，可加少量的碱(以食不出碱味为宜)。

籼米煮的稀饭，虽然香但是没有糯性，喝起来一点也不黏稠。如果在煮稀饭前加上两三勺燕麦片，煮熟后，味道香浓，与普通粳米煮的稀饭一样黏稠好吃。

将绿豆和米分别淘净，绿豆适当浸泡一段时间。锅内先放入煮稀饭用水总量的1/3，烧开后放入绿豆煮5～6分钟，放进一碗凉水，再用小火煮5～6分钟后，绿豆就能吃透水涨发开来。这时可将锅里的水加足，用大火煮，待绿豆将要开花时，倒入淘洗好的米，用中火将绿豆稀饭煮烂。

煮菜稀饭时，应该在米稀饭彻底熟后，放盐、味精、鸡精等调味品，最后再放入生油菜，这样油菜的颜色嫩绿清香，营养也不会流失。

煮米汤法

特意煮米汤十分麻烦，若在按下电锅开关之前，把一个洗干净的小碗放进米锅中间，注意勿使米进入碗中，如此当饭煮好时，小碗中的米汤也同时做好了。

煮面条法

要想把面条煮得恰到好处，必须根据面条的特点掌握好火候。自己擀的切面条，应等水大开时下入面条。用勺子将锅水转起，将面条下入锅中，并用筷子将刚下的面轻挑几下，然后用旺火催开，锅开2次，点2次凉水，即可出锅。如果火一下子上不来，面条容易被煮化，可先在水中加点盐，这样就能防止面条被煮化了，而且吃起来也爽口。

煮干切面和挂面时，锅里的水不太开的时候面下锅，锅开后转用中火。因为干切面、挂面本身就很干，用旺火煮水开得快，面条表面也就很快形成一层膜，水分不能很好地向里渗透，热量也无法向里传导。面条就会在沸开的水里上下翻滚，互相摩擦，表面的黏膜被冲撞掉，面汤增加了浓度。这样煮面条不易进水还容易糊锅底，不清爽，又黏，又有硬心，当然就不好吃了。

用电饭煲煮面条十分便利。当水加热到冒热气时将面条下锅，在煮沸1分钟后切断电源利用电饭煲的余热将面条煮熟。

煮面条时，在水中加1汤匙食油，面条就不会粘连，而且还可以防止面汤起泡沫、溢出锅。

煮切面时，在下面条的同时加入适量的醋，这样不仅可消除面条的碱味，而且可以使面条变得白些。

煮元宵法

元宵在下锅前，先用手微捏一下，使其略有裂痕，这样煮时里外皆熟，软滑可口。“滚水下，慢火煮。”水烧开后，把元宵慢慢放入锅内，立即用勺子轻轻推开，使其旋转几周，以免粘锅底，待元宵浮起后改用慢火煮。煮时可加一点凉水，保持锅中的元宵似滚非滚的样子，这样煮出的元宵质软不硬，爽口好吃。另外，元宵煮过两三锅后汤变稠，束缚了水分子的活动，应换水再煮。不然的话，就会熟得慢，易粘锅，易夹生。

煮饺子法

敞锅煮皮，盖锅煮馅。敞开锅煮，水温只能达到100 ℃，由于水的沸腾作用，饺子不停地转动，可熟得均匀，皮不易破。皮熟后，再盖锅煮，温度上升，馅易熟透。这样煮的饺子，汤清而皮不粘，好吃。

将水烧开后，撒入适量的盐，待盐溶化后再下饺子，盖上锅盖，直到煮熟，不用加水和翻动。这样煮的饺子不粘锅，不粘皮，连吃剩的饺子也不会粘。

煮水饺时，在水烧开前先在锅里放些洗净的大葱，水开后下入饺子。这样煮出的饺子不易破，熟后盛在碗里也不易粘连。

制饺子面时，按500克面、1个鸡蛋的比例来和，可使面中的蛋白质含量增多，下锅煮时，由于蛋白质收缩凝固，使饺子皮变得结实，不易粘连，也不易煮破。

煮馄饨法

煮馄饨时不要盖锅盖，水一烧开就将火改为中火，这样就可使煮馄饨的汤不浑，皮不破。

煮牛奶法

牛奶若用文火煮，里面的维生素会受到空气氧化而被破坏，而用旺火煮情况就好得多了。

煮牛奶不能见开就行，也不要在火上开较长时间，而是要见开后离火落开，然后再移火上见开，再离火落开，反复3～4次。这样煮牛奶，不仅能保持牛奶中的养分，而且还能有效地杀死牛奶中的布鲁氏杆菌。

有的人为使糖溶化得快些，常常在煮奶前即将糖加入奶中一起加热，其实这样并不好。因为牛奶中的赖氨酸与糖在高温下会结成一种对人体有害的物质，叫做果糖基赖氨酸。所以，应在牛奶煮好后，晾温后再加白糖，这样就不会产生有害物质了。

煮牛奶前，先用冷水冲一下锅，不要擦干，直接把奶倒入，这样牛奶煮开后就不会粘锅底了，洗起锅来也极容易。

为了防止奶溢出来，煮牛奶时，把锅一半放火上，一半放火外，就不会溢锅了。也可在锅盖上滴几滴清水，当这些清水快蒸干时，揭开锅盖，奶就不会溢出了。

用奶粉加水煮奶时，为了恢复奶粉的鲜奶味道，可在水中放一小撮食盐。

煮奶油法

往奶油中打鸡蛋之前，先加1咖啡匙面粉，这样奶油就不怕煮了，也不用担心变酸了。

煮豆浆法

将豆浆粉按需用量放在碗里，加少许冷水，边加水边用筷子搅拌，直到把所有豆浆粉搅拌均匀。然后继续加凉水搅拌，将其稀释成糊状。这样做，能防止直接加水稀释出现的固块和不均匀等问题。接着把用于煮豆浆的水加热，水稍温和时，就把稀释好的豆浆糊倒进去，搅拌均匀，煮到开锅没有沫了，就成了鲜美可口的豆浆。切记不要把水烧开后再倒进豆浆糊。

煮豆浆时少加点食醋，能使豆浆起花，美观可口。

煮咖啡法

要煮好咖啡，先要选好容器。若家中没有专用于煮咖啡的壶，最好选用铝制小壶，倒入开水，把咖啡加进去，咖啡与水的比例为1∶20，即25克咖啡加入500毫升水，然后将壶置于炉上加热，煮沸约30秒钟再改用文火煮约5分钟，将壶离开火源静置一会儿即可倒入杯中，加入适量的白糖搅溶后饮用。

煮咖啡时如加少许盐，会使咖啡味道更美。

煮咖啡时加一些蛋壳(约2杯咖啡加半只蛋壳)，可以使咖啡澄清味甘。

炸制食物的窍门

炸鱼法

将收拾干净的鱼放入盐水中浸泡10～15分钟，再用油炸；或在炸鱼前，先将鱼身外面薄薄地裹一层淀粉，然后再下锅，这样鱼就不易碎了。如在淀粉中加少许小苏打，炸出的鱼就会松软酥脆。

将生鱼晾干，待油烧开后再轻轻将鱼放入锅；也可先把鱼用酱油浸一下，然后再放入油锅；或将鱼表面的水擦去，涂上一层薄而匀的面粉，待油开后入锅；或在炸鱼之前，先用生姜将锅内和鱼的表面擦一遍，然后再炸。这样炸鱼不伤皮。

炸鱼前先把鱼浸入牛奶中，片刻后捞出沥干，然后再下油锅，这样炸鱼不仅可去腥，还会使鱼肉更加鲜美；炸鱼时，先在鱼块上滴几滴食醋和酒拌匀，焖4分钟后再炸，炸出的鱼块鱼香味浓。

将收拾好的鱼皮放到牛奶里泡一下，取出后裹一层干面粉，再入热油锅炸制，其味格外香美。

炸鱼要用热油，一直炸至身硬。如果温油时就下锅，那么在温油浸泡下，鱼身内所含的水分就难以挥发，炸后仍然有较多的水分，炸出的鱼身软，炸的时间也会因此而延长，以致耗油量增大。

炸鱼球法

炸鱼球往往在油锅中体积大，捞出后就变小、变瘪。这主要是因为炸鱼球的油温比水温高，鱼球下锅后外表很快结壳，内部水分一时排泄不出，生成蒸汽，受热鼓起而显得较大，但捞出冷却后，鱼球内部蒸汽还原成水，鱼球就变小了。因此将油温控制在100 ℃以下，使鱼球内外同时成熟，排出内部的空气和水分，才能使鱼球捞出后不缩小。

炸鸡法

一般在炸鸡时，人们多习惯于用面粉挂糊。如果改用奶粉代替面粉（也可用适量面粉混合），炸出的鸡色、香、味俱佳。

要使炸出的脆皮鸡色泽均匀，一要掌握好宰鸡烟毛时的水温。如果水温过高，未炸前鸡身已经冒油，炸时鸡皮就不上色，或者只有一些部位上色，另一些部位不上色。相反，如果宰鸡烟毛时水温过低，往往由于鸡毛难烟而用力过大，把鸡皮拔烂，造成鸡皮不全而不上色。二要把糖浆粉涂抹均匀（特别是翅底和阴腿部位）。三要掌握好炸鸡油温，恰到好处。如炸鸡时油温过高，炸时糖浆容易焦化；如果油温过低，炸时糖浆粉“抓”不住鸡身，就会脱落在油中，且炸出的鸡色泽也不均匀。

欲使干炸鸡清香味美，应先将调味的米酒喷洒在鸡肉上，然后再用半茶匙醋汁涂在鸡肉内使其慢慢渗透，这样不仅能去除腥臭味，而且炸好的鸡肉还会更软滑清香。

新鲜鸡肉炸出的效果不太好，而把鸡肉冻过再炸会更好吃。先把鸡肉和调料准备好，放在碗中，上面用保鲜膜封住，放在冰箱中，炸时取出来，不要等鸡肉解冻，如此便能炸成非常酥脆可口的炸鸡肉。

炸鸡要炸得好吃，裹粉的方式很重要。将腌过的鸡肉先裹一层炸粉，再裹一层蛋液，然后再裹一层炸粉（生粉2杯，面粉1杯，白胡椒粉2小匙，盐2小匙，发粉1/2小匙，全部调匀即可）。另外，也可将腌过的鸡肉先裹一层炸粉后放入冰箱冷藏3～5小时后取出，入锅炸之前裹上蛋液，然后再裹上一层炸粉，炸出来的炸鸡会更酥脆无比。

炸鸡排的火候是比中火稍强的火，不要炸得过久，面衣成色时关火最适宜。

炸香酥鸭法

香酥鸭在炸前要上蛋液和干淀粉，加上蒸（或煮）好的红鸭本身含有较多的水分，所以炸时要求油温较高。一般用近沸的油来炸，油温为220～240 ℃，炸的时间也要长些。同时，要采用授炸的方法，多下点油，并用锅铲垫在鸭身下面，这样炸出来的香酥鸭既酥脆又能防止炸焦。炸时如果油温过低，炸出来的香酥鸭便会身软而不酥脆。

炸猪排法

炸猪排前，应在有筋的地方切两三个切口，入油锅内炸起来的猪排就不会收缩了。

炸制猪排时，最好不要随锅勾芡，而应将成品装盘后再制芡淋入盘中，或倒入小碗蘸食，以保持炸制品的酥香脆。

锅置火上放油烧到四成热，下入葱花、姜末、白糖、酱油、黄酒、清水及少许味精，搅拌后烧到七成热，将猪排骨块分批下锅，每批约炸 7 分钟，至排骨断生捞出沥油。待油锅内的油温回升到七成热时再将猪排骨下锅炸一次，到排骨由淡红变为深红时捞出沥油，浇上适当卤汁即可，这样炸成的猪排鲜嫩可口。

炸肉酱法

选用质嫩的肥瘦猪肉，切成小丁。用旺火和热油将葱姜炝锅，煸炒肉丁。然后改用小火，将质地优良的黄稀酱投入锅中一起煸炒，不断翻炸，使酱均匀受热，接着加入少许糖和料酒以除掉腥味，增色助香，这样炸出的酱色泽红润光亮，酱香味浓，咸甜可口。

炸肉之前，如果在肉上撒一些糖粉，这样炸出来的肉味美可口，外面还有一层焦黄的皮，看起来很美观。

炸肉丸子法

制作丸子总要加些面粉，如果将咸饼干或酥饼干碾压成粉状，用来代替面粉，这样制作的丸子用油炸后，独具风味。

将猪肉 400 克(肥七成，瘦三成)，剁成米粒大小的丁，放在汤盘中加入鸡蛋 1 只，湿淀粉 100 克，姜末和精盐各少许以及适量的水，搅匀上劲成稀糊，备用。炒锅置火上，倒入食油 100 毫升，烧至六成热时，将调好的原料用手挤成直径为 3 厘米左右的丸子，逐个投入油锅中略炸后捞出；待油温升至八成热时，再将丸子投入油锅中复炸一次，捞出；最后再接着炸一遍，直至呈枣红色时沥尽油，装在盘里撒入花椒粉即成。

炸肉皮法

炸肉皮前，可先将生肉皮放在热碱水中浸泡，然后用刮刀或硬刷除去肉皮上的油，用温水漂洗干净，再将肉皮晾干或晒干。炸制时，先在锅内放冷油，待油烧至两三成热时把肉皮放入，肉皮受热后自行卷起，待起小白泡时捞出，稍冷却；待油温升高后再将肉皮入锅回炸，至发泡膨胀捞出。这样炸出的肉皮，再经烹制，松软味美。

炸牛排法

炸制牛排时，总要先在外面沾上些面粉，可以利用塑料食品袋，里面放些面粉，将牛排放入，抖动塑料食品袋，即可将放入袋中的食品沾上面粉，取出放入蛋泡糊中蘸一下即可炸食，这样处理很方便。

炸馒头片法

将馒头切成薄片，磕入一个鸡蛋用盐水搅拌，待锅内的油大热后，将馒头片蘸上鸡蛋水，然后放入油锅中炸至柿黄色起锅。这样炸出来的馒头片酥香焦嫩，既省油，又好吃。

将馒头片用水浸透后略控一下水，马上放入油锅内炸。这样炸馒头片不但颜色金黄、外黄里嫩、香酥可口，而且炸时很省油。需注意的是，不要一次性把馒头片全浸入水中，而要随炸随浸，以防泡碎。

炸元宵法

炸元宵香脆可口，但是如果将生元宵直接放入热油锅中炸，元宵会崩裂，或糖馅外流。可先将元宵放入锅内蒸一会儿或煮一下，然后再放进热油锅中炸，这样就不会崩裂。

在元宵下锅前，用一只干净的针扎几个小孔再下锅炸，中间受热后，气体能外排，就不会崩裂流馅了。

油宜放多些，油温不能太高。不能把元宵直接投入油锅中炸，可将元宵放在笊篱上面，再放入油锅炸至元宵起硬壳即出锅，用勺子把硬壳敲破，然后再放入油锅。这样反复几次，直到元宵在油里飘起，颜色金黄即熟。敲碎元宵硬壳是为了使元宵受热后馅中热气能外排，可防止炸裂。

炸馄饨法

将猪肉剁成泥，葱、姜剁碎，加适量酱油、精盐、味精和香油拌匀。然后将面粉加少许精盐，用水和好，揉成面团，擀成大薄皮，切成梯形小片，包上事先准备好的馅。锅置火上，放油烧至七成热时，将馄饨下锅炸至金黄色，浮出油面即成。

炸春卷法

炸春卷时，如果流出汤汁，必然糊锅底，并导致油变黑，会染黑春卷，成品色、味均受影响。为避免上述现象，可在拌馅时适量加些淀粉或面粉，馅内菜汁就不会流出了。

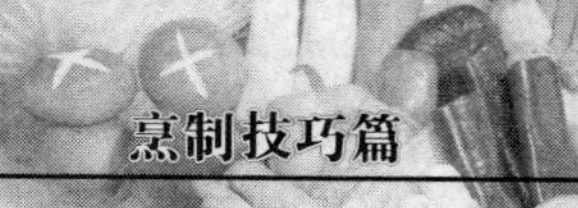

炸麻花法

在锅中倒入适量的水，水沸后再加入油，油开后就可放入麻花炸制，这样炸出的麻花好看、好吃又省油。

炸油条法

将精盐 100 克、纯碱末 50 克、明矾末 100 克一起放在盆里，加水 3 000 毫升搅拌均匀，直至水发白起泡，有响声。接着将面粉 5 000 克倒入水溶液中搅拌搓揉，使面团有劲，然后将面团分成 2 500 克一团，用湿布包好，放入盆中发酵(冬天约 8 小时，夏天约 3 小时)。面发好后，拉长按扁，用刀划成条形，两条叠在一起，中间用筷子顺着条的方向压一下，再扯长扭转，投入烧至六成热的油锅中汆炸。用特制长筷子不停地翻转拨动，使四面炸泡鼓起，但注意尽量不要使油面波动，这样炸出的油条色泽金黄，松酥香脆，软糯可口。

炸油饼法

如果在面粉中掺点啤酒揉和，炸出的油饼既香又脆。

炸年糕法

年糕是用糯米粉制成的一种极富粘性的食品，如用油炸后更加酥香甜脆。但年糕中难免存有空气，入锅油炸就会膨胀爆破，溅油伤人。可将年糕入锅炸 1 分钟后用筷子将其穿破，使其在温度还低时将空气排出，再炸时就不会膨胀爆破了。

炸冬菜角法

将 300 克面粉放入小盆内，徐徐冲入开水 200 毫升，边冲边用筷子搅拌至均匀后摊开晾凉。将冬菜 100 克洗干净，挤去水分，切除其根部后剁成细末。锅置火上，放油烧热后投入猪肉末炒散，再放入葱末、姜末、酱油、料酒、精盐、白糖、味精和胡椒粉(调成咸鲜味)煸炒几下。倒入冬菜末，用中火慢慢煸炒，炒透出香味时就是冬菜馅。将面擀成薄皮，切成小块，包上馅，叠成三角形。然后投入烧至七成热的油将其炸成金黄色，即成炸冬菜角。馅的口味可根据个人的习惯或咸或甜而增减各种调料。

炸排叉法

炸排叉(面点小吃)时，在面中加入一些精盐，可使炸出的成品酥脆香甜。

炸花生仁法

炒锅中倒入适量的食油，不等油烧热就放入挑选干净、饱满、整齐均匀的花生仁，用铲子翻搅，使其受热均匀。火力不要太大，使油和花生仁同步升温。待花生仁呈红色，并有微小的爆裂声响时就可以出锅，盛盘，上面撒一些精盐。

在炸花生仁之前，要将其放在冷水中浸泡 10 分钟。将泡胀的花生仁控净水分，放入烧热的油锅（油量以没过花生仁为宜），炸至快硬时改小火炸至硬脆，立即捞出，再放入糖、食盐即可。这样炸出的花生仁，入口香脆，粒大，皮全，色泽油亮。用此法也可炸酥脆黄豆。

炸土豆法

将油锅烧热，待整个土豆都炸黄时再加盐。盐不宜早放，不然会使其汁水外溢，影响其形状和颜色。

将土豆切成十分均匀的片，厚薄不均的土豆炸起来会半生不熟或变硬。土豆片切好后须浸在水中约 30 分钟，然后再放进沸水中煮一下，随即捞起沥干水分，以新鲜的油来炸，如此即能炸得金黄酥脆。

炸玉兰片法

将鲜玉兰花瓣 200 克撕成条，用开水稍烫一下，加少许食盐稍腌片刻。用面粉、淀粉适量及鸡蛋 1 个加水一起调成糊状，将玉兰花放入面糊内拖一下，再放入热油锅中炸至金黄色，即成松脆可口的食品。

炸薯片法

薯片、薯丝、芋丝炸前浸盐水是为了使之入味，而且用盐水浸泡可以去掉薯片中含有的粉质，炸时才不致抢火易焦，炸出以后才能色泽金黄且松脆香口。如果不浸盐水便炸，会清淡无味而且易焦。

炸香蕉法

取鸡蛋和面粉适量调成浆汁，将竹签插入剥皮的香蕉内，手持竹签使整个香蕉沾浆后放入热油中烹炸，至外表呈金黄色时捞出，即可食用外脆内软、香味扑鼻的炸香蕉。

炸食物不溅油法

炸食物时，在油锅里放少许盐，油就不易溅了。

炸食物不泛沫法

锅内热油泛沫时，只要用手指轻弹一点冷水进去，一阵轻微爆锅后，油沫就没了。

炸食物防溢油法

炸食物时，油常常会从锅里溢出来，若放进几粒花椒，沸油就会消下去。

炸食物松脆法

油炸黄鱼、鲜虾或排骨时，若在面粉糊里放一点小苏打，吃起来就会又松又脆。因为小苏打受热后分解，会产生大量的二氧化碳气体，使油炸面糊里留下许多气孔。

炸食物省油法

炸食物前，先在锅里放些水，水沸后按油、水 1∶1 的比例将油缓缓倒入水中，再继续加热，随即出现油水混合泡沫，由少到多，待 5～10 分钟后，泡沫逐渐消失，这时候就可以炸制食品了。但要注意控制火势，以防水分蒸发过快。采用这种方法炸食物，不仅锅里不会冒油烟，而且炸出的食物色泽金黄，酥脆可口，并且还可以省油。

炸食物防脱面衣法

油炸食品，原则上要在氽炸前裹上面衣搁置几分钟，然后再投入锅内氽炸，这样面衣下锅后才不致分裂脱落。

炸食物外脆里嫩法

经过挂糊的比较大型的原料，如果要求表面酥脆，必须在油温非常高的旺油锅中炸。但在旺油锅内炸的时间不宜太长，因为这样容易产生表面已经酥脆而里面还没有熟的现象。所以原料下锅以后应立即改为小火，让原料在温油锅中渐渐内外熟透，不过原料熟透后也不宜长时间继续在温油锅中加热，因为这样会使原料内部的水分大量溢出，质地变老。这时应将原料用漏勺捞起，待油温再上升到旺油锅时将漏勺中的原料下锅复炸一次，这样就可以达到既成熟又酥脆的目的。需要表面脆的原料，过油时一般炸 2 次。

翻炸食物法

油炸的食品一次未吃完，放入冰箱中存放将变疲软，再炸时为恢复原味，可在油中加入适量切成小块的大蒜，这样炸出的食品好吃。

煎制食物的窍门

煎鱼法

煎鱼时，鱼皮总是粘在锅上，可在放油前，先用一片姜将锅内擦一遍，然后将油倒入锅内，用铲子搅动，使锅上粘满油，待油热后再煎鱼；也可在锅里烹上半小杯红葡萄酒；也可在热油锅中放少许白糖，待白糖呈微黄色时，把鱼投入锅中；也可将鸡蛋打碎倒入碗中搅匀，再将洗净的鱼或者鱼块分别放入碗中，使鱼裹上一层蛋汁，然后放入热油锅中煎；还可将锅洗净烘干，先加少量油，布满锅面后将热的底油倒出，另外加上已经烧熟的冷油，形成热锅冷油再煎鱼，这样煎出的鱼不会粘锅，并使外形完整。

将鱼洗净控干水，撒上精盐，均匀地抹遍鱼身（如果是大鱼，还应在腹内也抹上盐），腌渍半小时。经过这样处理后的鱼，油煎时不粘锅、不碎烂，鱼身齐正而吃口鲜美。

先将洗干净的鱼块用净布吸干水或晾干水分，以减少炸声及防止皮烂。然后用一小块鲜姜在温热的锅内壁涂擦一遍，再放油烧热煎鱼，就不会粘破鱼皮。

煎鱼时要用小火慢煎，待一面煎熟后再翻转鱼身，当两面都煎呈金黄色，即可小心地盛入盘中。

煎鱼前，将少许白面粉撒在鱼身上，鱼下锅时，油不会外溅，且鱼皮能保持不破，鱼肉酥烂。

煎鸡蛋法

如果想吃味道特殊且喷香可口的煎鸡蛋，可用黄油或人造黄油代替传统的食油来煎。

煎蛋前，在热油中撒一点面粉，煎出的蛋黄鲜亮好看，不溢油。

在荷包蛋煎得将熟、蛋黄即凝之际，浇入一匙凉开水，会使荷包蛋熟后又黄又嫩，四周光滑，色味俱佳。

煎鸡蛋卷外皮时，每 2 个鸡蛋加 1 汤匙牛奶搅拌均匀再煎，煎出来的蛋卷柔软，味道极好。在蛋液中先加入少许醋搅拌再煎，这样煎出的蛋皮既薄又有韧性。

煎猪肉法

煎猪肉时，宜先用大火化油再放入肉煎黄，待两边都煎黄再改用文火煎熟即可，这样能使煎肉味香色正。

煎腊肉法

煎腊肉前，先将腊肉泡在牛奶中，再沾些面粉下锅煎，即可防止腊肉萎缩或产生油爆。腊肉外层的面粉层也能防止鲜美的肉汁渗出，因此味道会更好。

煎火腿法

煎火腿时，平底锅加热后，必须迅速将火腿放入锅中，双面略焦时立刻取出，如此才不会使火腿过软而失弹性。

煎牛肉法

煎牛肉时，加半杯啤酒，牛肉就会变得很软嫩。

煎嫩牛排法

在牛肉片上抹盐与胡椒，把大量的油倒入锅中加热至冒烟，放入牛排，快速地将一面煎成金黄色后翻边盖上锅盖，转小火煎至嫩熟即可。

煎饺子法

将压力锅上火烧热，倒入少许油抹匀，把饺子入锅摆好。过半分钟，往锅内洒点水，然后盖上锅盖，扣上限压阀，用文火烘烤 5 分钟左右饺子就熟了。用此法煎出来的饺子，比蒸的、煮的或用一般锅煎出来的饺子都好吃，味鲜汁腴。

煎包子法

生煎包子是别有风味的，比蒸的包子脆鲜味香。做生煎包子时用嫩酵面加碱揉匀，搓成长条，一般 50 克面粉 4 个剂子，擀成坯皮，将鲜肉馅或菜肉馅包在皮子中，捏成提褶包，逐个码入饼档内(档内抹上一层食用油)，先用中小火煎至包子底部刚呈黄色时即要淋一些水，盖上锅盖，稍焖一会儿，待包子焖熟，底部呈现金黄色时，再淋一些油稍煎一下即可出锅。

煎年糕法

有人将买来的猪油糖年糕切成小块，放在碗里，上笼蒸，结果使味美可口的佳品变成了一团糯米糊，完全失掉它的风味特色，十分可惜。吃这种年糕，必须用油煎着吃。就是把年糕切成片(不要太薄)，在油煎以前，还要用鸡蛋浆液拖一下，再下锅煎。煎好以后的年糕，外香脆，内柔糯，十分可口。如果没有蛋浆，也要在淀粉浆或面粉浆中拖一下，不拖浆就煎，也是烂糊的，和蒸的年糕差不多。同时，火候不要过大，用中火略煎一下即可。

煎锅贴法

将压力锅烧热后，放入适量油抹匀，把包好的生锅贴摆在锅底，半分钟后往锅内洒点水，盖好锅盖，加上限压阀，过 2 分钟后取下限压阀，放完汽，锅贴就熟了。

煎柿子面饼法

将柿饼切成小方丁，用水浸泡片刻，与面粉及适量水搅拌成稠糊状，下入烧热的油锅内煎成香、甜、松软的柿子饼。

制水煎馒头法

锅置火上烧热，淋少许植物油，将成形的小馒头逐个摆入，馒头之间留适当空隙，将锅在火上不断转动，待煎黄后，在锅内倒入半碗凉水，盖上锅盖，过 10 分钟左右，锅内发出“嗤嗤”声，飘出香味时，揭开锅盖取出即成色泽金黄、焦脆香甜的水煎馒头。

用油煎食物法

油煎食物时，先要将空锅烧热，然后将油倒入用文火烧热，煎制过程中要经常加熟油，尽量少将食品翻身，这样煎出的食品色香味俱佳。

自制美味汤的窍门

自制鱼汤法

做鱼汤须一次把水加足，如中途加水会冲淡原汁的鲜味。

将鱼剖洗干净后直接放入开水中煮，加些葱段、姜片，鱼熟后再加适量精盐，微火煮一段时间，滴少许香油即可。

锅置火上，把少量猪油化开后放葱段、姜片煸炒，出香味后加开水，放入洗净的鱼，旺火烧开后再用小火慢煮。

先用适量的猪油把鱼两面微煎，然后冲入开水，加葱姜和白萝卜丝，大火煮沸后小火慢煮即可。

做鱼汤时加入几滴牛奶或啤酒，不仅可使鱼肉白嫩，而且还可使汤味鲜美。

自制鲫鱼汤法

原料有活鲫鱼或鲤鱼、食油、姜、葱、蒜。将鱼宰杀去内脏洗净沥干血水。锅置火上，放油烧热，将葱、姜和蒜炒出香味，加入鲜鱼煸透，倒入适量的开水烧沸，撇去浮沫，用小火煨至汤白鱼烂即成。具有鲜香浓郁和富含钙质等特点。

自制甲鱼汤法

将甲鱼剖腹，去掉内脏，洗净，挖破苦胆，用胆汁将鱼体内外涂擦一下，再用清水漂洗干净。然后将甲鱼的头及爪剁去，放入 80 ℃的热水中滚烫片刻，扒去身上的浮皮，揭去背盖。把肉切成小块，用开水汆过捞出放入锅中炒，炒前先放生姜，而后加入清水，用文火炖，开锅后半小时即熟。放入调料即成。

自制黄鱼汤法

将新鲜的黄鱼去鳞及内脏，洗干净，切成小块(不必去头、骨)。将油锅烧热，放葱、姜炸出香味，投入鱼块生炒 2～3 分钟，加入适量的水，用旺火烧开，待煮到鱼肉离骨、汤厚发白时，用筷子将鱼骨取出，撒入精盐及胡椒粉即成。

自制鱼骨汤法

原料有鱼骨（包括鱼头、划水在内的整条鱼骨）、葱头、芹菜、香菜、香叶、菠萝、胡椒粒、醋精等。将鱼骨切段，在沸水中焯一下，加点醋精去腥，同其他原料一起下锅，倒入清水煮沸，改小火再煮45分钟，捞出块物料，撇去浮沫即好。具有味道鲜浓的特点，不亚于鲜鱼汤。制此汤多半是利用下脚料，经济实惠。家中制作可以将鱼骨、鱼头倒入锅中加入水煮，效果一样。

自制母鸡汤法

鸡肉里含有谷氨酸钠，这是“自带味精”。烹调鲜鸡时，只需放适量油、盐、葱、姜、酱油等味道就很鲜美，如果再加入花椒、大料等厚味佐料，反而会把鸡的鲜味驱走或掩盖掉，可就弄巧成拙了。

炖的鸡汤如果以喝汤为主，最好是炖成清汤。先在锅内放入冷水，再将鸡投入锅内，并一次加足冷水，以浸没鸡身为宜，用中火烧开改用小火慢慢炖。炖时要掌握好火候，火力太小，锅内汤水不能保持小滚的程度，这样炖出来的鸡汤虽然汤色清，但鲜美味道不足；火力太大，汤色会变成乳白，就炖不出“澄清如水”，上面漂浮黄油花的清汤。

炖的鸡汤如果既想喝汤又吃鸡肉，最好是炖成乳汤。先将锅内的水烧开，然后把鸡投入锅里，并使汤水保持滚动。炖乳汤必须先用中火炖30分钟左右，待汤变成乳白色时即将锅移置小火上继续炖，直到鸡肉熟烂为止，这样炖出的乳汤既浓又美观，喝起来也醇厚。炖时火力不能过大，否则易焦锅底使汤带有怪味；火力也不宜过小，火力不足汤虽乳白，但汤色发暗、不美观，而且汤也没有黏性，不好喝。

炖鸡汤时，常常汤浓油厚，若加少许鲜鸡血，汤就会转浑为清。

自制蛋花汤法

汤水烧开后撒一点淀粉于锅内，使清汤变稠。然后用汤匙一勺一勺地将打散的蛋液拨向煮开的汤中，再加入味精和精盐即成。一般来说，一个蛋可做两碗汤。

做鸡蛋汤时，如打开的鸡蛋不太新鲜，下到锅里就易散开，可先往沸汤锅里滴点醋，蛋液下锅后就能形成漂亮的蛋花。

自制姜汁蛋汤法

姜汁鸡蛋汤是产妇坐月子常食的菜肴，若在汤中放点白酒，会使味道更鲜美。

自制皮蛋汤法

将皮蛋壳剥去，横切成约1厘米厚的块，投入热油锅中两面稍煎，然后按一个皮蛋一碗水的比例加水，用旺火烧至汤发白，加精盐、胡椒粉、葱花和味精搅匀起锅，滴入香油，趁热喝，越烫越鲜，食欲大增。

自制肉汤法

做肉汤时，应先将锅中的汤水烧开再放料，这样才能保持鲜味，减少肥腻。在炖肉汤时，放入几片鲜橘皮，不仅汤的味道鲜美，而且能减少油腻感。芹菜的叶子可在洗净后放入冰箱冷冻，煮肉汤时放入一些，可使汤味清香。

自制骨头汤法

肉骨头营养丰富，味道鲜美，主要是由于蛋白质和脂肪溶入汤里的缘故。炖肉骨头汤应该冷水下锅，逐渐升温煮沸，然后用文火煨炖。这样能使肉骨的骨组织疏松，骨中的蛋白质、脂肪逐渐解聚而溶出，于是肉骨头汤便越煨越浓，油脂如膏，骨酥可嚼。

肉骨头汤在炖中途如加冷水会使肉骨汤的温度发生突然变化，致使蛋白质、脂肪迅速凝固变性，收缩成团，不再解聚，肉骨表面的空隙也会因此而收缩，造成肉骨组织紧密，不易烧酥，骨髓内的蛋白质、脂肪也就无法大量溶出，汤中蛋白质、脂肪便相应减少，并影响汤味的鲜美。

炖骨头汤，开锅后放入几瓣八角以及少许食醋，能使骨头中的钙和磷溶解在汤内，增加汤的营养，不仅便于肠胃吸收，而且味道更佳。

炖骨头汤时，为防止骨髓漏出来，可用生萝卜块堵住髓骨两头。

自制排骨藕块汤法

将500克排骨斩成长方形小块，藕洗净去皮后切成排骨大小的块。锅置旺火上，倒入排骨、藕、葱、姜和清水1 500毫升，烧开后撇去浮沫，改用小火炖至肉酥时撒入精盐即可食用。

自制豆腐汤法

豆腐汤做得不好就易变酸。如果在做豆腐汤时用藕粉勾芡的话就可以避免发生酸味了。豆腐汤加入藕粉勾芡时掌握好火候非常重要，正确的方法是暂时端锅离火，边倒入芡汁边搅拌汤汁，这样可防止芡汁急速凝成小团块，然后再将锅置火上，用中火烧开即成。做豆腐汤时，放入两瓣八角，不仅豆腐清香可口，而且汤味更加鲜美。

自制瓜菜汤法

滚丝瓜汤、油菜汤时，用少许八角浸泡于需滚汤的清水中5分钟，放进锅内煮沸后，再加丝瓜或油菜，滚出来的汤不用加味精，具有鲜美、爽口，有独特的风味。做菜汤时，要等锅里的水煮开后再放菜，这样可减少维生素损失。将食用植物油在锅口刷一圈，菜汤就不会溢出锅外。

自制银耳汤法

将银耳25克洗净，花生仁250克去皮，每颗掰成两半。再将花生仁放在砂锅内加水用小火炖至八成烂，然后将银耳放入砂锅内一起炖，直至炖烂为止。起锅前撒入白糖或冰糖，再用少许桂花增其香味。

自制高汤法

烹制菜肴，有时需要高汤，如手头没有可以自制。方法是取100克稍肥的猪肉，切成片或丁，将锅烧热，放入肥猪肉，待肉熟时，迅速将滚开水倒入锅中，此时锅中会发出炸响并翻起大水花，一会儿，一锅乳白色的高汤即制好了。如果没有肥肉，也可使用猪油。此汤可存放在冰箱中，随用随取。

自制清汤法

原料有猪骨、牛骨、肘子、肉、鸡、鸭等，将原料洗净，倒入清水锅中煮成原汤。同时，用鸡肉剁成肉蓉（也可以用牛肉蓉），将原汤煮沸，加入肉蓉，打散提汤（又称哨汤、担汤、打汤、濉汤），使肉蓉与汤中物凝在一起，当其浮在汤面捞出，使汤清澈即成。扫清时不用肉蓉，用清洁纱布过滤，滤去浮沫杂物，使汤澄清也可。为提高汤的质量，煮汤用料还可以加入海产品（干贝、鱿鱼、海米等）。清汤具有汤清澈透底、味道鲜醇、营养丰富等特点，是制高档菜、面卤汁的汤料。

自制素清汤法

原料有鲜笋(可用不能做菜的根部)、香菇、泡发好的黄豆等为主,随季节选用时令鲜菜如芹菜、菠菜等。将各种菜蔬原料洗净,块状较大的原料切成片或丝,叶菜可用手撕成条状(便于捞出),也可整棵放入水中。另外,用焯过菜的水煮成素清汤也极好。素清汤具有清鲜不腻、富含维生素、易吸收等特点。

自制口蘑汤法

原料有天然口蘑、黄豆嘴(刚出芽的黄豆)。将干口蘑洗净,放入碗中用沸水浸泡透,捞出蘑菇,泡蘑菇的水静置,使泥沙沉淀后滤入清汁煮汤锅内,放入口蘑、黄豆嘴,用大火煮沸,改小火煮20分钟即成。口蘑素汤具有口味鲜美、富含多种氨基酸、营养价值较高的特点。

自制豆芽汤法

原料有黄豆芽或黄豆嘴、泡大的黄豆、新鲜毛豆。将黄豆芽挑选干净,摘去坏豆(不发芽的臭豆)入沸水锅内煮5分钟,捞出豆芽留汤即成。一般是比豆芽焯水多煮片刻,使汤鲜味浓。捞出的豆芽可做菜一起上桌。

自制原汤法

原料一般用猪骨肉、鸡、鸭等,调料用姜块、料袋(花椒、八角、桂皮、肉蔻、丁香)等(可根据个人的口味和习俗增减)。将各种畜骨头、肉洗净,倒入清水锅中(可配鸡、鸭或骨架),用大火烧沸后改小火煮至原料成熟,捞出原料块物,留下汤汁即成。下料时清水要一次加足,淹过原料,比例为2∶1,中间不加水为好。必须加水时可加入开水。原料可以是一种(如用鸡),也可以是多种。原汤具有汤浓、鲜醇等特点。

自吊鲜汤法

制汤原料鲜美纯正,是吊制出好汤的前提条件。固有腥气膻味的原料或因不鲜不洁而带有异味、恶味的原料,绝对不能用做吊汤。常用的制汤原料有新鲜的鸡、鸭(或鸡骨、鸭架)、猪肘子、方肉、猪骨、猪肉皮、火腿以及干贝、海米等。

冷水下料,一次加足。冷水煮料,逐步加温,可使鸡、鸭、肉等原料均匀受热，原料内部的养料渐渐溢出，从而提高汤的营养价值和鲜美程度；而开水下料，骤然受热，表层蛋白质紧缩凝固，就会影响原料内部养分的大量溢出，汤的鲜美也就会逊色。另外还要一次把水加足，中途续水也会影响汤的质量。

大火烧开，小火慢煮。大火烧开，原料从外到内迅速热透，有利于原料蛋白质及其他营养物质均匀分解。然后小火慢煮可促进内外营养素的大量溢出，也可减少芳香物质随蒸汽大量挥发或因火大糊底，使汤味变劣。

熬制过程不撇浮油。熬制一段时间后，汤的表面会出现一层浮油，它对汤料中不断水解的氨基酸、脂肪酸和甘油以及一部分矿物质和维生素等具有保护作用，可减少养料的散失。浮油本身也含很多香质成分，所以不要把它撇除。

吊制鲜汤，勿先加盐。盐具有很强的渗透作用，过早加盐，盐分便很快渗入原料中，迫使汤料水分排出，蛋白质凝固，所制的汤就难达鲜美效果。

汤器加盖，保持高温。吊好的汤因已将浮油撇去，所以要盖好，以减少营养素流失及防止污染。盛汤的容器应放在火旁，保持沸点以下的较高温度，这样可使汤料中的营养物质进一步充分水解。但温度也不宜过高，否则汤要混浊。俗话说“味越炖越浓，汤越炖越清”，道理即在于此。

使汤汁变浓法

在汤汁中勾上薄芡，可使汤汁增加稠厚感。

使油与汤汁混合成乳浊液，汤色会变得像牛奶一样。将豆油或猪油烧热，冲下汤汁，盖严锅盖用旺火烧片刻，汤就发白了。

将猪油与面粉按1∶1的比例下锅，用小火慢慢搅炒，勿使焦底，待面粉色黄，外观类似冻花生油状即可，然后在汤调好味时像勾芡一样使用，这样烹制的汤就会稠厚、香肥。

在汤中加适量的牛奶，也能使汤汁变浓。

使鲜汤减腻法

汤过分油腻时，可将少量紫菜先放在火上烤一下，然后放入汤内，再放一点香菜，就能减除腻味。炖肉汤或排骨汤时，放入一两片橘皮，其味不仅鲜美，而且吃起来不感油腻。

取一块干净布，包上冰块，然后从油面轻轻擦过，油层就会被吸收。油层吸收多少可自己掌握，距油面低，吸收就多，距油面高，吸收就少些。

欲除去汤、肉汁或砂锅中过多的脂肪，可将其放入冰箱加以冷冻，脂肪将在表层凝结，很容易将其除去。

使鲜汤减酸法

番茄煮汤，离火后再放适量的精盐调匀，汤就不会酸了。过早放盐，汤就会发酸，影响鲜味。

制汤保营养法

无论烧鱼汤、肉汤、菜汤，都应把水烧开后再放料，这样既能保持营养、增加鲜味，还可减少肉汤的肥腻感。

风味小吃篇

自制水产类食物小吃的窍门

制风鱼法

做风鱼多在冬季，因此用盐量略少于咸鱼。选择不太大的鱼，大鱼不易风干。鲜鱼剖切清除内脏和头，洗净渍好后，在太阳下晒2～3天，再将其悬挂在阳台上让其自然风干。冬季可挂放1～2个月不会变质，但不宜过清明。

制糟鱼法

将鲜鱼去鳞、内脏及头，加盐腌成咸鱼，盐量为鱼重的20%左右。将咸鱼晒干或风干，切成5厘米左右长的鱼块，每5 000克咸鱼干用甜酒酿2 600克(由1 500克糯米制成)，花椒2.5克，一层酒酿一层咸鱼，中间撒些花椒，装入干净的坛内，面上用酒酿盖没，密封坛口，1个月后便可蒸煮食用。

制风鳗法

选用鲜海鳗洗净，顺着脊背剖开(肚不剖开)，挖出内脏，洗净，沥干，每2 500克鲜鳗用100克精盐擦抹(内外全身均匀擦到)，然后用竹片将鳗撑开，挂于阴凉通风处风干即成。其他较大的鱼也可按这种方法做成风鱼。食用时，把风鳗(风鱼)斩成一段一段的放入盘中，加料酒、葱和姜，蒸熟，撕成条，蘸醋吃，其味鲜美。

制葱烤鲫鱼法 将葱放在锅里，上放鲫鱼，再盖层葱，然后加醋、酱油、酒、糖、水等，用旺火煮。2分钟左右将盖打开，浇上生油，然后将盖盖上。约15分钟，等汤汁烧得浓稠时盛起。这样不但鱼肉鲜嫩，不像在油里氽过的老，而且鱼骨也已酥透。

烤鱿鱼干法 烤鱿鱼前，要将其放到加有酒的水里洗一洗，然后再烤味道就鲜美了。也可将鱿鱼用酒浸10～20分钟，再加少许盐和调味料，这样烤出来的鱿鱼就会变得柔软而味美。

制鱼松法 鱼去内脏，洗净放入菜盘中，加入适量的精盐、料酒、葱段及姜片，蒸熟出笼。趁热拣掉葱和姜，去掉皮骨，沥干水分，撕碎后倒入热锅（稍用油滑润），撒些味精和精盐，炒时火不宜太旺，不停地翻炒至金黄色，发出香味，起松即成。

制醉蚶法 将鲜蚶洗净后沥干。每5 000克鲜蚶用料酒1 100毫升，白糖400克，优质酱油350毫升，红腐乳800克，生姜250克（切成泥）配成料液。然后将鲜蚶放入坛中，加入料液。加盖，初冬6～7天、仲冬10天左右即可食用。

制锦绣虾仁法 将河虾750克挤成虾仁，放入清水里漂洗干净，沥干水后放碗里，加精盐2克、料酒1毫升、鸡蛋清1个、干淀粉5克拌和上浆；再把熟火腿25克、水发香菇30克、姜5克切成同毛豆粒一样大小的丁。炒锅置旺火上烧热，用油滑锅后加入500毫升植物油，烧至油温四成热，投入浆好的虾仁划散呈乳白色时倒入漏勺内沥去油。炒锅中留下少许底油再置旺火上，油热后投入火腿丁、香菇丁、姜丁和毛豆粒30克略炒片刻，放鲜汤半勺、精盐4克、味精2克，烧开后用湿淀粉勾薄芡，迅速倒入虾仁翻炒均匀，出锅装盘即可。

制美味虾糊法

将小河虾300克摘去头，用水洗净；猪瘦肉100克切成小丁后放碗里，加入精盐3克、湿淀粉5克拌匀上浆。炒锅中放入清水750毫升，烧开后下入小河虾、瘦肉丁、葱末15克、酱油、精盐、醋、猪油，烧沸后用湿淀粉勾芡，即可盛入盘中食用。

制芝麻虾球法

将虾仁250克放清水里漂洗干净，沥去水后放砧板上，同肥肉25克一起剁成蓉状，放入碗里，加入精盐8克、鸡蛋清1个、葱末5克，顺一个方向搅拌。把拌好的虾蓉用手挤成直径2厘米左右的圆球，把虾球放入装有芝麻的盆里，逐个滚蘸上芝麻。炒锅置中火上，放入500毫升植物油烧至五成热，将虾球逐个分批放入油锅里炸至虾球浮起、芝麻不发出响声时捞出沥油后装盘即成。

炒牛蛙肉法

用刀将牛蛙肚子割开，取出肠肚后用清水把蛙肉内外洗净，连皮带肉剁成块，把肉放进锅内煸炒片刻，加入适量精盐、味精、酱油等，炒好后几乎与甲鱼的味道一样。

制糖酥蛙块法

将适量的淀粉、白糖和味精放在盆内调拌均匀，把牛蛙肉块放进盆内继续调拌，让蛙肉与淀粉、白糖等混合在一起，将肉料投入油锅中油炸几分钟即熟，捞起将油沥干，其色泽金黄，口感甜脆，味美好吃。

自制家禽类食物小吃的窍门

制气锅鸡法

传统的气锅鸡制作，家庭中是将装入鸡块的气锅安放在盛有清水的深砂锅内，在接口处用棉纸围上，再将调好的面糊糊在棉纸上，使气锅与砂锅的接口处密封不漏气。然后将砂锅置于旺火上，蒸 4～5 小时即可。

如果家里没有大砂锅，也能制出风味独特的气锅鸡。在压力锅内放入大半锅水，盖上盖，不加安全阀，置于旺火上。将装有鸡块、香菇、葱段、姜片、精盐及料酒等的气锅加盖，锅底凹入部对准压力锅的排气管上，放稳，40～50 分钟后即可端下食用。用压力锅制作的气锅鸡，肉质鲜嫩，入口不腻，且节约时间和燃料。还可举一反三，用此法制作气锅鱼、气锅肉等。

制烧鸡法

选择肥鸡宰杀后开膛洗净，挂在通风的地方晾干，放在沸油锅内炸 1～2 分钟。如是仔鸡，用油炸之前，在鸡身上先涂一层糖色，并比普通鸡多炸 1～2 分钟。最后将鸡放在卤汤里与香料一起煮 2～4 小时即成。做 15 只烧鸡所需的香料是：陈皮 3 克，肉桂、白芷、姜各 8 克，苹果 2 克，砂仁和豆蔻各 1.5 克，丁香 0.7 克，荜拔 1.5 克，大茴香和小茴香各 3 克。这些调料下锅时合装在小布袋里。用此法制作的烧鸡，颜色浅红带黄，肉熟烂，鸡骨易脱，咸中带甜，味道鲜美。

也可取精盐 40 克遍擦已整理好的 1 只鸡身和腹腔(胸脯、大腿肉厚处多擦些盐)，放入菜盆中，加酱油 75 克、白糖 50 克、料酒 10 克、花椒粉 3 克、姜片 3 克腌渍5～6 小时(多翻转几次，使其腌渍均匀)；然后将菜盆入蒸笼用旺火蒸约 1 小时至鸡熟。锅置旺火上，加花生油 750 克烧热，投入沥净卤汁的熟鸡炸(随时翻转)至表皮呈金黄色时即成。用此法制作的烧鸡，油光滑润，香气浓郁，独具风味，是家庭制作的理想风味食品。

制风鸡法

鸡杀后放尽血，在翅膀下开 7 厘米左右的口，将内脏全部挖出，趁鸡体还有暖温时，从开口处放入事先炒好的椒盐(花椒粉与精盐的比例为 2∶5)100 克，一只 1 500 克重的鸡可用椒盐 150 克左右，鸡嘴和刀口处要重加椒盐，以防变质。另再用椒盐 50 克逆着毛搓入，使盐附在皮上，然后把毛顺着捋平，把鸡头塞入翅膀下的开口内，用绳将鸡捆紧，挂在阴凉通风处半个月后即可。食用之前，将毛拔净，放入烧开的水中，用文火将风鸡烧熟后即可取出斩块装盘。此鸡味香肉嫩，风味特佳。

制酱油风鸡法

冬季将鸡杀后，拔掉羽毛，清除内脏，切开腹面，洗净，沥干水分。将鸡放入菜盆中，腹面向下，背面朝上，然后加入白糖、硝、八角、花椒和酱油(按酱油 500 毫升、白糖 100 克、硝 10 克、八角 10 粒、花椒20粒的比例)，上面用石块把鸡压住，每天上下翻动一次。浸3～4天后取出沥干，在颈部扎一条绳，悬挂于屋子北面窗檐下吹干。食用时将鸡略洗一下，蒸熟切块即成。

制鸡松法

将去骨生鸡肉2 000克洗净，与生姜10克同时放入水锅中焖煮3～4小时。开始时火力宜大，后逐渐减小。然后将鸡肉全部捞出，去除骨、皮及其他杂质，并将撕下的鸡肉撕捏分散。将鸡肉再次下锅水煮。煮开后除净水面上的油层，然后加入茴料2克(用小布袋装好)、料酒20毫升和精盐8克，煮1小时后再加入白糖200克和酱油200毫升，直至卤汁烧干起锅。用文火烧干鸡肉，等干度适合时取出，此时宜勤炒勤翻，动作轻而均匀，不要烧焦。用干净的洗衣板放在瓷盆内，将鸡肉用手反复揉，待细柔蓬松后即为成品。如短期储存，可装入食品袋内；如需长期保存，可用玻璃瓶包装(玻璃瓶需洗净晒干)，可保存6个月不变质。

制西瓜鸡法

西瓜既是好果品，又是良药，可消热解暑，利尿止渴，用西瓜制成有名的“西瓜鸡”就有多种食疗效果。取西瓜1个，在瓜蒂处开一碗口大的口，用汤匙将瓜肉挖出(装盘作为甜品上席或饭后作水果食用)，装进从鸡脯、鸡腿上切下的鸡肉块，放上黄酒、葱、姜、盐、糖等佐料，加水浸没，然后把切下的瓜蒂原封盖好，用竹签插定，置锅中蒸1小时左右即成。

制糟鸡法

选择1 500克重的肥嫩鸡，杀后去毛洗净，放在沸水里烫洗2分钟，取出洗净血污，再放入锅内加水浸没，水沸后用文火焖煮30分钟左右离火，让其冷却后，取出，沥干水分。将鸡撕成若干块，用盐50克加少许味精拌匀，擦遍鸡块各部。另用酒糟1 000克、精盐50克、白酒150毫升拌匀后，一半放入清洁的菜盆底部，上面用纱布垫盖(纱布用沸水烫洗)，鸡块放在纱布上，剩余的一半糟料装入纱布袋内，盖在鸡块上，2～3天后即成。

制卤煮鸡法

卤煮鸡是加上各种配料卤煮而熟的鸡。其特点是外形丰满美观，色泽鲜艳，味道醇香，肉质酥烂，别具风味。将鸡整理好用清水冲洗干净，沥干水分。然后，用木棒将鸡的胸部拍平，随后将一只翅膀插入鸡的口腔，另一只翅膀扭向后方，再把两腿折弯，将鸡爪塞入膛内。卤煮时，先将汤锅烧沸，大鸡码底，小鸡在上分层入锅，再把花椒、八角及五香粉装袋连同其他配料放入锅中。配料的比例为：白条鸡 5 000 克，晾晒 3 年的陈年老酱 1 000 克、五香粉、花椒、小茴香和白芷各 5 克、大葱 50 克、八角 7.5 克、桂皮 10 克、姜和大蒜各 15 克。等锅中的汤烧开后投入老酱，随即用竹篾子将鸡压住，先用旺火煮 40 分钟，煮时要勤翻动，若鸡体颜色浅，可酌情再加些老酱。熟鸡出锅后要趁热整理，用手蘸着鸡汤轻压鸡胸，使其平整丰满。

制白斩鸡法

将 1 只嫩鸡宰杀收拾干净，放入一个大锅里，倒入能淹没鸡身的清水，放进葱、姜、黄酒，用大火烧开，撇去浮沫，再移至小火上焖煮 10～20 分钟。加适量盐，待确定鸡刚熟时马上将锅端下，盖上锅盖静置一旁，待锅里的汤冷后再将鸡捞出，控去汤汁，在鸡的周身涂上麻油即成。这样烹制的白斩鸡，色白肉嫩，味道鲜美。

制白斩糯米鸡法

将整理干净的鸡，用精盐 25 克擦遍全身及腹腔(胸脯和大腿肉厚处多擦些盐)，放入菜盆中腌渍 40 分钟，然后盖上盖入蒸笼用旺火蒸 60～90 分钟，待鸡肉烂后晾凉、切块。将少许蒸鸡原汁倒入碗内，加糯米酒(带米)和葱姜泥(葱末 50 克、姜末 25 克加少许精盐捣烂)拌匀，浇入鸡块中。这样制作的白斩糯米鸡不仅皮薄肉嫩、味香脱骨，而且保持了原味原汁，令人百食不厌。

制神仙鸡法

将少许料酒、酱油和猪肉馅拌匀，填入已经洗净并整理好的仔鸡的腹腔中，再将鸡放入砂锅中，加料酒、酱油、白糖和姜丝，盖上一张豆腐皮。锅内放入精盐和碎碗片(成“品”字形垫上)，然后将砂锅架在碎碗片上，盖上盖用旺火干蒸 20 分钟后改用文火蒸 20～30 分钟即熟。干蒸后，铁锅中切忌马上加水，否则铁锅、砂锅易炸裂。这种用干锅干蒸的鸡，具有肉嫩鲜美、香味馥郁、原汁原卤、营养丰富的特点，适宜普通家庭冬秋季制作。

制红焖鸡法

在鸡肉烧到变色时(加好葱、姜、料酒等调料同烧),可加酱油和少许精盐,先烧一滚,再加一大碗水,在大火上烧一滚后,盖上锅盖用小火慢慢地烧(用煤炉的,可以在炉上加一层铁盖或铁皮)。等到鸡肉可以用筷子戳动时再加适量的糖,烧5分钟就好了。这种烧法,还可以加些配料进去。在鸡烧到半酥时,加些切成滚刀块的冬笋、春笋等,也可以加些金针菇、木耳、土豆等。喜欢辣味的人,可在加酱油的同时放两个干的红辣椒进去,烧出来的鸡就微带辣味。

制咖喱鸡法

将整理好的鸡与葱、姜、料酒等调料一同放入锅中,烧至鸡肉变色时加入料酒和水烧滚。在大火上烧一滚后,改用小火烧至半酥时,将事先整理好的削了皮、切成滚刀的土豆加进去同烧。烧至土豆酥时,再逐渐加咖喱粉(先用少许水将咖喱粉调匀,再放在热油锅内煸炒一下,加到鸡和土豆都成为黄色就行了),再加适量的糖,烧10分钟左右即成。

制棒棒鸡法

将整理好的鸡剔去其头颈、翅膀及脚爪,煮熟(但不宜煮得太酥,最好能放在开水里烫四五次至熟,方法同“巧制白斩鸡”),然后用手撕成3～4厘米长如筷子粗细的丝,放在菜盘中。棒棒鸡之所以别有风味,就是因为所用的调料不同,除了酱油和香油以外,还要加些花椒末、辣油、葱花、姜末、蒜泥、糖和味精,放在一起调匀。临吃时,再浇在鸡丝上拌着吃,其味浓厚,既辣又麻,鲜而且香,越吃胃口越开,越吃越爱吃。

制香菇鸡丝法

将鸡脯肉200克切成丝,放入碗里,加入精盐2克、鸡蛋清1个、湿淀粉5克拌匀;水发香菇50克切成3厘米长的细丝。炒锅置旺火上,放入植物油250毫升烧至四成热,投入鸡丝用勺划散,见鸡丝变白时倒入漏勺淋油。锅中留少许底油复置旺火上,放入香菇丝煸炒片刻,加入鲜汤、精盐、料酒、白糖烧开,用水淀粉勾薄芡,随即倒入熟鸡丝,撒上胡椒粉,颠炒均匀装盘即可。

制法式葡萄鸡法

将一只小嫩鸡整理干净，用精盐 10 克、胡椒粉 5 克拌匀，遍擦鸡身和腹腔。将锅加黄油 500 克置于旺火上烧热，投入小嫩鸡炸(勤翻转)，待炸至两面呈金黄色时，倒出剩余的黄油，加入葡萄干 25 克和红葡萄酒 250 毫升，用文火煮焖 10～15 分钟即成。

制西式黄油烤鸡法

将一只小嫩鸡整理干净，用黄油 150 克均匀涂抹鸡身，再将精盐 15 克和胡椒粉 5 克拌匀，遍擦鸡身和腹腔，盛入烤盘中，然后放入胡萝卜丁 50 克以及土豆条和切碎的洋葱各 25 克。将烤盘放入 350 ℃的烤箱中烘烤 90～120 分钟，出箱后，撒入生菜 50 克即成。

制盐水鸭法

将新鲜嫩鸭杀后去毛，从鸭的翅膀下开一小口，掏出内脏洗净。备 200 克精盐，取部分精盐放入鸭肚内，来回翻动，让精盐均匀散开；然后取一撮盐放进鸭嘴里，再用剩余的盐抹擦鸭子全身，过一天后即可煮制。煮之前，用八角 1 粒、葱 1 根、姜 3 片从鸭翅膀下开口处塞进肚内。待锅内水浇沸后将鸭子放入煮滚，盖严锅盖，停火或用微火保温，焖 40 分钟。中间把鸭肚子里的汤水更换一次，将鸭子翻身。40 分钟后再把水烧至小沸，停火再焖 10 分钟即成。

制板鸭法

选用每只重 1 500 克以上的当年鸭，宰杀后放在案板上，用尖刀沿鸭子食道左侧经胸腹部切开直到肛门，切时纹路对正。然后把内脏全部取出，再用清水将污物余血洗净。将剥净的鸭子用竹片交叉撑开，然后逐只放在木桶内，每放一层在鸭子全身均匀地撒些食盐，平整地压在木桶内。约隔 4～5 天将上层翻到下层，下层翻到上层。再过 4～5 天取出烘烤。方法是：把鸭子均匀地放在铁架上的篾席上，下面用干炭火烘烤。一次烘烤一层，随烘随翻动，使火力均匀。烘烤前在鸭子皮肤上涂抹一层菜油，使板鸭呈金黄色，十分美观，又不致烘焦烤干。

制酱鸭法

将收拾好的肥鸭 1 只约 2 500 克洗净，沥水，用精盐擦透置盆中，用物压紧，腌 48 小时左右，取出沥去盐水。将鸭放锅内加清水 1 500 毫升烧沸，取出洗净，撇去汤中浮沫；再将鸭放回锅内，加葱 9

克、姜 3 克、白酒 50 毫升、酱油 100 毫升、红米粉 15 克、白糖 125 克，用盆子将鸭压入汤中，盖好，用文火烧至八成烂，取出鸭子凉透。取一部分汤汁留作下次烧鸭当老卤，另一部分汤放于旺火上加白糖 25 克收汁，汁稠后抹在鸭皮上即成玫瑰色，肥酥芳香，味咸略辣，清淡不腻。酱鸡、酱鹅与酱鸭的加工方法相同。

制葱烤鸭法

选择肥嫩的大葱数根，切成 6 厘米左右的长段，将鸭子除去细毛及内脏，洗净。烹制时，在锅里略放点油烧热后以手举锅，使油晃遍锅的四周，再把鸭子放在锅中，随烧随翻动，至皮色已变化时把葱段放下去，加入料酒(一只 1 000 克重的鸭子加 100 毫升料酒)和酱油，烧一滚，再加一大碗水，随即盖上锅盖，在大火上烧一滚后，就改用小火慢慢烧。最好用干净的布把锅盖四周围严，不使其漏气，烧 2～3 小时。鸭肉快酥时，略加些精盐和白糖，再盖上锅盖焖一会儿就好了。用此法烧制的鸭子有一股葱香味，吃起来味道极好。盛出时，宜整只放在大菜盘中，葱段覆盖在上面，再浇入卤汁。如有胡萝卜，用小刀雕成菊花状的小片，放在葱上面则更为美观。

制仿烤鸭法

这里介绍的烤鸭，并不是北京烤鸭店的驰名中外的烤鸭，而是家常仿烤鸭。最好是选用北京填鸭，或是较肥的鸭子，去毛，取出内脏，冲洗干净，把葱结和姜片塞在鸭肚里，用料酒和精盐先后在鸭体外均匀地涂一遍，再用蜂蜜或冰糖水涂一遍。锅里放点植物油，使其涂遍锅四周，待锅里的油烧热后投入鸭子，用小火烘烤。这时须注意不停地将鸭子翻身，不使其烤焦。待烤出油后，再反复地煎烤。等到皮呈橘红色，用筷子能戳进、皮脆肉酥时就熟了。将烤鸭连皮带肉片成薄片装盘，可蘸甜面酱吃，也可将大葱夹在薄饼、馒头片或是面包里吃。

制米熏鸭法

将肥鸭 1 只去毛洗净，取 75 克精盐遍擦鸭身及腹腔(胸脯及大腿肉厚处多擦点精盐)，放入盆中腌渍 2～3 小时入味，然后放入锅中，加清水没过鸭子，用旺火煮熟(不宜很烂)，捞出晾凉后，再遍擦少许精盐，刷上酱油。将铁锅置于文火上烧热，锅底撒入大米 250 克和乌龙茶叶 10 克，锅口架一铁网(距锅底 15～20 厘米)，然后将鸭子放在铁网上，盖上盖，熏制约 1 小时(注意翻面)即成。

制薏米鸭法

将鸭子一只去毛洗净，放入沸水中略煮片刻（去腥味）捞出。将鸭子入锅，加洗净的薏米 300 克、葱末 10 克、姜丝 5 克和能没过鸭子的清水，用旺火烧沸后改用文火煮 2 小时至肉烂，然后加入少许胡椒粉、精盐和味精即成。

制香酥鸭法

鸭子去毛，剖膛，取出内脏，洗净，斩去脚爪，用手将料酒涂遍整个鸭身，再将已炒过并晾凉了的花椒盐遍涂在鸭子腹腔内，放在菜盆中，加葱结和姜片，放在锅内隔水蒸。待鸭肉可以用筷子戳进时即取出。锅置火上，放油烧热，投入已蒸熟的鸭子，反复煎至呈微黄色、皮已酥脆即可取出，切成块装盘。吃时，如不够咸，可蘸点花椒盐吃，香酥可口，油而不腻。

制回热冷烤鸭法

将冷烤鸭放入烤箱的烤盘内，加温至 150 ℃，20 分钟后，再将箱温升高到160 ℃，10 分钟后即可食用，其色香味与原热烤鸭无异。

将冷烤鸭片成片，摆放在漏勺内待用。炒锅置火上，放入植物油 250 毫升烧至七八成热时，将漏勺置于炒锅的上方，用平勺将热油缓缓地淋在鸭肉上，反复 4～5 次，待皮脆肉热即可食用。

将炒锅置旺火上，放入植物油 50 毫升烧至七成热时，投入已经片好的冷鸭片迅速翻炒，约 2 分钟左右即可出锅盛入盘中食用。爆炒时间不宜过长，否则皮焦肉老风味尽失。

买回烤鸭后容易冷却，鸭皮发韧而影响食用风味，如用电吹风将鸭里里外外吹两分钟，鸭皮即会像刚烤好的那样脆热好吃。

制片烤鸭法

片烤鸭时可用“锯刀法”，进刀要前推后拉，片出的肉不要太厚，一般一只鸭的片数以 90 片为标准。肉片大小要均匀，薄而不碎，尤其要注意每片肉都要带皮，才能保证吃时又嫩又脆的口味。

制烤鹅法

选取2 000～3 000克重的肥嫩活鹅宰杀、放血、除毛净膛后，在鹅腹内放进五香粉盐1汤匙，均匀地分布在体内，用竹针将刀口缝好。然后放在70 ℃的热水里烫洗一下，将麦芽糖液擦抹在鹅的外表，悬挂晾干后，即可挂炉烘烤。烘烤时，先用文火烘烤20分钟，鹅身烘烤干后，把炉温升到200 ℃再烘烤20～25分钟，鹅就熟了，取出来涂一层花生油，即可切开食用。配料按每5 000克鹅计算，五香粉盐即精盐200克，五香粉20克，混合拌匀。麦芽糖液的配制比例是10克麦芽糖掺凉开水50毫升。

制蛋松法

制作花色冷盘时，往往要用到蛋松。使蛋松颜色橙黄而又蓬松的诀窍是要掌握好蛋黄液和全蛋液的比例。一般1个蛋黄液加2个全蛋液，再加适量的精盐和味精，搅和后再徐徐淋入烧至五六成热的油锅中，炸透捞出，再用筷子将蛋松抖散就成了。

制醉蛋法

醉蛋，酒香扑鼻，口味鲜嫩香爽，别有风味，是下酒、吃稀饭的一种美味小菜。家庭制作醉蛋，可在初夏鲜蛋大量上市时选购鲜蛋若干，先放在冷水锅里煮，待水开3～4分钟后将鸡蛋捞出，使蛋成为溏黄蛋(鸭蛋可煮4～5分钟后捞出)。这是做好醉蛋的关键。如果煮得太老，蛋黄似木渣，不好吃；煮得太嫩，蛋黄尚未凝固，也醉不好。要使蛋黄外面凝固，而黄心仍像粥样。煮好蛋，还要制醉卤。将开水倒进盛器里，放入适量的精盐，搅拌均匀，咸淡以自己口味为准，再放少许花椒。水冷却后，倒入一些大曲酒，使卤有酒香味即可。然后将煮好的蛋外壳敲破，不要剥壳，放入醉卤里，卤水以淹没蛋为度，将盛器盖紧，经5～6天后即可食用。

制五香茶叶蛋法

将蛋洗净后，放入酱油、盐、味精、糖、酒及红茶叶的水液中浸泡2～3小时，然后入锅再加进桂皮、八角及小茴香等调料煮至断生，取出浸入冷水中，将蛋壳碰破，再放锅里煮沸后，用小火煮20分钟左右，即可得色呈棕黑、香味四溢、美味可口的五香茶叶蛋了。煮好的蛋可再放卤汁里多浸泡一些时候，则味道更浓郁可口。

也可将鸡蛋500克煮至八成熟，用冷水浸5分钟，逐一敲破。用酱油100克，红糖、茶叶、盐各1勺，大蒜2～3瓣，放入锅内加适量清水，烧开后用小火煮20分钟即成。

制辣酱蛋法

在50个鸭蛋外表滚上一层辣酱，约需150克，再滚上一层细盐，约需200克，放入坛子内喷上少许白酒，密封20天后即可食用。

制醋蛋法

将一个生鸡蛋浸入200毫升左右的食醋中，2天后蛋壳软化胀大，挑破去皮搅匀即成醋蛋。将醋蛋分成5～7份，每天清晨取一份加水2～3倍，再加点蜂蜜调匀后空腹服下，能防治老年人多种疾病。

制糟蛋法

将酒糟15千克、盐2 000克和白酒2 000毫升在坛中调匀，再将100个鸭蛋洗净晾干后浸入，用油纸或塑料薄膜密封坛口，50天后糟蛋便已制成。

制包泥皮蛋法

将食盐115克和碱105克放入盆中，倒进浓茶水搅匀，陆续放入生石灰400克，最后倒入筛过的草木灰，合成干稀适度的料泥。此为100个蛋的用量。将蛋均匀地包上料泥，滚一层锯末或谷糠，装坛密封放在17～25 ℃的气温下，腌20～30天即成。

制浸泡皮蛋法

首先是制料液：将红茶末75克放入大缸，用开水泡开，再分几次加入生石灰2 200克、用开水溶化的300克纯碱，最后加入300克食盐、350克桑柴灰、30克金生粉，搅拌均匀即成（此量可做100个鸭蛋）。其次是浸泡：把蛋平稳地放入缸内，徐徐倒入冷却后的料液，浸泡25～30天。最后是涂泥糠糊：将蛋捞出，用冷水洗净，晾干，涂上用料液拌成的黄泥糊和砻糠。

制滚粉皮蛋法

将石灰粉120克、食碱100克、盐80克一同放入锅内混匀炒热，此为100个蛋的用量。将蛋先滚上一层稀泥糊，然后放入锅内滚上一层热粉，装坛密封，夏天15天、冬天30天即成。

制咸鸭蛋粽子法 用咸鸭蛋作馅料。取粽叶折成斗状，填入浸泡好的糯米、花生仁，把咸蛋夹在糯米中间，包成五角方底锥形，扎紧入锅煮熟即成。

自制畜肉类食物小吃的窍门

制腊肉法 将猪肉切成30厘米长、3厘米见方的长条。每1 000克肉约用细盐50克、酒1茶匙、酱油100毫升、五香粉10克混合均匀，搓在肉上。放置一夜后用细绳穿过肉条，下入开水锅中烫，烫到外表不红为止，再挂到屋外晾晒，每天或几天晾晒一次均可。经60天左右，腊肉即可食用。

制作腊味品时，加点白酒，不仅可以防腐，长期保存不变质，而且味香色鲜。

制酱肉法 选择肥瘦适度的鲜猪肉为原料，剔去骨头，除净血污，用刀切成长方形或方形肉块，每块重量不超过500克。按每5 000克原料肉加精盐250克，均匀地抹擦在肉块上，腌制2天后，沥去盐水。再按5 000克腌后的肉块为标准，配白糖300克、精盐150克、花椒20克、桂皮10克、白酒50毫升、酱油500毫升。调制成溶液后，将肉块置于料中腌浸4～5天。起缸后用绳子逐条将肉悬挂在通风处晾干，一般20天左右即成，色泽红润，味道香醇。

制卤肉法 将猪五花肉洗净沥干，切成3厘米宽的条肉，用绳子串好，浸入用乳腐卤、甜面酱、豆瓣酱、白砂糖、白酒等配成的卤汁中，12小时后取出放到太阳下晒，晚浸早晒，约2～3天后，卤汁全部吸干，用蜡纸包好，晾在通风处风干，2星期后即成。

制八宝肉法 将猪肥膘肉500克切成片，淀粉150克加水调成糊。将肉片放进淀粉糊里滚一下，捞出下入烧热的油锅里炸透。将洗净的红枣250克煮熟，白糖350克加少许水熬成糖汁和红枣拌在一起，倒在炸好的肉片上，再在上面撒上少许红绿丝便可食用。

制米粉坛子肉法 将三成肥、七成瘦去骨带皮的猪肉切成片块放入陶瓷盆里，加食盐2%、酱油1.5%、白酒1%、红糖2.5%，腌1～2天，使肉浸透均匀，取出粘上些米粉(米粉约为肉量的16%)，放在筛网上，用文火烘烤24～36小时，待米粉变黄，开始冒油时，取出冷却后，装入槽口坛子里，加盖密封储存。米粉坛子肉可与土豆、芋头等一起蒸食。

制油炸坛子肉法 将鲜肉切成四方块，加点生姜一起放入锅内煮开，肉熟三成时捞起，用糯米酒酿浸泡，同时加3%红糖，用鲜葱汁水擦在肉皮上，放入烧开的菜油里炸熟，使肉柔软皮脆疏松，色泽金黄。取出冷却后，逐块装入坛子里。也可改切成2厘米长、1厘米宽的薄片，配以辣椒酱及大蒜头，搅拌均匀，装坛密封。油炸坛子肉可与咸菜蒸成扣肉，也可与豆豉辣酱、油菜薹等小炒，还可淋上酱油和香油凉拌食用。

制银条肉法 将猪肥肉500克切成长条，鸡蛋清1个和淀粉100克调成糊。将肉条放进糊里滚一下，拿出来投入烧热的油中炸5分钟，捞出后撒上白糖125克即可食用。

制狮子头法 取新鲜的前夹心猪肉1 000克(六成瘦，四成肥)，荸荠6个(鲜藕也可)，用菜刀将肉和荸荠剁碎(最好不要用绞肉机)；然后加入适量的料酒、姜末、味精、酱油及葱末等调料，拌匀后再加入适量的清水调制，将碎肉团在手中圆得起来即可。另取适量的淀粉调成浆，在狮子头上抹一下，投入热油锅里炸至表面微黄固定起来，食用时放入锅中烩熟。

制白肉豆沙卷法

将猪肥白肉200克切成长而薄、2.5厘米宽的片，卷上豆沙馅(150克)，卷成手指粗的卷。把鸡蛋1个磕入碗中搅匀，加上面粉50克成为稀糊，淋入麻油少许，把白肉豆沙卷蘸糊，用油炸成金黄色即可。

制咕噜肉法

将肥猪肉用水煮熟，切成粒，然后加适量的啤酒腌渍约10分钟(一般每500克肉加啤酒100～150毫升)。另用啤酒调开面粉，将肉放入粉浆中拌匀后再放入油锅中炸。这样制成的咕噜肉皮脆、肉爽，吃起来不腻，而且油炸的时间可以缩短。用此法炸鱼，效果也很好。

制金钱白肉托法

将鸡蛋3个磕入碗中搅匀，入油锅内炒熟；猪肥肉150克剁成细泥，面包少许切片。将炒熟的鸡蛋剁碎，和肥肉馅搅拌在一起，加入盐、味精、葱姜末，抹在面包片上作馅，上盖面包片，然后用油炸，将上下面包片炸成黄色便可食用。

制香菇盒子法

将猪肉100克、去皮荸荠25克剁成馅，放入碗里，加入鸡蛋1个、精盐3克、酱油8毫升、白糖2克、干淀粉5克和少许鲜汤、葱姜末，拌匀成馅，将肉馅分成15份。将15个水发香菇菇面向下放入盘中，每个香菇上放1份肉馅，再用余下的15个水发香菇盖上，上蒸锅用旺火蒸10分钟取出。炒锅置中火上，放入鲜汤、精盐、味精，烧开用湿淀粉勾薄芡，淋上芝麻油，浇在香菇盒上即成。

制烤肉法

为使烤制的肉松软，应在将肉放进烤炉之前先将其放入开水或热清汤中略浸片刻，同时，还要注意烤制的顺序，应在一面烤熟后再将另一面翻过来烤，切勿总是翻来覆去地烤，否则既费时又费力，而且还不易将肉烤透。同时，为避免烤出的肉又焦又干硬，可在烤炉中放只盛水器，因水在受热后蒸发，产生水蒸气而粘附在肉上，就能防止上述问题了。

烘烤熟食法

将需要烘烤的熟食，如面包片、馒头、包子、油条、面饼等，均匀地放在干净的内锅里，铺成一层，盖好锅盖。按下开关使红色指示灯亮。约 5 分钟后，按键开关自动跳起，食物烤至微黄，香脆可口。烘烤食物时，虽然按键开关能自动跳起，但需有人看管，因为锅内温度下降至 65～70 ℃时，保温开关又会自动接通电源，从而把食物烤焦。

烤制肉类法

在火炉上烤肉时，在炉旁放 2 块干面包，可随时吸收肉块上流出的肉油，既可保持炊具清洁，也能防止火灾的发生。

烤肉时，在肉放进烤炉前，先用开水或热清汤将肉浸一下，可使烤出来的肉更松软可口。

烤箱中放一个盛冷水的器皿，烤肉时可防止水分散失过多而造成焦糊。

烤猪肉时，浇少许橄榄油，这样可使烤出来的肉好吃。

烤猪肉时，撒些香菜再烤，这样肉很好吃。

将猪肉放到炉子上烤之前，先在猪肉表面撒些橘皮末，这样烤出来的肉很好吃。

烤鱼、烤肉时，在烤网上涂些醋，即可避免烤焦。

制肉松法

将瘦肉 1 000 克洗净后放入锅内，加水煮开，撇去浮沫，放有色酱油 250 毫升左右，白糖 25 克，生姜 15 克，料酒 25 毫升，茴香少许。先用小火烧煮，然后用旺火，最后再改用小火。烧煮时要用锅铲经常上下翻动，注意不要烧焦。大约烧 3 小时以后，卤汁烧干了，肉呈金黄色，用丁字木棍搅松即成。

制糖醋排骨法

将 500 克猪排骨斩成小块，放入开水锅中烧开，捞出后用清水洗净。炒锅置旺火上，放入 20 毫升植物油烧热，下入葱姜末炒出香味，加入排骨、水、酱油、白糖、精盐，烧开后移至小火加盖焖 30 分钟左右，酥烂时，淋入醋，转大火收汤，待汤浓稠时，起锅装盘即成。

制椒盐排骨法

将 400 克猪排骨斩成 2. 5 厘米长的段，放入盆里，加入葱段、姜片、料酒、精盐、味精、胡椒粉拌匀，腌 30 分钟至入味，拣出葱姜，把1个鸡蛋磕入碗内，加入面粉、淀粉和少许植物油调匀成糊，倒入猪排骨，使其裹上糊。炒锅置中火上，放入植物油500毫升，油烧至六成热，将排骨分批入锅炸至金黄色时倒入漏勺沥尽油，装入盘里，撒上花椒盐即可。

制苦瓜排骨法 将猪小排250克加酱油、糖、酒、葱、姜、香料同煮10分钟，葱姜香料取出，再加水煮30分钟。苦瓜2条切成大块，入锅煮熟去苦味，与排骨焖熟，焖得越透越好吃。

制火腿法 选择皮薄、瘦肉多、肥肉少、大小适中的猪后腿，一般重量为5 000克左右较合适。腌时，盐内加10%的硝石，将猪腿擦一遍，再抹上一层薄盐，放入盛器内，上面压石块。腌2天后，将猪腿翻一翻，再撒盐，较第一次用盐量稍多一些，硝石也要增加2%。将肉面全部腌过，仍放盛器内，用石块压住。腌2～3天，待肉里的血液差不多排完了，将猪腿再翻一翻。以后每2天翻一次。这样腌15天后，再加少许盐，继续腌15天，取出。将猪腿放入清水中浸6小时，洗净，挂起风干，再晒4～5天，见火腿皮面发红时即成。可挂在通风处，储存待用。

制香肠法 取新鲜猪肉5 000克(三成肥，七成瘦)，去掉筋皮骨，用温水洗净后，切成0.7厘米大小的肉丁。再配精盐150克、白糖350克、料酒200毫升、酱油150毫升、少许葡萄糖液和500～800毫升的温水混合。将切好的肉丁和调料一起拌匀，用漏斗灌进猪小肠衣中，每5 000克肉约需75克肠衣。灌好后的肠用针均匀地在四周戳一些小眼，每隔25厘米扎上一条小麻绳，穿上竹竿晾晒，干后在麻绳处剪断即可。

制香肚法 将猪膀胱用盐腌制2个月，以脱其脂，除去臊味。然后搓洗使皮发软，变松。再将四成肥、六成瘦的鲜猪肉切成3厘米长的条，加入盐、糖、八角、花椒和桂皮等调料及少许硝石。原料配比是：净肉5 000克，精盐和白糖各250克，香料和硝石各5克。原料拌和后15分钟即可装入膀胱内，用细麻绳将口扎紧，再用竹签在香肚四周刺小孔，使肚内空气排出。经吊晒1～3天，挂到室内干燥通风处，约2个月左右即可煮食。煮时先将香肚放到清水中泡20分钟，然后洗净，入锅煮沸，再停火焖半小时即熟。吃时，撕去外皮，切成薄片。

制肉皮鱼肚法

假鱼肚，即加工过的猪肉皮，因其形色、口感均似鱼肚，故得此美名。其制法是将鲜猪肉皮内的白膘刮净，晾干；涨发前用碱水洗去肚污，用清水漂洗干净(这样处理后，用油涨发时，用过的油较干净，还可用来烹炸食品)，晾干；锅内放食油和肉皮，徐徐加温至 60 ℃左右，慢慢将肉皮焐透，中间要不时翻动，大约 2 小时，至肉皮卷曲，出现粒粒小白泡时即可捞出。然后将锅内油温烧至100 ℃以上，再把肉皮逐块下锅，待肉皮涨发即可。食用时先将发好的肉皮入开水内浸泡，泡软后漂洗干净，即可用来烹制各种菜肴，皆味美可口，似鱼肚一般。

制肉皮参菜法

将肉皮洗干净，有毛要拔去，沥干后切成条，并放入油锅中炸透，然后捞出挂起来吹干即可。食用前将其泡发，待完全发透后便可切成需要的大小形状，或熘炒或放入汤中均可，入口滑软，很有点像海参的样子。

制肉皮冻法

买来猪肉剩下的肉皮，扔掉怪可惜的，如稍进行加工，便可制出可口菜肴(如肉皮冻、包子馅等)。将肉皮切成半指长的条，如肉皮硬可先放在水里煮软。把切好的肉皮放进锅里，同时放入比肉皮多 3 倍的水，并加食盐和糖少许。将少许切碎的葱、姜、花椒和陈皮等调味品一起装在一个纱布口袋中，放入水中与肉皮同煮。先用大火将水烧开，再用小火煨 2 小时直至汤汁呈黏稠状。如果想要晶莹透明的肉皮冻，这时只需略放少许味精并将肉皮汤倒入一个平底广口容器内，待其冷却成冻后，倒出切条或块，或蘸酱油、醋、辣椒油等食用。如想要棕红色的冻糕，可在用小火时就加入适量的酱油(辣酱油)及其他调料，出锅前再放少许味精即可。这样做出的肉冻色泽光亮鲜艳，引人食欲。

制腊猪心法

将新鲜的猪心切成片块，每 5 000 克猪心加盐 125 克，先腌渍 8～10 小时，取出用 35～40 ℃的温水洗干净，晾干后加白糖 125 克和酱油 125 毫升，再腌渍 2～3 小时，取出后用火烤或晾晒几天即可食用。

制腊猪头法　将新鲜的猪头洗干净后切成长方形块，每 5 000 克猪头加盐 200 克，先腌渍20～24 小时，取出用 45～50 ℃的温水洗干净，沥干水分，加白糖 125 克、酱油和酒各 125 毫升，腌渍 3～4 小时，取出后用温火烤 48 小时或晾晒几天即成。

烧肥大肠法　将猪大肠的里面朝外（有油的一面朝里），除去水放入盆中，加菜油和精盐各少许，用手揉搽 5 分钟，再用清水冲洗干净。重复 3 遍。然后放在锅中焯 1 遍，焯好后放在锅中喷少许醋，再起锅切成块，放入冷水锅中，加入八角或五香粉、料酒及姜末等调料，用温水烧煮至烂，然后再放少许糖和酱油，入了味后即可食用。

制酱牛肉法　将牛肘子部位的全精肉 1 500 克，切成 150 克一块的牛肉 10 块，用清水洗干净放在钵子里，用精盐 25 克和酱油 25 毫升腌渍 3 小时；锅中装满清水置旺火上烧开，放入牛肉块煮开，捞出来用清水洗干净。锅置旺火上，加入 1 500 毫升清水，白糖和盐各 25 克，酱油 75 毫升，白酒、葱、姜等调料煮开，把牛肉放进锅里。锅里的水要把牛肉浸没，盖上锅盖烧到沸滚，改用小火焖煨 2 小时左右，焖至牛肉入味捞出来冷却以后，按肌肉纤维横向切开装盘。

制腊牛肉法　将新鲜的牛腿部位的肉切除筋膜，再顺着肌肉纤维切成长 45 厘米、厚 1 厘米的肉条，每 10 个肉条用盐 175 克和五香粉 5 克充分擦抹后放入容器内腌渍 18～24 小时，用麻绳穿在肉的上端，在 50 ℃温度下熏烤 4 小时即成。

制牛肉干法　将 2 500 克牛肉切成拳头大小的方块，用盐搓一下，洗净入锅，加清水 2 000 毫升、食用油 300 毫升、精盐 125 克、白糖 50 克及适量的姜、桂皮、花椒、八角、料酒等。煮熟后取出，切成比筷子头稍大的小方块，倒进盆里后，拌上胡椒粉和辣椒末各少许后烧干即成。

制牛排法

用柔软的肉做出来的牛排比较好吃。至于硬质的牛肉,可先将肉放在盘内,倒入色拉油,将两者完全混合,2 小时后,油就会全部渗入牛肉中,这样牛肉就柔软了。

制冬补黄牛肉法

将黄牛肉 1 000 克洗净后切成块,加水煮至熟烂,滤去肉渣(渣也可吃),下入生姜、大蒜、盐适量,再在火上慢慢浓缩后,盛于瓷皿内凝冻成膏,每次取数匙以温水溶化后服食。体弱畏寒者于冬令食用甚佳。

烹牛羊肉法

将牛、羊肉切成片、丁、条状,取一小碗,兑制浓度为 5%～10%的苏打水,将肉片放碗内浸泡约 10 分钟,捞出沥净水分,再加适量蛋清淀粉糊挂浆,然后入温油锅内划熟,即可再行烹制。用此法处理过的牛羊肉,无论爆、炒、熘,成菜后均嫩滑光亮,入口鲜美无渣。

烤羊肉串法

取鲜嫩的羊后腿肉或羊通脊肉 500 克,剔净筋皮,切成 15～25 克重的方块放入盆内,加葱头末 100 克、植物油 30 毫升、盐 10 克、胡椒粉少许、香菜叶 2 片、鲜柠檬汁 25 毫升(也可用鲜番茄汁),拌匀压实,加盖后放在 5 ℃处腌渍 10 小时左右。然后用细金属扦子穿成串,用炭火或电炉火烘烤。烤时要不断翻转,烤至表面呈褐色并有一层硬结皮时即可趁热上桌。食用时可配些酸黄瓜、番茄块、甜泡菜、青葱等,可以起到去腥解腻、增进食欲的作用。

制五香兔肉法

先将兔肉用酱油、五香粉或花椒盐腌渍 1～2 天,使肉入味并导致肉质紧缩,烹制出来才能浓香扑鼻。

制红烧狗肉法

如需红烧狗肉,最好选择 1 年左右的带皮的嫩狗肉,切成小块,先放入锅内汆烫 3 分钟左右,以除去腥味。嫩狗肉可带爆带焖,先用旺火,后用小火,速度宜快。

制叉烧粽子法 用猪油把葱结、姜片炒香，捞去葱姜，先后放入叉烧肉丁250克、香菇丁25克、荸荠丁50克和适量的白糖、酱油炒30秒钟，勾芡后淋入麻油5毫升，即成粽馅。将粽叶折成斗状，填进糯米，把馅夹入，包成五角方底锥形，扎紧后入锅煮熟即成。

包粽子时，可在煮粽子叶时加入几滴料酒，这样包好的粽子在食用时叶子上不易粘上糯米粒，而且放凉后或第二天食用时，其叶也不易粘上糯米粒。

若暂时不吃，可将熟粽子放在煮粽子的水中短时浸泡，能预防粽子叶粘上糯米粒。

制火腿粽子法 用25毫升猪油将少量葱末、姜末炒黄，捞去葱姜，先后放入火腿肉丁50克、猪肉糜25克、香菇丁25克和适量的白糖、精盐，翻炒30秒钟后勾芡，淋入麻油少许，即成馅料。将粽叶折成斗状，填进浸泡过的糯米，夹入馅料，包成五角方底锥形，扎紧后煮熟。

制咸肉粽子法 用咸肉250克作馅料。将糯米750克和花生仁50克浸泡后拌匀。将粽叶折成斗状，把馅料夹在糯米中，包成五角方底锥形，扎紧后入锅煮熟即成。

制腊肉粽子法 将糯米750克和花生仁25克浸泡后拌匀，用腊肉丁作馅，包成五角方底粽形，扎紧入锅煮熟即成。

自制蔬果类食物小吃的窍门

制醉枣法 在枣上市的时候，选择无虫眼、无损伤、不掉把的优质鲜红枣，放入盆内，用清水洗净，加入适量白酒，按枣量与白酒量为3∶1的比例配制，轻轻拌匀，存放在缸或坛内（注意，不要用盛过油、咸菜、豆酱或盐的缸坛），然后盖严，用黄泥封好，到春节时即成（注意，在这个过程中不要随便开启）。

制脆枣法

冬天选饱满的红枣，在清水中洗净，用干净的纱布包好，放在暖气上烤制一周左右，就可以吃到清脆可口的脆枣了。

制醉葡萄法

将晾干的优质葡萄放入干净的瓶内，加入适量的白糖，注入相当于瓶子容量1/3至1/2的白酒，摇晃均匀后密封，每隔3天开盖放气一次，10天左右可食。其味又甜又酸，且有浓郁酒香。

煮香蕉粥法

将紫米或薏米入水锅中煮粥，待快熟时加入剥皮的香蕉，搅碎混匀，食用前加入冰糖，可得别致的香蕉粥。

制香蕉巧克力法

将香蕉剥皮切成薄片，盛于碟内；白糖加适量清水和果味甜酒置于锅内，微火调成糖汁，淋在香蕉片上；再拌上奶油，撒上黑巧克力碎末，放入冰箱待凉后即可食用。

制香蕉夹心果法

选一个大香蕉剥皮，剖成两片，中间放入豆沙夹紧，切成约3厘米长的小段，裹上鸡蛋面糊，放入热油锅内，炸至金黄色时捞出装盘即可。

制什锦果羹法

锅内放水1 500毫升煮沸，取糯米粉做成小圆球放入煮熟，离火晾凉，放入菠萝丁、橘子丁、荔枝、桂圆各75克，白糖100克，红、绿樱桃各25克，搅拌均匀入冰箱内冷冻25分钟即可取出食用。色彩艳丽，凉甜可口。

制水晶番茄法

番茄400克洗净去皮、籽，切小丁，用适量水微煮5分钟，离火搅成糊，静置。琼脂10克，加水500毫升上火煮化，放白糖

100 克搅匀，晾凉，掺入番茄糊调匀倒入碗中，入冰箱中冷藏。凝冰后取出，切片食之。其晶莹红亮如宝石，入口清凉、沁人心脾。

糖渍番茄法

将洗净的番茄切成片装入盘中，用适量的糖拌匀渍一下，再加少许盐，其味更鲜甜。

制番茄沙司法

为了使番茄沙司具有辛辣味，可加 1 咖啡匙的白芥末和一块方糖。

制蓑衣黄瓜法

将黄瓜 2 条洗净后淋干，置于案板上，在瓜体上切斜片，切入黄瓜的 1/3 处即可，不能切断。将黄瓜翻面，如法炮制，整条黄瓜的花刀全部切好后，将其切成寸长小段，放在盘中，抹上一层盐，待 10 分钟后，黄瓜被腌出汤，用手将汤挤掉。炒锅中放入花生油 25 毫升，油热放入豆瓣辣酱速炒，随后放入姜丝、黄瓜段，翻炒两下，放入香醋、糖，继续加热，5 分钟后关火，撒入味精，放凉后食用。香甜可口，置于冰箱冰镇后更佳。

制西瓜翡翠片法

将加工过的西瓜皮 500 克切成均匀的厚片，在开水锅里煮烫，待再开时捞出，滗去水分。然后在锅内放少许油烧热，将葱和姜末炒香，加少许水和适量的食盐、白糖，把瓜片放入锅内烧四五分钟，待瓜片入味后用淀粉勾芡，淋入香油，即成炒翡翠片。瓜片翠绿诱人，味道清淡可口，并有清热解暑、利尿导湿、生津止渴等功用。

制西瓜皮菜法

在锅内放少许油加热后放入花椒少许，待炸出香味再将瓜丝或片放入锅内，加适量食盐和酱油等，稍炒后撒入味精出锅即成素炒瓜皮。

将加工好的西瓜皮斜削成薄片，肉切成片并过油出锅。锅置火上，放少许油烧热，下入姜和葱炒出香味，把肉片和西瓜皮片同时放入锅内翻炒，加入适量的食盐和酱，爆炒后撒入味精，出锅装盘即成肉片瓜皮。

制炸西瓜皮法

选取较厚的西瓜皮为原料，去掉外皮和残余瓜瓤，用清水淘洗干净，切成1.5厘米见方的小块备用。锅置火上，放入香油烧至七成热时倒入瓜皮块炸至浅金黄色时捞出。片刻后再入油内炸至完全金黄色时快速捞出装入容器内，并将锅内的油倒出，把锅洗净，重新放入少许香油、100克左右的白糖和适量清水，不断翻炒，待白糖全部溶解时立即投入炸好的西瓜块，拌匀即成。

制西瓜皮冻法

将西瓜皮切成小方块，在沸水中煮2～3分钟，捞出放于搪瓷盆中。一个西瓜的皮，约取琼脂5克、白糖150克、热水一大碗，煮至琼脂和白糖完全溶化后，全部浇在西瓜皮块上，冷却即与西瓜凝结在一起成冻取出，随意切成小块，然后再加点薄荷、糖汁等，倒在西瓜皮冻里，放进冰箱或放块食用冰在上面，冰一个小时左右，即成西瓜皮冻。其上口冷甜脆滑，清凉透体，解暑止渴，治小便短少，连续吃一个星期，还可治疗口舌炎痛。

制西瓜皮酱小菜法

将西瓜皮切成小长丝或小丁，拌一点酱油、香油、味精就可食用。清脆爽口，味道也很好，是夏日早晚喝粥时的好小菜。

将西瓜皮切成细丝，佐以食盐、酱油、食糖、味精，入锅爆炒（火候不宜太大），即可食用。喜辣味者可加入少许辣椒。

制西瓜羹法

锅置火上，放入1 000毫升清水烧沸，加入200克白糖、少量桂花，再用适量淀粉勾成薄芡，倒入搅匀煮沸，凉后入电冰箱备用。将2 000克西瓜瓤去籽切丁，加25克金糕丁。食用时将两者调匀即成。

制赏月羹法

将生梨2个去皮和核后切成片，放入锅中，加入清水煮透，下入冰糖50克烧至溶化，撒入葡萄干5克、10个去壳和核的桂圆肉、5个蜜枣去核后切成的丝，再煮十多分钟，然后将50克藕粉用清水调稀，徐徐倾入锅内，同时用勺不停地搅动，过1～2分钟后盛起，撒上糖樱桃、糖青梅即成。

制咸蛋苦瓜法

将苦瓜半条切片，煮去苦味。将油锅爆葱段，放入苦瓜同炒，加水略煮。熟咸蛋切碎，入锅翻炒均匀，起锅食用。咸蛋不宜早放，以免蛋黄混散。

干煸苦瓜法

将苦瓜1条对开切薄片，入油锅中炸至干。将少许肉末与葱蒜加油煸炒，放入苦瓜及调料同炒稍焖即成。

制冬瓜条法

将冬瓜外皮刨去，剖开后挖去瓤和籽，切成3厘米长、1.5厘米厚的长方块，放在开水锅里烫一下即捞起，用清水洗净，压去水分，在太阳下晒至干软时用白糖拌匀，再晒几天，到干软时即成。

制橘皮小食品法

将干橘皮用清水浸泡1昼夜，取出挤去水分，放入开水中煮半小时，捞出沥干水，捣烂后加入白糖拌匀，放入冰箱冷冻成橘皮冻。

将橘皮在清水中浸泡1昼夜，捞出挤干，放入开水中煮半小时，取出剪成小方块，再煎，按每100克湿橘皮加4克食盐再煮半小时，撒上甘草粉，晒干成休闲食品，非常好吃。

将干橘皮烘干，磨成细粉密封储藏。炒鱼片或鳝鱼片时，加入适量橘粉，名曰“橘味鱼片”、“橘味鳝片”，其他菜肴也可作调味品加入。熬驴皮胶（阿胶）、白木耳等补品时，也可加入一些橘皮，以改善气味。

选洁净的橘皮，切成细丝晒干，密封储藏备用，沏清茶、做糕和馒头时，放上几丝，既增添香味，又增加鲜艳色泽。

将橘皮浸泡在糖水中，糖水特别好吃。蜂蜜浸泡橘皮，会成为上好的蜜饯。将橘皮放在淡盐水中焯一下，脱去涩味，放在蜂蜜中浸泡10天左右即成。

将橘皮洗净后用糖浸泡，一星期后和糖一起入锅煮烧，冷却后即可长期保存，一般多作糕饼点心的果料。

制金橘饼法

将精盐100克和明矾粉50克用开水配制成溶液，再取鲜金橘2 500克，用小刀在其周围切出罗纹后浸入溶液。12小时后，将金橘取出沥干，用开水冲泡，去核压扁，用清水漂去咸辣味，3小时后沥干，用1 300克砂糖与金橘逐层拌和，糖渍5天，然后连糖浆一起倒入铝锅内用文火烧煮，再陆续加入700克砂糖，逐渐使糖汁渗透到金橘内部，表面显出光泽，即成清香可口的金橘饼，可浸在原糖浆中，储存在瓷器容器中。

制白菜沙拉法

用大白菜做沙拉时，可先将其放在醋中泡两三个小时再做，如在沙拉中加几个葡萄干和一点干酪，味道就会更鲜美。

制香菇菜心法

将香菇150克用温水泡发后洗净，剪去菇蒂；油菜心200克放入开水锅中烫一下，捞出沥尽水。炒锅置中火上，放入熟猪油25毫升烧热，投入姜末炒几下，加入鲜汤50毫升、精盐5克、白糖1克、香菇和菜心，烧2分钟至汤浓菜入味时撒上味精，用水淀粉勾薄芡，出锅装盘即成。

制小菜食品法

香菇头下的那根梗，一般人多丢掉，因为太硬而嚼不烂，可将香菇梗切成细丝状，拌上色拉油或麻油、酱油、糖、酒等调味品腌一下，当作下酒的小菜，非常可口好吃。

糖渍玉兰花法

将鲜玉兰花瓣250克用清水漂净沥干水分，加等量白糖揉搓，装瓶封口储存，可作各种甜食的配料。

糖渍月季花法

每天清晨采半开的月季花，将花瓣轻轻撕下，按一层花瓣一层白糖的次序放入小瓷罐或玻璃瓶中，盖紧瓶盖并密封，让罐中的糖吸收花瓣中的水分溶化后，即成糖渍月季花，可做各种糕点的配料。

糖渍玫瑰法

清晨采半开的玫瑰花，轻轻撕下花瓣，按一层花瓣一层白糖的顺序放入瓶中，按紧封口，待瓶中的糖充分吸收花瓣中的水分溶化后，即成糖渍玫瑰，可作各种甜食的配料。

制菊花酥法

采初开菊花瓣，清水洗净，放入适量面粉和白糖及食盐加水拌和的面糊中，拌匀后取出花瓣，放入热油锅中炸至焦黄色，捞出即成香脆可口的菊花酥。

制菊花馅法

将适量初开的菊花瓣用清水洗净后切碎，加入适量猪肉末、葱、姜、盐和味精，拌匀成馅，包入软面包或饼内，香酥诱人。

制梅香佳肴法

将粳米100克加水适量熬成粥，加100克白糖及盛开的梅花鲜花瓣10朵，再稍煮片刻，即成别有风味的梅花粥，有助清阳之气上升之功。

将盛开的梅花及适量檀香粉放入清水中浸泡1小时，将此水倒入和好的面粉中，制成梅花状小花，入锅煮熟，放入鸡汤，即成色泽鲜明、芬芳馥郁而味道鲜美的佳肴。

将新鲜梅花加适量盐或糖稍稍腌渍，即成梅花香料，做糕饼时加入少许，色鲜味美。

制土豆沙拉法

煮土豆时，如果加入少许洋葱共煮，或者在土豆沙拉内放入切片的洋葱，味道会更好，因为洋葱的香味会渗透到土豆内。

制什锦沙拉法

将红肠50克、熟鸡肉30克、熟火腿50克、洋葱30克、胡萝卜40克均切成小丁入盆，加醋精少许、蛋黄酱50克拌匀装盘。盘边点缀生菜叶和番茄片，入冰箱中冻15分钟。食时取出，清爽利口，是一道简易的家常西菜。

烤红薯更香法

将红薯洗净，用铝箔（豆奶粉袋外层铝箔）包裹，放入烤箱，12分钟后取出。这样烤的红薯外皮薄，味道鲜美。铝箔可洗净再用。

将红薯洗净放在压力锅中，不放水，把盖上的橡皮圈拿掉，盖好盖，不加阀。用中火烤2～3分钟后再用小火烤30～40分钟，烤出糖分为好。这样烤的红薯不易糊，好吃。

制风味萝卜法

将切好的萝卜干先放在冰箱里冷冻一段时间，再拿出来置太阳下晒干，就成了可以久存且风味独特的萝卜干。烧肉时放上一些这样的萝卜干，味道极好。

烤制玉米法

家庭中在做玉米时可试着用烤箱烤玉米，这种方法不但快捷而且玉米别具风味。先把带包皮的玉米须去净，而后在水中加少量食盐，把玉米放入锅中煮至七八成熟后捞出，将老玉米的包皮翻起，在玉米粒上均匀地涂上熟猪油或花生油，放一点白糖和胡椒粉，再把皮包好，即可放入电烤箱烤制了，只需烤上几分钟。在烤制过程中，要把老玉米翻个身继续烤几分钟，使其呈焦黄色，取出后剥去包皮即可食用。

制花生酪法

将花生仁500克用开水浸泡去皮后剁碎，倒入用凉水浸泡的大米150克，磨成极细的浆汁。锅置火上，放入250毫升清水和400克白砂糖，化开时缓缓注入磨好的浆汁，边注边搅，以防粘锅。全部搅成浓汁时，加进100克小枣制成的枣泥和匀，熟后（忌大开，以免起泡沫）用海碗盛起，晾凉，放进冰箱即成。

制盐水花生法

可用自制酱油黄豆的方法来加工盐水花生，但需注意不能一次长时间加热，要分2～3次，且要拿出翻动并尝熟透程度，控制下一次加热时间的长短。每次500～1 000克，太多或太少都不利于掌握时间。

制芝麻糊法

将黑芝麻炒香，米洗净浸透，放入盆中拌匀，加入清水，一起磨成浆水。清水加砂糖煮沸，将芝麻浆倒入，用小勺搅拌，沸后改用文火再焐片刻即成。服食可治便秘。

制百果粽子法

将青梅、菠萝肉、冬瓜条各25克用白糖水煮后捞出沥干水分，用白糖腌渍24小时，再加入葡萄干、核桃仁、瓜子仁、红绿丝各15克，制成百果馅。取粽叶折成斗状，填入糯米、百果馅，扎成五角方底锥形，入锅煮熟即可食用。

制豆沙粽子法

将豆沙500克用猪油250毫升炒匀炒透，加入糖250克炒匀，出锅后加少量糖桂花成馅。将粽叶折成斗状，填进糯米和豆沙馅，包成五角方底粽子状，扎紧后煮焖至熟。

制三明治法

做三明治时，应先把吐司放在冰箱内冰过后再做。吐司放在冰箱内会变得比较硬，不但好切，而且容易涂上奶油，等到三明治做好要吃时，吐司已恢复原来的膨松。

制巧克力牛奶法

先在搅拌器内把15克左右的巧克力磨碎，放在一旁备用，再把玻璃杯内的牛奶放进微波炉，用高功率挡将牛奶煮热，然后取出倒入搅拌器内，与磨碎的巧克力一起搅拌。待到满是泡沫时，即是一杯很可口的巧克力牛奶了。喜欢甜味的，可适当加些白糖。

制草莓果冻法

将新鲜草莓500克洗净后切成小块，放入盆内，与白糖100克、鲜牛奶80毫升搅拌均匀，入冰箱冷冻约30分钟，取出即可食用。

制开口笑法

锅置火上，放油15毫升、水60毫升、糖125克烧热使糖溶化，冷却后待用。将面粉250克倒在面板上围成圈，加1/4汤匙苏打粉、1

个打散的鸡蛋和制好的糖液调匀，揉15分钟。将面团分成5小块，每小块搓成直径为2厘米的长条，再用刀切成5只2厘米长的圆柱，搓圆后蘸些水，放在白芝麻中一滚即成生坯。将熟油加至五成热，逐个放入生坯，逐渐氽熟即成。

焖香茶米饭法 将10克茶叶加2 000毫升水浸泡4～9分钟，用洁净纱布滤去茶叶，把茶水倒进已淘好的大米中，用火焖熟即成色美味香、去腻洁口、帮助消化的香茶米饭。

烤汤团法 将汤团放在抹有底油的铁盘中，置于烤箱或烤炉里烤熟，用白糖佐食，无油腻感，清香甘甜。

炒面粉法 在烧热的锅内用油擦匀，再放面粉。宜用文火，翻炒要勤快，七成熟即可。食用时，每50克面粉冲泡75毫升开水，不能加冷水。

自制豆类食物小吃的窍门

制糖酱笋豆法 将黄豆2 500克洗净后浸水2～3小时，另取竹笋2 000克，除去老根及壳并洗净，切成比豆略大的小方粒。将豆放入锅内加水煮成半熟，加入笋粒、糖200克，煮熟后再加入盐100克、酱油250毫升、桂皮和八角各少许，再煮几分钟，待汁干时，取出晒干或烘干即可储存。

制甜豆法 将黄豆2 500克洗净，用清水浸12小时左右取出，放入锅内加适量的水用慢火焖煮1小时，加入八角搅拌均匀，煮至豆烂透，加入红糖粉，不断地翻动，见汁快干时即可取出食用。

制咸崩豆法

将蚕豆用沸水煮10分钟左右，捞出后撒上精盐，装进容器内焖10～15小时，然后用细沙或精盐炒熟即可。

制腊八豆法

将黄豆洗净，用冷水泡胀后捞出，放入锅内加水煮，水要盖过黄豆约3厘米。旺火煮后，改用小火煮烂(用手一挤成泥状即可)。再把豆从水中捞出(煮豆水放点盐，保存好备用)，摊开使其冷却，放在布袋内。再把布袋放在筐或其他容器里，四周用稻草或棉絮围上，放在20 ℃左右的地方；待2～3天，黄豆发烫，取出摊晾后装在坛或钵子里，加入原来煮豆的水，再加花椒粉、辣椒粉(每1 000克黄豆约用盐100克、花椒10克、辣椒25克，也可放些姜)，拌匀后封严。这样10天左右就可以取食。拌时如觉咸味不够，可再加适量的精盐及酒等以增加香味。

制油酥豆法

将黄豆500克洗净后浸泡7～8小时，捞出沥去水分。锅置火上，放入豆油500毫升用旺火烧至冒烟，将准备好的黄豆放进一半炸至金黄色并发出啪啪声时捞出，再把另一半黄豆下锅炸好捞出，冷却后撒上一些精盐即成。

制酱油黄豆法

家庭制酱油黄豆，有一种快速制法。将黄豆洗净放在干布上吸去余水后，倒入锅中干炒出香味时，立即把豆倒入冷水中浸5分钟，见豆涨大、皮起皱时，捞出倒入少量油的热锅中翻炒。然后加酱油、糖和少许水用大火烧开，再改用小火煮。当锅内酱汁浓缩时，用锅铲炒至汁将尽即成。用这种方法做的酱油黄豆，时间短，出锅快，成品酱红油亮，咸中带甜，韧软适口，愈嚼愈有滋味。

制糖蘸豆法

将颗粒均匀饱满的黄豆2 500克用净沙炒熟，筛去沙，冷后酥脆，放在擦了油的锅里待用。用绵白糖1 000克和饴糖80克加少量清水，在火上进行熬糖，熬到110 ℃时，将糖浆离火。将熬好的糖浆缓慢地淋入到熟黄豆里，边淋边摇动黄豆，使其蘸糖均匀。再取绵白糖1 000克和饴糖80克，加少量清水进行熬制，熬到120 ℃左右将糖浆离火。将熬好的糖浆再次缓慢地淋入到熟黄豆里。还取绵白糖1 000克和饴糖80克，加少许清水，熬制到130 ℃左右，将糖浆离火。将这次熬的糖浆再次缓慢地淋入到黄豆里，摇至均匀，冷却即成。此豆外观雪白，颗粒匀整，不粘连，糖衣不脱落，香酥甜脆，为大众所喜爱的小食品。

制糟毛豆法

将毛豆用剪刀剪去两头尖角（便于糟味透入），清水洗净。锅内放适量清水和剪好的毛豆，旺火烧开，改中小火煮20分钟，加盐后再煮10分钟，待豆肉起酥后，离火晾凉。另起锅，放入煮豆原汤、盐、白糖、茴香、桂皮、味精烧煮片刻，离火自然冷却。将香糟和黄酒拌和吊制成糟卤，倒入原汤和匀。毛豆放入卤内浸制，入冰箱3小时即成。

制奶油蚕豆法

将无虫蛀、饱满的干蚕豆500克用水洗净，浸泡1天后捞去沥水分。锅置旺火上，放入洗净的干蚕豆、精盐25克、白糖10克、八角5克、桂皮5克和适量清水煮沸，改用文火煮至微干。另取锅置旺火上烧热，倒入煮至微干的蚕豆，稍加翻炒至干即离火，晾凉后滴入香草香精拌匀即成。

制玫瑰糖豆瓣法

将白砂糖750克和麦芽糖50克倒入锅内，加少量水熬制糖浆，待水分蒸发，糖浆变稠时，将油氽蚕豆瓣750克和少许玫瑰花倒入拌匀，至糖浆渐渐泛白起沙硬结时即可出锅。

制五香豆法

将青皮蚕豆500克洗净，放入锅内，加水高出豆面4～5厘米，盖好用旺火烧煮，去掉涩味。烧煮30分钟左右捞出沥去水分，再放入锅内，加入老卤和盐等调味料，再用微火煮约30分钟，熟后喷香精少许搅拌，捞出经过两次翻拌，冷却后即成。

制兰花豆法

将蚕豆1 000克放入温水里浸泡2～3天，每天换水1次。如果时间来不及，可用开水发半天，用旺火煮开，再泡2～3小时，等水凉后捞出，从大头切开2/3，豆的一端便成三四瓣，连皮几乎分成七八瓣了。锅置火上，放油烧至八成热，投入蚕豆炸15分钟，听到刷刷的声音脆而响时就炸好了。立即将豆捞出沥尽油，摊在软纸上吸去浮油，盛入盆里，撒上精盐拌几下就可以吃了。

制脆香椒盐豆法　将无虫蛀、饱满的干蚕豆500克用水洗净，浸泡2天后捞出，沥净水分，吹晾至干。锅置旺火上，放入花生油50毫升烧至七成热，倒入蚕豆翻炒10～15分钟，改用文火继续翻炒，待蚕豆皮呈暗红色散发出焦香味时即可离火。将花椒15克趁热撒入炒熟的蚕豆中拌匀，晾凉后即成。

制豆腐羹法　将豆腐50克和鸡蛋1个放在一起打成糊状，加入2粒花椒、少许精盐和少许水搅拌均匀，入锅蒸10分钟即成松软鲜嫩的豆腐羹，加点香油、味精即可食用，是老年人和婴幼儿的一种营养保健食品。

泡制酒及饮料小吃的窍门

制清凉米酒法　用2 000克大米煮一锅稠粥，放凉后加入25克左右的酒药搅拌均匀，倒入盆内盖严，在室温下放置7天左右；待米沉水清时，再将水倒入干净瓶内密封放置3～5天，米酒便制成了。自制米酒气味清凉酸甜，饮后有解热开胃的功效。

制甜酒酿法　将蒸熟的糯米饭（宜偏干，不要开盖）放凉至30 ℃（以手触摸不热为度），洗净水瓶，将甜酒酿药碾成粉末，预置一杯冷开水，在水瓶底部先撒上少许甜酒药，再在糯米饭中和入酒药，和匀后放入水瓶中，用汤匙轻轻压紧，中间开一孔，面上再撒少许酒药，淋上一些冷开水，不见水漫为宜，盖紧瓶塞，水瓶静置1～2天，香甜的酒酿即已做成。

制桂花酒法　将初开放的鲜桂花20～30克洗净，加入上好白酒500毫升，封口储存，半月后取出即成桂花酒，芬芳馥郁。

泡玫瑰酒法

将初开的鲜玫瑰花 20～30 克洗净后控干水分，放入瓶内，注入白酒 500 毫升，封口储存半月，滤去花渣，即成玫瑰酒。

冷浸药酒法

先按医师的处方配齐药料，然后置于紧口玻璃瓶中，药材与用酒量一般按 1∶10 的比例配制，加入普通的白酒浸泡，密封容器口储存。平时注意经常振荡，约浸泡 15 天即可饮用。

热浸药酒法

先按 1∶10 的比例将药与白酒混合，盛于玻璃瓶等容器中，再把容器放入盛有水的大锅内，置于火上煮，水沸后继续煮 15 分钟左右，然后密封储存，24 小时后便可饮用。

冲咖啡法

将咖啡粉按需要量放入壶内的袋中，先冲入少许沸水，使粉质呈膨胀状态，再注入第二次沸水，此时注水至需分量的 2/3 时即暂时停止。过一会儿待泡沫稍下来后，将余下的沸水完全倾入，咖啡就冲好了。

冲奶粉法

冲奶粉时，只要在干奶粉中加进一些白糖，并将其混合均匀，就可以直接用温水或开水冲饮。如此冲饮奶粉，奶粉既不结块，又可节约搅拌时间。

食物保鲜篇

存放水产类食物的窍门

存放活鱼法

夏天存放活鱼，可往鱼的嘴里滴 3～4 滴白酒（再灌几滴白醋更好），然后放在阴凉处。

将浸湿的薄纸片贴在鱼的眼睛上，可使活鱼多活 3～4 小时，如放入水中又能活蹦乱跳。

轻轻揭开活鱼的两侧鳃盖，涂以少许食油在腮上，能延长鱼的存活期。

在鱼鳃里滴几滴米酒，使鱼处于昏迷状态，可延长鱼的生命，便于长途携带。

将稻草浸透，把活鱼放在其中，可使鱼活 10 个小时左右，便于长途携带。

如将活的甲鱼、鳗鱼等放入多孔塑料网袋中，再置于冰箱蔬果盒内，可保持一周左右鲜活。

存放活鳝鱼法

鳝鱼如一时食用不完，可将其放在缸内用井水或河水养几天，天气热的话，应注意经常换水。

存放活泥鳅法

将活泥鳅用清水漂洗一下，捞入不漏气的塑料食品袋里（袋内先装一点水），再将袋口用橡皮筋或细绳扎紧，放进冰箱的冷冻室里冷冻。长时间存放，泥鳅都不会死掉，仅呈冬眠状态。烹制时，取出泥鳅，放入干净的冷水里，待冰块融化后，泥鳅又很快复活。

存放鲜鱼法

将买回来的鲜鱼两鳃抠开，滴些白酒。这种方法可使鲫鱼、鲤鱼、草鱼和各种家鱼的保鲜期延长2倍以上。

取适量的芥末放在小碟里，与鲜鱼一起放在一个密闭的容器中，在一般室温下，可存放4～5天不变质。

将鲜鱼放入2%左右的盐水中浸泡1刻钟，能使鱼的血液转为酸性而凝结，即使在比较高的温度下，过几天也不会腐败。

将鱼除去内脏，不要去鳞也不要用水洗，用干布擦干血污，然后烧一锅盐开水(含盐量约5%)，待冷却后，将鱼投入浸泡约4小时，取出晾干，再涂些植物油挂在阴凉处，可保存几天而不失鲜鱼风味。

在炎热的夏天，若将冲淡的醋洒在鱼肉上，可使鱼肉在短时间内不变质。

鱼放在冰箱中冷冻时常会变得干硬，若将其置于盐水中冷冻，就不会发干了。

存放鱼圆法

制好的鱼圆如一次食用不完，可放入原汤内。原汤内加入少许精盐，以免鱼圆内盐分渗出。如存放2天，可根据气温情况烧开一次；也可将鱼圆从原汤内捞出，摊晾后干放，可保存3～4天。

存放带鱼法

将洗净切成段的带鱼放入食品袋内扎紧口，置于冰箱冷藏室上层，可存放1天。

将洗净切成段的带鱼用盐略腌一下，取出沥干，在热油锅里煎至两面金黄后取出，冷却后装在密封容器中再放入冰箱中冷藏，可存放3～4天。

存放咸鱼法

如果暂时不食用，可把咸鱼放在米糠中保存，或在咸鱼体上撒一些花椒、生姜、丁香或大豆粉，这样也能防止咸鱼变味。

存放鱼干法

在容器底部铺一层生石灰，石灰上放1张纸，将鱼干或干鱼肚等放在纸上，盖好盖子，存放在通风干燥处，3个月内鱼干不会受潮、腐烂。

存放鱼肚法

将鱼肚晒得极干，放在底层有生石灰的坛子中或食品袋中，加几个蒜头密封好，放在干燥通风处，食品袋可悬挂在高处，可不致生虫变质。

存放鲜虾法

将鲜虾洗净收拾好，放在锅中用适量的盐炒热，盛在小箩里，用水洗去浮盐并晒干，可以存放较长时间而不会变质。

存放虾仁法

虾仁挤出后应放在清水中，用竹筷顺着同一方向搅打，并反复换水，直到虾仁发白。再将虾仁捞出控干水分，用清洁的干布将虾仁中的水吸干，并加入少许食盐和干淀粉（同时加少许料酒），顺同一方向搅打，直到上劲为止。这样处理过的虾仁，既便于烹制菜肴，又可储存待用。

存放虾米法

淡质虾米可摊在太阳光下晾晒，待其干后装入盛器内保存起来。咸质虾米，切忌在阳光下晾晒，只能将其摊置在阴凉处风干，再装进盛器中。两种虾米都可在盛器中放适量大蒜，以避免虫蛀。

存放虾皮法

将新鲜的虾皮洗净，沥去水分，放在干净的盛器上晒至半干时翻一翻。待干后收起，存放于罐中。生晒的虾皮没有盐，不易返潮霉烂变质。

将新鲜的虾皮用淡水洗净后捞出沥干，均匀地撒在木板上晾晒，待干后储藏于缸中，并加入几瓣大蒜，然后密封储存即可，此法储存的虾皮味美如初。

将洗净的虾皮放到锅里，加盐（每500克虾皮放100克盐）后水煮，煮开后捞出，放于篮子里沥干，然后装进完好的食品袋中密封储存。每次打开取食后，须将袋口封好，以免返潮。

存放虾子法

将虾子放入布袋中，一同放入两个大蒜，不但能久存，而且可以防止虫蛀。

存放干虾法

干虾怕潮湿，怕重压，受潮后容易发霉和虫蛀。存放前，应经常日晒或烘烤，以降低水分。

存放河蟹法

买来的活蟹如想暂放几天再吃，可在大口的缸或坛子底部铺一层泥，将蟹放入其中，再放些芝麻或打散的鸡蛋，置于阴凉处并要常洒些水，使蟹鳃保持水分。如果在蟹群中放置吸水的海绵或泡沫塑料，可使蟹从水中吸取氧气而存活。

存放海蜇法

从市场上买来的海蜇，不要让它沾上淡水或污物，要用盐一层一层地将它渍放在干净的坛子或缸中，表面的一层要适当多放一点盐，密封即可。

按500克海蜇、50克食盐、5克明矾的比例，将食盐及明矾用温开水化开，冷却后倒入坛子中，再把海蜇放入浸好密封，可保存很长时间。

将海蜇皮放在冷却的盐开水里浸泡，半年内基本无蚀耗，并能保持原有的色、味。

泡发好的海蜇皮，一时吃不完，将其浸在盐水里，可防止风干而咀嚼不动。

存放海带法

把剥开的大蒜瓣铺在存放海带的容器底部，再放上海带，密封容器口不使其漏气，这样存放就不易变质。

养活蛏、蛤、蚶法

蛏、蛤等要在清水中酌量掺入食盐。蛏、蛤在这种近似的海水中生活，可养殖数天不死。蚶必须保持壳外原有的泥质，并装入蒲包内，投入一些小冰块，这样可保持其数天鲜活。

保存贝类法

贝类在130～180 ℃的食用油中浸湿，稍加煮沸，使其表面形成一层食用油的薄层，然后冷冻，可长期保存。

存放海参法

家庭少量存放的海参，首先要将其晒干透，装入双层食品袋中，用拴攀束口，悬挂于高处干燥的地方，可不致变质，如夏天宜暴晒几次。

泡发好又不能及时吃完的海参，可倒入盐水中烧开，捞出晾凉后，仍装在盆里，用新开水加点食盐泡上，可延长保存时间。

存放干海货法

干鱼、干虾等干海味存放时可将其晾干、晾透，再取一个干净的罐子，把剥开的大蒜瓣铺在下面，然后把干海货放进去，将盖盖紧，可储藏较长时间不变质。

存放家禽类食物的窍门

保鲜鸡肉法

禽肉较畜肉易变质，但若有存放的必要时，应将家禽宰杀后去净毛，取出内脏，将禽体内外洗净，晾干水气，浇上白酒，装入食品袋内，或用大白菜叶包裹，放入冷冻室内。

将已去除内脏的禽肉洗净，抹些酒和盐，蒸熟后装袋，保存在冰箱中。

将用于油炸的鸡肉，可涂上盐和胡椒，洒上酒，装入食品袋里，冷冻起来。

将用来清炖的鸡肉，可喷少许酒后再放入食品袋冷冻起来。

存放烧鸡烤鸭法

保存烧鸡、烤鸭的包装材料要用聚偏二氯乙烯塑料食品袋，包装时先将氢氧化钙12克和颗粒状活性炭6克混合到一起，加入少量水装入纸袋内，置入包装食品的聚偏二氯乙烯塑料食品袋内密封。在食品装袋之前,烹制的食品必须出锅后进行冷却。用此法保存烧鸡、烤鸭,在一般室温条件下,可使其在15天内不会变质。

存放鲜蛋法

在封闭容器或食品袋内,按500克鸡蛋放5毫升60度白酒的比例,先滴入白酒,再放进鸡蛋,封口,即使在夏季,存放1个月也不会变质。

将50克生石灰和1 000毫升清水充分搅拌,放置澄清,再将上层的清液注入小瓷坛中,把当天生下的鸡蛋浸在石灰水中,可保存半年不坏。

将鲜鸡蛋深埋在干茶叶渣中,放置阴凉干燥处,即使存放多月也不会变质。

选用干燥的黄豆作为垫盖物,中间隔层放蛋(大头朝上),隔半个月检查一次,可存放8~12个月。

在蛋壳外面涂一层凡士林,存放于通风干燥处。

用石膏500克、明矾200克和冷开水5升溶成乳状溶液倒入缸中,将蛋浸入,溶液面高于蛋面15厘米左右,可存放300天。

在蛋壳外面涂一层石蜡,放于干燥通风处。

用一个纸盒,在盒内铺上一层谷糠或锯末,放一层蛋,装满后置于阴凉处,每隔10天检查一次。

在鸡蛋表面涂一层食油,可久放不坏。

在储存容器内铺上一层干草木灰,然后在灰上平放一层鲜蛋,依次层叠存放,最上层铺灰,适当压紧加盖即可。

将购买来的新鲜鸡蛋用保鲜薄膜或油光纸包起来,放入冰箱储存,可延长鸡蛋的保鲜时间。

存放蛋黄法

蛋黄从蛋白中分离出来后,如暂时吃不了,可将其浸在芝麻油里,可保鲜2~3天。

存放蛋清法

把蛋清盛在碗里,浇上冷开水,可保存数天不坏。

存放咸蛋法

把咸蛋煮熟并晾干,然后再重新将蛋放回原来渍蛋的咸水中,随吃随取,既不会变质,又不会增加咸味。此法可使咸蛋保存2年以上。

存放松花蛋法　将松花蛋(皮蛋)放入坛内,坛口用塑料纸封好,随吃随取。

存放畜肉类食物的窍门

猪肉保鲜法　用醋浸过的湿布把鲜肉包起来,或直接用醋涂浇在鲜肉上,再用干净的布盖好,能保存一昼夜。

在一个小盘中放些芥末,再与猪肉一起放在一个密闭的容器内,在一般室温下可保存4～5天。

将鲜猪肉煮熟,趁热放入刚炼好的猪油里,这样可保存较长时间不变质。

将肉切成肉片,放入食品盒里,喷上适量的黄酒,盖上,放入冰箱的冷藏室,可储藏1天不变味。

将肉切成片,平摊在食品盒中,置冷冻室冻硬,再用塑料薄膜将冻肉片逐层包裹起来,置冰箱冷冻室储存,可1个月不变质。用时取出,在室温下解冻后即可进行加工。

将煮沸的花椒盐水盛入容器里,晾凉,把鲜肉放入(花椒盐水没过肉),2～3天不会变质。

将肉切成片,在铁锅内加适量的油,用旺火加热,油热后将肉片放入,煸炒至肉片转色后盛出,凉后放进冰箱的冷藏室里,可保鲜2～3天。

将鲜肉切成条,在肉表面上涂些蜂蜜,再用线穿起来,挂在通风处,可存放一段时间,且肉味更加鲜美。

将鲜猪肉喷少许白酒后装入干净无毒无孔的塑料食品袋里,便能防腐保鲜。

将没沾过水的鲜猪肉用米酒渍(或搓擦)后挂于通风处,可久放不坏,且能保持一定的鲜味。

把肉浸在葡萄酒内,由于葡萄酒含有酒精和多种酵素,与肉的蛋白质发生作用而使肉变软,能使肉保持一定的新鲜度,煮熟后鲜嫩可口。

将新鲜的猪肉切成400～500克大小的块，装进干净的盆里。然后把酱油煮沸，凉后倒进盆中，以淹没猪肉为宜，再盖上盖。用这种方法储藏猪肉，即使2～3个月也不会有异味。

将鲜肉放入压力锅内，放于炉上，蒸至排气孔冒气，扣上减压阀，端下来。此法可使肉两昼夜不变味。

将鲜肉放入浓度为5%的茶叶水中浸泡片刻，然后再冷藏。经过这种方式处理后，肉类不易腐烂变质。

将熏制好的猪肉用卫生纸包好，放在干性稻谷中，能维持几个月不变质。

肉馅保鲜法

肉馅如一时不用，可将其盛在碗里，将表面抹平，再浇上一层熟食油，可隔绝空气，存放不易变质。

将肉馅用油炒一下，晾凉后，装入塑料食品袋封好，放入冰箱内。

牛肉保鲜法

将牛肉的表面用色拉油涂抹一遍，装进密封容器内可保鲜。

将牛肉放在1%的醋酸钠水溶液中浸泡1小时左右，然后取出放在干净的容器里，在常温下可保存3～4天。

家庭存放牛肉，冬天要避免忽冷忽热，防止受风吹而使肉发干变黑。

牛排之类的肉，可涂少许盐和胡椒，用保鲜袋装好，放入冰箱冷冻。

羊肉保鲜法

新鲜的羊肉在0℃时，可存放4～5天；在2～4℃时，可存放2～3天；在15～20℃时，可存放1天左右。存放时要防止温度忽高忽低。羊肉以现购现烹食为宜，暂时吃不了的可放少许盐渍2天，能保存10天左右。

存放咸肉法

在咸肉上撒些丁香、花椒、生姜、大豆粉，可以防止咸肉变味。

将咸肉放入容器内，加进渍肉原卤（汤），这样保存咸肉可长期不坏。

存放腊肉法

将腊肉风干，置于缸内。底部架上竹架，撒点食盐，将腊肉放入缸内，放一层腊肉，喷一层白酒。在最上面的那层腊肉上撒些食盐，盖一层牛皮纸，加盖后用盐水调泥土封严缸盖。此法可使腊肉存放1年不坏。

将腊肉用冷开水洗净风干，放入装有食用油的缸里浸没，可使腊肉1年不坏。

将腊味放入一个未用过的缸里（要用陶器，缸的大小根据储藏的数量决定），上面用布蒙好，再盖上木板。找一个干燥的地方，先在地上铺一层6～7厘米的生石灰，然后将放好腊肉的缸压在石灰上，可使腊肉的干燥期延长至4个月。

将已晒好的腊肉用纸一块一块地包扎好，然后取一只筐或纸箱，在底层放10厘米厚的干稻草灰，放一层腊肉盖一层灰，上面几层要多加点稻草灰，筐口用木板盖好，放在干燥通风的地方即可。吃时将稻草灰慢慢拨开，吃多少取多少，取后重新用灰封好。此法保鲜时间一般能达到半年以上。

存放火腿法

将火腿放入柴灰内埋好，不但不会坏，而且还不会生虫。

将切开的火腿切口处涂上葡萄酒，然后包好放进冰箱，这样做可以保持火腿新鲜不腐。

吃剩下的火腿，将其切面用蘸浸酒精的脱脂棉擦拭，可防止腐坏，便于存放。

火腿切开后，对暂不吃的部位，在切面上涂上香油，用食品袋扎紧包好。存放时，刀口面朝上，以免走油和虫蛀，产生哈喇味。

存放香肠法

香肠含油脂较多，易酸败产生异味。若想较长时间存放，可在存放的坛子中放1杯白酒（也可直接在香肠上涂一层白酒），将香肠平码在酒杯周围，码满后在上面喷洒些白酒，然后把坛口封起来。坛子应放在阴凉的地方，可保存一个夏季不变质。开坛后香味基本不变。

存放熏肠法

熏肠在高温季节存放，可在肠表面划几道刀痕，放在金属盘上，放进冷冻室冻硬后放入塑料食品袋中，挤出袋中空气，扎紧袋口，置冷藏室上层存放。

保鲜畜肝法　猪肝、羊肝、牛肝等由于件头较大，家庭烹调一次难以食用完，食用不完的鲜肝放置不好就会变色、变干。此时，可以在鲜肝的外面涂少许油，放入冰箱之中，再次食用时，仍可保持原来的鲜嫩。

存放蔬菜类食物的窍门

存放蔬菜法　买回蔬菜后不能平放，更不能倒放，正确的方法是将其捆好，垂直竖放。原因是垂直放时，其叶绿素含水量比水平放的多，且经过时间越长，差异越大。叶绿素中造血的成分对人体有很高的营养价值，垂直放的蔬菜生命力强，维持蔬菜生命力可使维生素损失小，对人体有益。

存放大白菜法　将刚买回来的大白菜先晾晒4～5天，使外帮蔫萎。没有地方摊开时，可把菜根朝里、叶朝外或根对根地码起来晾晒，2～3天翻动一次，然后才可存放。存放时，除烂帮外，不要掰掉。存放温度应严格控制在2 ℃左右。也可用铁丝做成"S"形的钩子，一头扎进菜根，一头挂在竹竿上，这样挂藏效果也较理想。

存放油菜法　将买回的新鲜油菜略晾干，把枯黄腐烂的叶子剥去，放入塑料口袋内。扎紧袋口，置于阴凉通风处，两三天内不会枯萎。

将油菜根部放入清水里7厘米左右，存放多天也不会干瘪，仍然青翠鲜嫩。

存放菠菜法　将菠菜的捆绳放松，然后套上一个略大的塑料食品袋，使菜根朝外，一般不扎口，如果袋子过大，可封部分口。在脸盆内加入约2

厘米深的清水，将已装袋的菠菜根部浸入水中，菜叶斜倚在面盆边上，使根部充分吸水，而叶子上不沾水，放于阴凉处，每天换1次水，可使菠菜在3～4天内保持新鲜。

存放芹菜法

芹菜存放1～2天就会脱水、发蔫和变干。如果将新鲜芹菜整棵用报纸包住，留出根部，准备一盆清水，将芹菜根直立在水盆内，放置于阴凉处，便可维持新鲜香脆达1周左右。

少量的芹菜一时吃不完，可除去黄叶和烂叶，扎成小捆，放入比芹菜植株稍长的食品袋中，松扎袋口，置于低温阴凉处储存，及时检查换气，可保鲜数日。

存放菜花法

家庭短期存放菜花，可将其放入食品袋内，每袋只放一个，而且袋口不扎紧，置于冰箱的冷藏室中，既可保湿和防止菜花脱水而老化，又可防止水气过多而腐烂。

存放香菜法

将挑选的棵大、色绿的香菜捆成500克左右的小捆，外用纸包好装入食品袋里，置于阴凉和通风处保管，可保10～15天内香菜仍鲜嫩如初。

存放韭菜法

用新鲜的大白菜叶将韭菜包住，捆好，置于阴凉处，可以保鲜3～5天。

用绳将韭菜捆好，菜兜朝下，放在水盆内，能较长时间不发干、不腐烂。

将新鲜韭菜放入食品袋内，置于凉爽通风处，3天之内可保持新鲜。

存放萝卜法

在室内放一个水缸，里面装满水，把萝卜放在缸的周围，上面再培一层约15厘米厚的湿土即可。

将萝卜削去顶，放到黄泥浆中滚一下，使萝卜结一层泥壳，堆放到阴凉的地方即可。如果在萝卜堆外再培一层湿土，效果更好。

冬至前后，晾晒萝卜，将萝卜晒至表皮阴干以后，装入塑料食品袋中，用绳子扎紧袋口，这样储存2个月，萝卜不变质、不空心。

存放胡萝卜法 将鲜胡萝卜切去小顶，然后挖一小坑用湿润的黄土埋好，可保存一个冬天。

存放红薯法 将新鲜的红薯放在太阳下晒几个小时，然后装进放有谷糠或草木灰的透气的木箱中，周围可用废旧的棉絮围好，这样可使红薯防冻。

存放山药法 用缸存放山药较方便，只要先在缸底铺上一层泥或沙，再一层山药一层泥或沙堆至离缸口 7～10 厘米处，用泥或沙封口即可。

存放土豆法 将土豆放在旧纸箱中，并在旧纸箱中同时放入几个未成熟的苹果。苹果在成熟的过程中会散发出一些乙烯气体，乙烯气体可使土豆长期保鲜。

将无伤无病的土豆用草木灰全部覆盖，可使土豆保鲜半年不坏。草木灰有吸湿、吸热及抑制微生物活动的功能。

去皮的土豆应存放在冷水中，再向水中加少许醋，可使土豆不变色，并使其在烹煮时减少维生素的损失。

存放莲藕法 用清水把藕上的泥洗净，根据藕的多少选择适当的盆或水桶，把藕放进去后，加满清水，使藕浸入水中，每隔 1～2 天换水一次。冬季要保持水不结冰。此法可以保持鲜藕 1～2 个月不变质、不霉烂。

存放荸荠法 将荸荠晾干，剔出受损腐烂果实，切勿用水洗，放入缸罐中，缸口加盖即可保存较长时间。

选一阴凉通风处，铺一层粗沙，放一层荸荠。如此层层堆放，最上层用细沙盖好，周围用木板或其他隔板挡住即可。此法宜存放数量较多的荸荠。

存放冬笋法

将完整无损的冬笋放入不透气的塑料食品袋中(不要放得太满),将袋口扎紧可保存30天左右。

选用一个旧箱子,底部铺一层厚为7厘米左右的湿黄沙,将冬笋尖头朝上摆好,再用湿沙将笋深埋7厘米左右,并将沙拍实,盖好盖子,置于阴凉通风处,可存放1～2个月。

存放洋葱法

将收获的洋葱晾晒后剪去叶子,装入筐中,放在干燥处,天气有冰冻时再移入室内。

存放茭白法

将带有两三张壳的茭白去梢后放入水缸中,放满清水后压上石块,使茭白浸入水中。以后经常换水,始终保持缸水的清洁。用此法存放茭白,质量较为新鲜。

先在缸(桶)的底部铺上约5厘米厚的食盐,然后将经过挑选的茭白按次序平铺在缸(桶)内,堆至离盛器口5～10厘米,上面再用食盐封好,即可使茭白保存较长时间。

存放莴笋法

一时吃不完的莴笋,可刨去皮,浸在淡盐水中,能存放较长的时间。或在电冰箱内隔板上先放一条湿毛巾,将莴笋放在上面,可防止莴笋蔫萎生锈。

将新鲜的莴笋浸入盛有凉水的瓷盆中,一次可放几棵,水没过莴笋1～2节即可,放置于阴凉处可达3～5天,叶子仍呈绿色,莴笋新鲜、脆嫩。

存放番茄法

将成熟度不太高、果实完整、无破损的番茄擦拭干净,然后将其果蒂向上排放在阴凉通风处,面上盖一层软纸,再在软纸上排放第二层番茄,如此可以叠放3～4层。一般情况下,这种方法可保存10天左右。

将洗净的番茄放入缸内,盖上竹片,压上干净的小石块,再放入10%的盐水,放在低温阴凉处可保存1个月。

将番茄在阴凉处预冷,放入塑料食品袋中扎紧袋口,隔数天打开袋口换气,一般可储存15～30天。

存放黄瓜法

将新鲜的黄瓜放在塑料食品袋中，每天开口换一次气，这样可使黄瓜保存5～6天。

秋末冬初，将完好无损的带蒂黄瓜放在大白菜心中，绑扎白菜，放入菜窖，能将黄瓜保存到春节，仍然鲜美不坏。

将刚摘下或买回的鲜嫩且无伤的黄瓜装入食品袋中，每袋装1～1.5千克，松扎袋口，放在室内阴凉处，夏季可储藏4～7天，秋、冬季室内温度较低时可储藏8～15天。

存放冬瓜法

把选好的冬瓜放在干燥的地方，下面铺上草帘或稻草或纸板箱，避免阳光照射。搬动时，注意不要碰掉“白霜”，这样可保存4～5个月不坏。

吃剩的半边冬瓜，切面易被杂菌污染而腐烂。防止的方法是将冬瓜切开后，略等片刻，剖面上出现星星点点的黏液，将纸贴在上面，用手抹紧，可存放数日不烂。

存放茄子法

家庭暂时存放的茄子不可用水洗，可将其放置在阴凉干燥的地方，或用干布包起来放进电冰箱底层。

存放鲜玉米法

若想使玉米常鲜，可将其去须，保留一两层皮，然后装入塑料食品袋中，放入冰箱冷冻室冷冻，吃时取出蒸或煮，味道仍新鲜。

存放毛豆法

如果想较长时间存放，可将毛豆装入塑料食品袋中，然后埋入深土中，此法可保存到春节前后。

存放豆角法

把新鲜的豆角洗净去筋，放入6%的小苏打沸水溶液中，烫煮4～5分钟，捞出来马上放在3%的小苏打水中漂洗一次，然后摊在席子上或用线串起来，放在阴凉通风处阴干，可以保持鲜绿颜色，炒炖都适宜。

挑选个大、肉厚、籽粒小的豆角品种，除去筋蒂，用清水洗净，上锅略蒸一下，然后用剪刀或菜刀按“之”字形剪切成长条，挂到绳子上或摊在木板上晒，至干透为止。然后把晒好的干豆角拌少量精盐，装在塑料食品袋里，放在室外通风处。吃时，用开水洗净，再用温水浸泡 1～2 小时，捞出控干水分，与各种肉食品同炒，其鲜味不减。

存放辣椒法

将新鲜的辣椒均匀地埋在草木灰里，可长久不坏，严冬也能吃上鲜辣椒。

将辣椒串起来，充分晾干，取 1 个大小合适的塑料食品袋，将串辣椒的绳子从塑料食品袋底穿出，悬挂在屋檐下，每隔 1～2 个月取下塑料食品袋把辣椒晒一晒，既不会生虫腐败，也干净卫生。

存放青椒法

将选好的青椒，柄向上放进缸内，撒上一层细沙，以掩住青椒为好，然后再摆青椒，再撒沙，直到装满。上面再撒些沙子，盖上草帘或牛皮纸，放在阴凉处。在0 ℃气温下可存放 2～3 个月。

存放鲜葱法

将鲜大葱根部向下，整齐地排列，再用松土培好，能久放不烂。

存放大蒜法

将大蒜剪去茎和根须，每个塑料食品袋装入 1 500 克左右，扎紧袋口，高温时可储存 10 天，一般温度下可储存 1 个月，但每隔 3 天需解开袋口调换空气，发现干瘪和霉烂的要及时挑出。

存放蒜薹法

将蒜薹捆成重约 1 000 克的把，去掉残留的叶鞘，剪去苞片上的长须，留 5 厘米长的苞片，然后将蒜薹放在菜架上预冷 24 小时，再装入塑料食品袋中储存，袋口要扎紧，放在温度较低的地方，能储藏一段时间不坏。

存放大葱头法

将大葱头散放在背阴处，让其自然蒸发水分(但要保持一定的水分)。上冻后再收到一起，仍然放在背阴处，但要防雪。在食用前 2～3 天取回放在室内即可。

存放大蒜头法

在旧箱子中铺一层厚为2厘米的谷糠，把大蒜头一层隔一层地放至离箱子口5厘米左右时，再用糠覆盖，不使蒜头露在外面。也可将大蒜头连秆放在太阳下晒1～2天后，扎好挂在干燥、避光、无风处。

存放生姜法

如果生姜较少，可将生姜洗净，放入盐钵中，能保鲜较长的时间。如果要存放的生姜较多，可将其放在有细沙的缸中保存，一层隔一层地放好并封好口。

存放豆及豆制品类食物的窍门

存放豆类法

将不完整的破损粒分离出来，然后将大豆充分干燥，置入防热性较好的容器内盖紧，在低温条件下储存。

将大豆放在冰箱中冷冻，使之降温，然后再密闭储藏。在气温较高的条件下，要定时将豆粒倒出来通风，使湿热散出，以防发热霉变。

将绿豆放进干净的容器里（如坛子、食品袋、箱子等），然后在绿豆上面放十几个干辣椒，既能使绿豆不生虫子，又能保持鲜味。

在储存蚕豆、赤豆的容器中放入两三个大蒜头，则存放2～3年都不会生虫。

将绿豆和赤豆等豆类倒入开水中煮3～4分钟，捞出晾干，密封在缸中或塑料食品袋中，这样绿豆在夏天就不会生虫了。

豆类装于塑料食品袋中，喷上少许白酒并搅拌一下，然后将袋口扎紧或把容器盖子盖紧，可防止生虫。

存放豆沙馅法

豆沙馅炒制完成后，要及时降温冷却，将余热放出，否则会变质。豆沙馅应放在低温处保藏，最佳温度是2～4 ℃。如果气温较高，可多加一些植物油，能延长豆沙馅的保存期。

存放蚕豆防变色法 新鲜蚕豆储藏过程中颜色会逐渐加深，防止的方法是将蚕豆装入干燥容器中，盖好盖，置避光处保存。蚕豆储存最佳温度环境在5 ℃以下，水分含量在11%以下。

存放豆腐法 将买回来的豆腐切成小块，投入烧滚的开水中烫2分钟，然后沥去水，马上倒入冷水中保存。

将买回的豆腐用清水冲洗后，浸泡在盐水里(豆腐和盐的比例为10∶1)，保存半个月也坏不了。

将豆腐放入泡菜坛水中，四五个月不会变质，而且味道变得较为鲜美。

将豆腐用清水洗一下，放入蒸笼里蒸一下或放入开水锅中煮一下，但不要煮久，取出后放在阴凉通风处。

将豆腐放在清水中浸泡，一旦水质稍混便立即换水。天热时，一天要换两三次水，这样在短时间里豆腐也不会发黏变质。

存放豆腐干法 将豆腐干泡在清水中，冬季每2～3天换1次水，夏季要半天换1次水。食用时，将豆腐干捞出，再用水冲洗一下。用此法可保存较长时间。

存放腐竹法 平时保存应将腐竹放在干燥、阴凉和通风处，遇潮湿时应防霉变，夏季防虫蛀，不能挤压。

存放豆芽法 如气候凉爽，可将豆芽浸泡在水中，早晚换一下水就可以了；若天气炎热，可用水浸泡，放进冰箱里。

存放菌菇类食物的窍门

存放蘑菇法

短期存放的鲜蘑菇可采用清水浸泡的方法。浸泡时切勿用铁质容器，因为含铁量高的水易使蘑菇色泽变黑。

将剪根后的蘑菇放入冷井水中浸泡，可保鲜1～2天。

存放香菇法

香菇存放得法，可使其色、味常年如一。存放用的纸箱，内衬双层防潮纸和一层塑料薄膜，入箱的香菇含水量不得超过3%。纸箱体积为0.2立方米者，宜装干香菇10千克，内放一小瓶二氧化碳(6～7克)熏蒸杀虫。

存放木耳法

买回来的木耳应先放在阳光下暴晒，干透后将其装入塑料食品袋内密封，保存在干燥、阴凉处。每年检查1～2次，可保存数年不坏。

存放银耳法

家庭少量存放，要把银耳晒得干透，然后装入双层塑料食品袋内，密封，置入干燥处。如银耳颜色洁白，晒时宜用有色纸覆盖，既挡灰尘，又可防止银耳颜色转黄。

存放金针菜法

采收的金针菜遇阴雨天气不能晾晒时，可喷少量白酒(1 000克金针菜喷10毫升白酒)，不但可以保证金针菜不霉烂，而且晒干后其成色比不喷酒的漂亮。

存放香椿法

将嫩香椿洗净，用开水略烫一下，拌入细盐，装入干净无毒的塑料食品袋内，置于冰箱冷冻，随用随取，可保终年不变质。

香椿干在常温下不宜保鲜，可用盐渍后保存，存放1年左右不变质、不走味，可随用随取。

存放水果类食物的窍门

存放水果法

新鲜水果表面喷上一层由淀粉、蛋清、动物油等混合而成的液体，这层液体干燥后便形成一层薄膜，对水果有保鲜作用，水果能储藏半年不坏。

新鲜水果容易腐烂变质，只要把新鲜且没有破损霉烂的水果放进1‰浓度的苏打水溶液中浸泡2分钟，然后捞出晾干，装进塑料食品袋里密封起来，便可保存较长时间。

存放苹果法

选一个干净无异味的箱子，在箱底和四周放两层纸。将包好的苹果5～10个装入一个小塑料食品袋内，逐层将箱装满，上面先放2～3层纸，再覆一层塑料布，然后封盖。置于阴凉处，一般可储存半年以上。

选品种好、无损伤的苹果，将其包纸后放入塑料食品袋中，扎紧袋口密封，储藏在温度较低的室内或背阴的阳台，可保持数月不坏。

切开后容易变色的苹果，在切面上滴上柠檬汁，可使其不致变色，而且能保持原来的风味。其他切开容易变色的水果也可仿此法。

存放香蕉法

将香蕉放在食品包装袋中，扎紧袋口，使其不透气，即可保鲜7天以上。

存放柠檬法

将整个柠檬埋在装有食盐的容器中，可以保存几天不变质。

在切开的柠檬面上撒一些食盐，就可以留作下一次使用。

荔枝保鲜法

将荔枝一粒粒完整地剪下来，放入食品袋中，倒入清水，每天早晚各换一次清水，这样可使荔枝保鲜4天左右。

存放生梨法

将挑选过的生梨放入食品袋中，封袋之前，要把袋内的气体排出；封好后，放到阴暗、温度低的地方，但温度不得低于0℃。

将要保存的生梨用纸一个一个地包好，并轻轻地放入缸内；最后用牛皮纸把缸口封好，以防止空气流通。以后每隔40～50天检查一次，把不能再存放的生梨挑出，这样可保存到春节前后。

存放柑橘法

将同样大小的柑橘果蒂朝上码放在纸箱中，码一层柑橘铺上一层新鲜干燥的松针叶，直至箱满为止。上面加盖松针叶封严，以后每隔一个月翻箱一次。

将青蒜500克切成片，加水5 000毫升煮开，晾凉后，把橘子放在水中泡三五分钟，然后捞出存放，可保鲜3～5个月。

存放葡萄法

用被水淋湿的白纸将所要存放的葡萄包好，外面再包上一层纸，每个星期照此法换一次纸，放在凉爽通风的地方，可保存3个月左右。

存放柿子法

将凉开水、食盐、明矾以100∶2∶0.5的比例配成溶液，倒入缸内，选成熟较晚、皮厚和水分小的柿子放入缸内，使柿子淹没为好，盖上。如溶液减少，可另加些冷开水，使其保持一定浓度。此法可保存到春节，保存得好还可到来年4～5月份。

将鲜柿子浸在50～60℃的温水中，10分钟后取出，再装入塑料食品袋中密封1昼夜，即可脱涩保鲜。

存放甘蔗法

冬天，甘蔗易干枯空心。若是已半干萎缩了的甘蔗，可盛半盆清水泡蔗根，两三天后即可复原。

存放西瓜法　挑选成熟适中、无损伤并带蒂的西瓜，放在阴凉通风的室内，把瓜蒂弯曲用线绳扎起来，每天用干净的毛巾擦瓜皮一次，目的是把瓜皮的气孔堵塞。也可先将要存放的西瓜浸入15%的盐水中3～5天，再用西瓜蔓叶口挤出的水汁涂一遍，然后密封于塑料食品袋中，放入地窖，可使西瓜保鲜6个月以上。

西瓜切开后放入冰箱时，可用保鲜膜将切口盖好，以防其水分散失和串味。

存放哈密瓜法　将哈密瓜放入塑料食品袋中，并把口扎紧，抽出袋内的气体，使袋紧紧贴在瓜上，定期换气，可存放40天左右。这种存放法，瓜不仅腐烂率低，而且果实也新鲜。

存放干果类食物的窍门

存放红枣法　将精盐炒好，按每500克红枣放30～40克盐的比例，将盐分层撒放到红枣上，然后封好，红枣就不会坏。

将红枣放在日光下暴晒至干，然后放入塑料食品袋中密封保存，每隔10天左右检查一次。

将红枣晒干后拌上草木灰，放在桶中盖好，久存不变质。

存放黑枣法　用木箱做一只焙箱，把黑枣焙干，散热存放在缸或箱内，用猪油密封，可以安度黄梅天、暑天。

存放蜜枣法　取小块的生石灰用布包好放入存放蜜枣的箱子中，可起到防止蜜枣受潮的作用。

存放核桃法

将核桃装入缸或木箱内，拌入干燥的黄沙，密封后放在通风处，能保存1年。

新鲜核桃采收后要堆积5～7天，至青皮脱落时再用水把核桃洗净。冲洗时，加点漂白粉，能使果壳洁白。洗净晒干后，悬于阴凉通风处储存。

存放桂圆干法

在梅雨季节前要将桂圆干暴晒干透，放入干燥的木箱或缸坛内，衬垫防潮纸或食品塑料薄膜，密封，置于干燥处，经夏不致变质。

存放栗子法

将无破损和无虫蛀的栗子晾晒1～2天后装入不透气的塑料食品袋扎口封存，可保存1个月左右。

板栗装在塑料食品袋中，放在通风好和气温稳定的地下室内。气温在10 ℃以上时，塑料食品袋口要打开；气温在10 ℃以下时，把塑料食品袋口扎紧保存。初期每隔7～10天翻动一次，1个月后翻动次数可适当减少。

用相当于板栗重量20%的木屑，洒入清水使其含水量为40%～50%，再将其与板栗混合堆放，装入木箱，可保存较长时间不坏、不干瘪、不霉烂。

存放松子法

取少量防风与松子包在一起，可久存不冒油。如松子已出现冒油现象，可在草纸上摊开，用火稍焙一下。

存放葡萄干法

葡萄干含糖高，在梅、暑季节之前，须用坛装并密封，到7～8月间要启开检查，发现有虫，可用小瓶盛装白酒或酒精50～100毫升，连瓶放入容器内，重新密封，可起到灭虫保质的作用。

存放银杏法

用适当的空瓶盛装银杏（白果）并倒入适量的色拉油（为防止氧化，所以必须将油倒至满瓶为止），然后密封保存，可不失风味。

存放莲子法　莲子受潮生虫，应立即日晒或用火焙，晒、焙后必须摊晾2天，待热气散尽冷透后方可继续存放。莲子要存放于干燥凉爽的地方。

存放芝麻法　芝麻晒干后，存放于通风干燥的地方即可。天热时，宜存放在阴凉处，以防走油变质。

存放花生仁法　家庭存放花生仁，可先将其晒干，摊晾，再用塑料食品袋密闭起来，并放入一小包花椒，然后将密闭起来的花生仁置于干燥、低温及避光的地方，这样可使花生仁保存2年以上。

将花生仁摊晒干燥，去掉杂质，用无孔塑料食品袋密封，袋中放几个碎干辣椒片，放在干燥处，可存放1年不变质。

存放米面等干粮类食物的窍门

存放大米法　将海带和大米按1∶100的比例混装，7天后就能吸收大米中3%的水分，取出海带晾晒15分钟左右，即可使海带挥发掉所吸收的水分。1份海带可反复用20次。100千克大米中放入1千克海带，7天后可使大米中各种菌类减少60%～90%。一般每周晒一次海带，即可保证存放大米的效果。

将大蒜瓣、去籽并切成块的干辣椒和甲鱼壳等放入存放大米的容器中，可起到防止大米生虫的作用。

将大米放进铁桶或缸里，另备一个酒瓶，瓶中装上50毫升白酒，将瓶口高出米面埋入米中，酒瓶不盖盖，将容器密封。由于酒中挥发的乙醇有杀菌、灭虫的作用，故而可以防止生虫。

在缸底部放生石灰适量，上铺纸张，再倒入大米，盖好缸盖，可防止大米生虫。

在大米桶内放几个洗净晒干的螃蟹壳，可防止蛀虫和蚂蚁。

将25～30克花椒分成4～6份，分别放入小布袋中，放在米桶或米缸中间和四周，米就不会生虫了。

存放粮食防虫法

在粮食表面铺上纸，再将草木灰铺满纸上，既可防虫，又可防潮。

存放高粱米法

高粱米在失去外皮层的情况下易吸湿、发热、霉变。要保证高粱米的干燥，切忌暴晒；要使热气散尽，降温后再储藏；隔氧储藏，防止湿气的侵入。

存放面粉法

面粉在夏天存放时容易生虫，如果用塑料食品袋存放，再将其口扎紧，使面粉与空气隔绝，这样就不易生虫了。

将面粉放入缸中紧压结实，上盖一层纸，纸上放花椒适量，每次取用面粉后仍需压平盖好，即能久存不坏。

存放切面法

买回来的切面一时吃不完，湿着存放容易粘块发霉，晾干后煮时费火费时，也不好吃。可根据每餐食用量分装若干塑料食品袋内，然后放入冰箱冷冻室内存放，这样可以随吃随煮。冷冻了的切面，只要下入沸水中用筷子稍一搅即散开。

存放挂面法

将买回来的挂面摊开充分晾干后，装进塑料食品袋里，再放入一小袋花椒，然后将塑料食品袋口扎紧。取用后再将袋口扎紧，不易生虫霉变。

存放玉米法

玉米收后不要脱粒，剥皮后将玉米棒挂于干燥通风处，吹干后可保存一年不生虫。

将玉米粒晒干扬净后，采适量的干树叶，如松树叶、槐树叶等，均匀拌和在玉米粒中。这样储藏不仅能防生虫，还可防鼠害。

存放玉米面法

玉米面在储藏前要反复晾晒或烘烤，直至玉米面内部完全干透，然后移至阴凉通风处将玉米面摊薄，随时翻动，使内部热气散尽，再隔氧保存。

存放汤团粉法

将湿的汤团粉装入布袋，扎紧袋口，浸在洁净的清水中，在4～10 ℃的室温中可存放15天，在11～15 ℃的室温中可存放10天，如果隔1～2天换一次水，就能存放更长时间。

存放面肥法

可将面肥放在洁净无毒的塑料薄膜袋中，封住袋口，放在阴凉干燥处。即使在夏季，数天内也不干不坏，使用时只需用温水将面团略泡一下，就可用来和面。

存放面包法

放在加盖的玻璃或陶瓷容器里的面包不易发硬，但易发霉。如果在容器底部放一把食盐就不易发霉了。

面包放在容器里，敞开盖容易干硬，盖上盖又容易发霉。为了防止面包变干、发霉，可在放面包的容器底部放1块生土豆，然后盖好盖，就不会变干、发霉。

将新鲜面包装入无毒塑料食品袋中，同时往袋中装入1～2根芹菜，然后扎住口，可使面包在2～3日内保持新鲜。

三明治保鲜法

在盛装三明治的盘子中放1片柠檬，可延长三明治的保鲜期。

存放饼干法

在潮湿的环境中，饼干极易受潮，应密封后放在冰箱里保存，一旦回软，可用电吹风吹一下，饼干冷却后即松脆如初。

存放月饼法

将一竹篮下面垫上纸，月饼叠放在里面，上面再盖一张纸，隔天上下翻动一次。若发现有轻微霉点，蘸熟油或香油将霉点拭去，再放在烤箱里，用小火烤一会儿即可继续存放。

存放糕点法

将新鲜的糕点储藏在干净密封的容器里，如想较长时间保持新鲜，可切一片新鲜面包或普通片状面包放进去，如面包发硬，要及时换一块新鲜松软的。

存放蛋糕法

要使蛋糕保持几天新鲜，可切一片苹果与蛋糕同放在不透气的罐内。

存放年糕法

将年糕切成薄片，放在通风阴凉处晾干(不可暴晒)，然后放在大口容器中，可以储存较长时间。

将年糕切成段，晾干后放入容器中，加入清水盖没年糕，放入冰箱的冷藏室中，每隔一星期换一次水，可保存1个月左右。

将25千克米制成的年糕放入加有1千克食盐和50克白矾的水溶液的缸中，并使年糕被水浸没，这样能使年糕数月不坏。

在暂时不吃的年糕表面涂上一层花生油，1周后再涂一层。用这种方法保存年糕，在较长时间内可防止发霉变质。

米饭防馊法

将吃剩的米饭热透，然后不揭锅盖，不晃动，放在阴凉处。不可把饭盛出来或换容器，因为饭和原来容器上的细菌都在高温下杀死了，不会再繁殖，如果换了容器，新换容器上的细菌又会使饭变质。

蒸熟的米饭不宜久放，尤其是夏季米饭很容易变馊。若在蒸米饭时按1 500克米加2～3毫升醋的比例放些食醋，可使米饭易于存放和防馊，而且蒸出的米饭无酸味，并且饭香更浓。

存放馒头法

将新鲜的馒头装入塑料食品袋中，放到冰箱的冷冻室里冷冻，需要时可从冷冻室里取出，并立即放到蒸锅里蒸，蒸出的馒头像新蒸的一样松软、喷香。

存放饺子法

吃剩的饺子放在容器里存放会粘连，弄不好就会破皮、漏馅。如取一个盆，将剩饺子放在里面，然后根据饺子的多少浇上适量的熟油，再拿起装饺子的盆摇一会儿，使熟油在饺子皮上黏附均匀，经过这样处理，剩饺子放在器皿中就不会粘连了。

存放糖果及保健品的窍门

存放食糖法

在存放食糖的容器中，按每 5 千克食糖放 1 个胡萝卜的量即可避免食糖结块。

如果蚂蚁已进入糖缸，可在糖缸中插一根筷子，蚂蚁便会顺着筷子爬上来，这时抽出筷子除掉蚂蚁，再插进去，直到除净为止。此外，还可以在糖缸外面套几根橡皮筋，蚂蚁闻到橡皮气味就会远远避开。

存放糖果法

家庭购买糖果后，应存放在铁盒或有盖的玻璃瓶中，随开随关，尽量与空气隔断，不要放在潮湿的地方，更不要放在火炉或暖气附近，以防止糖果发烊或发砂。

夏秋季节，将包装好的各种硬、软糖放在电冰箱内，可防止其受潮溶化变质。

存放果脯和蜜饯法

将果脯、蜜饯存放在阴凉的地方，避免阳光直射。阴雨季节要防止受潮，如发现受潮要及时采取措施。当空气比较干燥时，最好将果脯、蜜饯放在塑料食品袋中，以防干缩或干耗。不同品种应分开存放，特别是含水量悬殊的品种尤应注意。

存放人参法

将适量的大米炒熟，待凉后装入玻璃瓶内，再把人参插入炒米中间，然后用蜡密封瓶口即可。这种方法简单易行，存放效果甚佳。

存放燕窝法

少量的燕窝需要存放，可用纸张包裹或装入塑料食品袋中，封口后再放入有生石灰的缸内，能起到保质作用。

存放牛蒡法

将牛蒡用湿报纸包好，再包上干报纸，埋在不见阳光处，可长期保存。

存放三七法

三七是药，也是保健品。存放时容易在根折断处生虫，而且虫孔很小，不易发觉。待剔除干净后，放入布袋或置于木盒或纸盒内，再放入生石灰缸中密封储存。

存放阿胶法

阿胶、鹿角胶、龟板胶遇热、遇潮均易软化，而在干燥寒冷处又易碎裂。可用油纸包好，埋入谷糠中密闭储存，使外界湿气被谷糠吸收，从而起到保护作用。夏季最好将其储存于密封的生石灰缸中。

存放哈士蟆油法

哈士蟆油最易吸潮发霉，以冷藏为佳。也可在哈士蟆油上喷上适量白酒，包成小包，装进双层塑料食品袋内，储存于瓷罐密封，既能防止发霉，又能保持原有的色泽。如果出现色深或不光亮时，说明已有吸潮现象。若外表开始发黏，则为发霉先兆。这时切勿日晒、火烘，因为晒则变黑，烘则有斑点，可在小木箱底部先铺上一层煤炭灰，然后放一碗白酒，上面盖上带纸的竹篾片，再将哈士蟆油铺于纸上，严密封口。

存放麝香法

麝香呈棕褐色或黑褐色粉末状，具有特异而强烈的香气，可盛装在瓷罐或玻璃瓶内，并用蜡封口，置干燥阴凉处保藏，以免香气散失而影响质量。

存放鹿茸法

鹿茸干燥后用细布包好，放入木盒内，在其周围塞入用小纸包好的花椒粉，不仅可以防止虫蛀、霉烂或过于风干破裂，而且还能保持鹿茸皮毛的光泽。对鹿茸粉，则应用瓷瓶盛装密封保存。

存放蜂蜜法

蜂蜜要存放在凉爽、干燥、通风的地方。发现蜂蜜开始发酵时，可以把它盛在玻璃容器内，放在锅中隔水加热到63～65 ℃，保温30分钟，便可阻止其发酵。蜂蜜在瓶子里放久了，有的呈白砂糖样沉淀在瓶底，取用很不方便。可连瓶一起放在凉水锅内徐徐加温，当水温达到70～80 ℃时沉淀物即会融化，并再也不会沉淀了。

用干净的玻璃瓶或陶瓷罐，按1 000克蜂蜜加入生姜两小片的比例，密封存放在阴凉处，此法能使蜂蜜久存不变味。

存放奶粉法

塑料食品袋具有透气性和透水性，买回塑料包装的奶粉后，无论拆封与否，都应及时装入铁罐盒或玻璃瓶内以减少氧化，并要放在阴凉、干燥、避光的地方。

防止启封奶粉变质的简单方法是取一团脱脂棉，洒上一些白酒，塞在奶粉袋开口处，然后用绳子将袋口连同棉花一起扎紧。

存放奶酪法

将盛有奶酪的容器盖上一块冷的微湿布(把布浸在冷水里后，取出拧得很干)，储存时间就会延长。

保鲜牛奶法

当时不用或一次饮用不完的牛奶，不要加糖，因为糖适宜细菌繁殖，如果加点精盐，既可防变质，又能保持牛奶的颜色和味道。

存放罐头食品法

不论是鱼、肉还是蔬菜罐头，一经打开，绝不能将吃剩的罐头食品继续放在开启的罐头里，放入冰箱。因为金属罐体中包含的铅会外泄，污染食物。所以打开的罐头一时吃不完，要取出放在搪瓷、陶瓷或塑料食品容器中，但也不宜久放。

存放烟酒及饮品的窍门

存放葡萄酒法

将葡萄酒封存在具有隔热、隔光效果的瓦楞纸箱内，再放置于阴凉通风且温度变化不大的地方，可保存较长时间。另外，如瓶塞不是金属的，是软木塞的，酒瓶应倒着放，可以保证软木塞不至于干燥，从而影响酒的密封。

存放香槟酒法

香槟酒不要直立摆放，正确的放置方法是横置于干爽及温度稳定的地方。饮用香槟前，必须将其冷藏（6～8 ℃最适合），以带出香槟的真正风味。如果来不及冷藏，可将香槟酒瓶放置于半满冰块的筒内约半小时。

存放瓶装啤酒法

应选购绿色和棕色瓶包装的瓶装啤酒，这类瓶能避光。应存放在避光的地方，忌受到阳光的直射，否则啤酒中的苦味成分会发生化学反应。瓶装的啤酒不宜剧烈振荡，也不能剧烈摇动后开启，否则会使瓶内压力增强，引起爆炸，发生危险。啤酒宜在低温条件下储存，在 10～20 ℃的温度下可保存较长时间。啤酒不宜反复时冷时热，这样会引起蛋白质雾状沉淀。

存放米酒法

将一个鲜鸡蛋放在未煮的米酒上，2 小时后，蛋壳的颜色开始变深，随着时间的延长，蛋壳的颜色逐渐变深，保鲜时间可以延长2.5倍。把米酒用完后，鸡蛋仍然可以食用。

存放黄酒法

黄酒存放久了，会产生酸味。如果在酒里放几颗黑枣或红枣（500 毫升黄酒里放 5～10 颗），就能使黄酒保持较长时间不变酸，而且使酒味更醇。

存放开过封酒法

对于没有饮完的酒，为了便于保存，下次再饮，可在瓶塞下插一根火柴，点着后迅速塞上瓶塞，就可减少里面的空气。

存放香烟法

如果购有大量的香烟，短时期内不能吸完，最好存放在冰箱中，这样就不易变霉，味道不变，色泽如故。

存放饮料法

螺旋口大瓶装雪碧、可乐、橙汁等，开瓶后一时不能用完。尽管瓶盖拧得很紧，也难免气体逸散，口味变差，甚至报废。如果拧紧盖后，将其倒置，即瓶口朝下，可使其保鲜时间延长。

存放茶叶法

用塑料食品袋装新茶叶，将口扎紧或烫封口，然后放入冰箱中，第二年色泽如初，味香如故。

茶叶如已沾染异味，可把 50 克花茶装入纱布袋，放入冰箱中，1 个月后取出茶叶，在阳光下暴晒一下能除味。

茶叶一旦受潮，可把少量生石灰用纸或小布袋包扎起来，与茶叶放在一起储藏，根据茶叶受潮情况，过一段时间，将吸了潮的生石灰包取出。但要注意不可放置过久，以免茶叶吸入石灰异味。

存放咖啡法

速溶咖啡在夏季易结块，只要把它放入冰箱里存放就不会结块了。喝剩下的咖啡不要倒掉，可放入制冰盆中，置于冰箱冷冻室内，使其结成冰块，味道很美。

存放咸小菜及调味品的窍门

存放咸菜法

咸菜只要制作方法得当，菜的含盐量达到标准，就易保存。一般在腌透后，将盛咸菜的容器口加盖密封好，放在阴凉处，食用时才启封。或将要存放的咸菜用油炒好，使其冷却后装入塑料食品袋中并扎紧袋口，随吃随取。

存放酱菜法

对酱菜防止变质的办法是采取密封存放，将酱菜缸、坛装，改为瓶装。即选用大口玻璃瓶，洗净控干水分，将酱菜装入，加入适量作酱菜的料汤，盖上盖（不要盖紧），放入蒸笼内进行蒸汽消毒，蒸 10 分钟后迅速取出盖紧瓶盖，立即使瓶温降低，保存的时间可以长一些。

存放泡菜法

泡菜是利用乳酸发酵的原理防腐，所以应把泡菜保存在泡菜的料液中。禁用沾有油污和不清洁的用具捞取泡菜。泡菜坛盖上盖子后，必须在边沿里注满水。最好在坛沿的水中加少量盐，使坛盖能接触到，坛沿的水成了盐溶液，细菌不易繁殖，水分蒸发减缓，便可防止泡菜变质。

存放榨菜法

最简单的存放办法就是取一只清洁干燥的大口瓶，将榨菜塞入，一般至瓶颈即可，然后用 2 片比瓶口直径稍长的竹片交叉放入瓶口，以防止榨菜松动。再取一只口径大于瓶口 4 厘米的碟子，注入半碟清水，把装有榨菜的瓶子，瓶口朝下倒立于碟子内，碟内的清水将空气隔绝，即能起到防霉的作用。

存放酸菜法

酸菜上出现霉点，要经常清除，并淘净酸菜水，露出菜后，再注入新水，可使酸菜吃到最后也不变味。

渍酸菜时，在缸里加点食盐，即可防止酸菜腐烂。

存放番茄酱法

食用番茄酱时，可把番茄酱罐头开个口，然后入锅蒸一下，这样吃剩下的番茄酱不易变质。也可在开罐后撒少许食盐，再倒一点食油于表面，能保存较长时间。

存放黄酱法

为防止黄酱“发缸”，应经常给酱缸“打扒”，排出气体，并使黄酱和水均匀混合。需要存放的黄酱，应藏于凉爽通风的地方，每天“打扒”一次。

存放芥末酱法

芥末酱开瓶后极易变干，如在打开的芥末酱上放1片柠檬，即可防止芥末酱干了。

存放辣椒酱法

在辣椒酱里加少许醋，即能延长其保存期，防止其发霉。

存放果酱法

瓶装的果酱打开之后，可用铝箔纸加在瓶口上封好来保鲜。在果酱的上面撒一层砂糖，这样果酱的味道就不会改变。

存放豆酱法

豆酱怕生霉，每次使用豆酱后，将剩下的用木勺弄平，以免接触空气，再用保鲜纸罩上，放进冰箱，即可防止豆酱生霉。

存放食盐法

夏天天气炎热，食盐容易溶化。把食盐放在坛子里压实盖严，这样可存放一个夏季不会溶化。

在食盐罐中放入一小包大米，便可使食盐始终保持干松，使用方便。

存放酱油法

在酱油中加入几滴麻油或者其他植物油，这些油浮在酱油表面，隔绝酱油和空气接触，从而使酱油不变质。在酱油中适当加点盐，以增强其防腐能力。一般来说，酱油的含盐量在30%时可以防止其生霉。

在酱油瓶内加少许白酒，可以防止酱油发霉。

将酱油放在锅里煮开，并且在煮时加一点食盐，冷却后保存，就不容易生霉。

在盛酱油的瓶中放入几瓣大蒜头，酱油存放一段时间后不会变质。

用纱布做成小袋，装一些芥末，浸入酱油中，能使其保存期延长。

在酱油中放几个尖辣椒，有一定的防霉作用。

存放醋法　将醋瓶塞塞紧后，放到水中煮20～30分钟，然后和热水一起放凉保存，可使醋长时间不坏。

在500毫升食醋中加入几滴酒，以无酒味为宜，再加少许食盐，醋就会变香，而且不会变质生霉。

存放芥末法　放少许醋在芥末中，可长久存放。也可用干净的菜叶包，外面再用塑料膜密封后放入冰箱，即能保持水分，不致干硬。

存放八角法　将干燥的八角用纸包好，放在塑料食品袋内，然后挤出塑料食品袋内的空气，再扎紧袋口，可存放2～3年。

存放淀粉法　将淀粉晒干后装入密闭的容器中置于阴凉干燥处即可，并注意勿与其他异味物品放在一起，以防串味。

存放老汤法　保存老汤时，一定要先除去汤中的杂质，等汤凉透后再放进冰箱里。盛汤的容器最好是大搪瓷杯，一是占空间小，二是保证汤汁不与容器发生化学反应。容器要有盖，外面再套上塑料食品袋。如果较长时间不用老汤，则可将老汤放在冰箱的冷冻室里，3周之内不会变质。

存放植物油法　存放食用植物油时，盛装器具要洗刷得很干净，同时应将油罐满，减少油和空气的接触，拧紧盖子，然后存放到低温、阴暗和通风的地方。

在油脂中放些花椒末，就能防止油脂变哈。

将1粒维生素E胶囊刺破，滴入500毫升植物油中搅拌均匀，密封瓶口，置于避光环境中，可储藏1～2年不变质。

存放小磨麻油法

将新鲜的小磨麻油装进一小口玻璃瓶内，每 500 毫升麻油放 1 克精盐，盖紧瓶盖，不断摇动，食盐化后，放于暗处。3 日后，将麻油倒入暗色玻璃瓶内，勿用橡胶塞，用木塞或金属塞子塞紧，置避光处随吃随用。

存放花生油法

将花生油入锅加热，下入少许花椒和茴香，待油冷却后，倒进搪瓷或陶瓷容器中存放，不但久不变质，而且做菜用此油味道也特别香。

存放黄油法

当黄油的数量较多、储存时间较长时，应将黄油放入冰箱的冷冻室里储存。

存放豆油防霉菌法

在装豆油的瓶子里注入几滴麻油，豆油就不易变质产生霉菌。

存放猪油法

先将盛器洗净晾干，然后放入干燥的生黄豆数粒，再将炼好的猪油盛在里面，盛器口盖紧封严，可存放数月，即使在炎热的夏天也不会变质。

趁炼好的猪油尚未冷凝之时加少许食盐，拌匀后装入瓶中加以密封，能使猪油长期保持醇香的鲜味。

猪油炼好后，可趁热在每 750 毫升猪油中加 50 克白糖，然后放入瓷罐中并浸入冷水盆，使其凝固，可保存较长时间不会变质。

猪油炼好放至不烫时，加一些豆油，可以防止荤油在存放过程中过早产生哈喇味。

在刚熬好的猪油中放入少许花椒加以搅拌，封严存放较长时间也不会变味。

窍门集锦篇

使食物味香鲜嫩的窍门

使蒸鱼味鲜美法 蒸鱼之前，先将鱼身水分用布抹干，以免鱼肉鲜味被冲淡。还必须待水沸后放入蒸锅中，加大火力。蒸时可放些鸡油在鱼面上，鱼肉吸入鸡油，更鲜美、滑溜。

烹调鳝鱼味美法 鳝鱼不宜用油炸，而应将鳝鱼切成片或丝后，在热油锅中滑炒，既可去其异味，又能使菜肴味道鲜香。如果在烹炒鳝鱼时加少许香菜或藕，可以增香、增营养。

用八角催鱼香法 制红烧鱼时，待油沸后放入八角炸出香味，加入其他佐料，再放入炸好的鱼，鱼肉会更加鲜香味美。

使鱼肉有果香法 煮鱼时，加入适量的时鲜水果，如鸭梨、苹果等，可使成菜有一种水果香味，风味独特，使人食欲大开。其法是将水果洗干净，削皮去核，切成小块，装入纱布袋内，扎住袋口（也可直接放入锅中）。待鱼肉即将熟时放入，与鱼一起炖煮，熟后取出水果袋即可。

用甲鱼胆增鲜法

将甲鱼腹部打开，先将胆取出，待除去内脏后，再将胆汁涂在甲鱼肉上，稍晾片刻后再放入清水中轻轻漂一下，这样处理可起到除腥增鲜作用，使甲鱼肉的味道更鲜美。

使鲜鱼肉味美法

鱼、肉类食品储藏过久不够新鲜时可放些食醋，既可以正味，又能杀菌，味道也适口。

如果发现将要烹制的鱼不太新鲜，可用食盐把鱼的里里外外擦一遍，过1小时后再入锅煎，这样做出来的鱼鲜味如常。

油炸鱼时，鱼外面常常裹一层面糊，如在面糊里稍加点苏打，则炸出的鱼松软、酥脆。

炖鱼时，放入少量啤酒，有助脂肪溶解，还能产生脂化反应，从而缩短炖制时间，除腥味，使鱼肉鲜美。

使咸鱼肉鲜美法

要使咸鱼不咸，鲜嫩适口，可将咸鱼放入加有醋100～150毫升、食碱50克的温水里浸泡4～5小时，然后取出，将鱼洗净烹调。

使鱼汤鱼肉白嫩法

制鱼汤时如果能加入少许牛奶，可使鱼肉白嫩，汤味鲜美。

做鱼汤时加少许啤酒，不仅鱼肉白嫩，而且能使鱼汤味鲜美。

使虾仁色明爽嫩法

将剥好的虾仁放入碗内，每250克虾仁加入精盐2克，用手轻轻抓搓一会儿后用清水浸泡，然后再用清水漂洗干净，能使炒出的虾仁透明如水晶，爽嫩而利口。

使鱼虾美味法

鱼虾在烧煮前，放在盐水中养6小时以上，可使其甘氨酸和丙氨酸的含量增加2倍，烹制出来将特别鲜美。

鲜虾在烹调前，用泡有桂皮的沸水浸烫一下，味道会更为鲜美。

使虾米软嫩鲜香法

在烹制菜肴前，必须先将虾米上粘附的泥沙杂物洗净，放入洁净的碗内，加入适量的温开水将其浸泡涨发至软；或者将洗净的虾米放入小碗内，加适量的姜片、葱段及料酒，置蒸锅内蒸透，虾米就可以软嫩鲜香。

烹调螃蟹鲜香法

将螃蟹用牙刷洗净，去掉身上污物，挤去蟹脐中的粪便，在脐中放一片老姜、一个葱结，然后将其捆扎好，蟹壳朝天放入平底锅中，用旺火烧煮，锅中不放清水而放啤酒(1 000 克螃蟹可放啤酒 500 毫升)。待啤酒快烧干时蟹即煮熟，壳鲜红发亮，浓香四溢。

使海蜇脆嫩法

将海蜇用水泡 2 小时后洗去泥沙，切成细丝后放进清水里，再放入苏打，按 500 克海蜇放 10 克苏打的比例泡 20 分钟，过后用清水洗净就可拌制凉菜了。

使海带酥嫩法

煮久了的海带会发硬，可在煮海带的锅里加几滴醋，海带便会很快软化。

使鸡肉更鲜美法

宰杀洗净的鸡，放置一段时间再下锅，味道会更加鲜美。鸡肉和其他肉不同，鸡肉中含有多种氨基酸，烹制时加进少量调料即可，如果调料过多，反而会破坏鸡肉原有的风味。

不论是整只鸡烹调还是剁块焖炒，均宜在开膛去内脏以后放在开水中浸烫，去除一部分表皮脂肪油脂，然后加料酒、酱油腌拌 10 分钟后再烹饪。

用于炖制的鸡，可在开膛去内脏后投入掺有 1/5 啤酒的水中浸泡 20 分钟，可使炖鸡嫩滑爽口。

炖、烧、卤煮鸡时，可留些老汤，下次做鸡时加入，能使味道更鲜美。

使鸡血鲜嫩法

宰鸡时，用少量的盐水接血，血容易凝固，而且又能保鲜。也可将鸡血加食盐盛放在碗中，然后倒入冷水锅内烧开，撇去面上的浮沫，既鲜嫩，又卫生。

使蛋花汤滑嫩法

锅水烧沸后，加入作料，然后将用水调匀的藕粉汁（也可用淀粉调汁）慢慢倒入锅中加以搅拌，待水沸后，将蛋液用小勺舀起，将小勺放在水面上撇入汤中即可。

炒鸡蛋鲜嫩法

将4只鸡蛋（鸡蛋少，用料酌减）打入碗内，加水淀粉10克，高汤100毫升，精盐适量，用筷子顺一个方向打匀。锅内放猪油50毫升，旺火烧至五六成热时倒入蛋液，快速搅炒，待水气渐干，蛋上亮起油光时出锅。此法炒蛋不仅松嫩味美，且能增量1/2。如果在炒鸡蛋时加上一点醋，炒出的鸡蛋也会鲜嫩松软，色味俱佳。

将鸡蛋磕入碗中，加入少许温水搅拌均匀，倒入油锅里炒。炒时往锅里滴少许醋或牛奶，炒出的鸡蛋蓬松、鲜嫩、可口。

炒鸡蛋时加一点米酒或啤酒或白酒，可以使炒制的鸡蛋鲜嫩松软，既光泽鲜艳、香郁，又鲜美可口。

蒸蛋羹鲜嫩法

铝容器传热性能良好，不仅省时间，而且受热均匀。蒸蛋羹时要加上盖，防止水分过多蒸发而变老。在蛋液中加入热米汤或40～50 ℃的热水，添加量不少于蛋液的1/2，勿用冷水。因冷水里有空气，水被烧开后空气排出，蛋羹出现蜂窝。不要一次加入米汤或热水，应边倒边顺一个方向搅拌，使其与蛋液融合。一般蒸到七八成熟时揭开锅，用手倾碗，蛋液全部凝结即熟了。

使老鸭嫩化法

炖老鸭前，先将其剁成肉块，放进混有少量食醋的凉水中泡上2～3小时，上锅用小火炖，鸭肉容易烂，而且鲜嫩可口。

炒肉丝鲜嫩法

将切好的肉丝放入碗内，用少许精盐、料酒、蛋清、水淀粉和葱姜汁抓匀后撒入沸水锅内，用筷子搅开，防其粘连。待肉丝呈白色时，捞出置冷水中投凉，再捞出控净水分。另将油锅烧热，用葱姜炝锅，加入油菜、黄瓜、冬笋和蒜薹等配料炒至将熟，放盐和少许高汤，随即投入肉丝煸炒几下，放些味精即可出锅。

炒肉片鲜嫩法

炒肉片最好选用里脊肉、后臀尖，不宜使用软肋肉和脖子肉。肉选好后切成薄片并放入碗中，加少许橄榄油（或醋）、酱油、淀粉和蛋清，用手抓匀。热锅凉油，把肉片放入锅中翻炒，肉片熟后捞出，倒出余油，然后放入调料，重新倒入肉片，翻搅勾芡，加味精即可。

将少量淀粉和啤酒淋在肉片上拌匀，5分钟后入锅烹制，炒出来的肉片鲜嫩、味美、爽口。

嫩化肉质法

很硬的肉难以煮烂时，可用叉子蘸点醋逐次叉到肉里去，放置30分钟，就能使肉质变软变嫩。因为醋的用量很少，所以不会影响肉味。

将生姜捣碎取汁，生姜渣留作调料用，将姜汁拌入切好的牛肉中，每500克牛肉加1汤匙姜汁，在常温下放置1小时后即可烹调，能使肉鲜嫩可口，香味浓郁。

将鲜生姜切成细末或薄片，与肉一起烹调，能使肉质柔嫩。这是因为鲜生姜中含有一种肉类蛋白质的水解酶在起作用。

在烹制肉类食品时，过多的盐分会使肉脱水、变干。但如放进适量的白砂糖则可保持其水分，如是牛肉，可使肉嫩而不会变老。

炖肉时，在每500克的肉里放入山楂片3片，可使肉很快熟烂，而且味道鲜美。

炒牛肉鲜嫩法

牛肉纤维粗老，炒后吃起来往往发韧。切配时要注意刀口，要顺纹切条，横纹切片。浸渍时加生油封面，浸渍1～2小时，肉片中的油分子会渗入肉中并吸收液汁。当入油锅内炒时，肉中油分子急速膨胀，粗纤维被破坏，炒出的肉就鲜嫩可口了。

韧牛肉烤嫩法

韧性强的牛肉适于烤着吃，但烤不好吃起来发紧。如烤前将牛肉放在一块肉皮上（塑料食品袋、布上也可），用刀背或小面杖反复拍打，将牛肉纤维拍断，然后切片烤制即可。

烧煮牛肉鲜嫩法

老牛肉质地粗糙，不易煮烂。可先在肉上涂一层芥末，放6～8小时，用冷水冲洗干净即可烹制。经过这样处理，不仅容易煮烂，而且肉质变得酥嫩。

煮牛肉时，放些嫩的木瓜皮或几个山楂或土豆，牛肉可烂得快些。因其所含酸素可使老牛肉的纤维嫩化。

家庭红烧牛肉时，如在锅中放些切碎的雪菜，可使肉味更鲜美。如手头没有鲜的雪菜，也可用腌过的。

在烧牛肉时加入几粒凤仙子或一点冰糖，肉就容易煮烂。

用啤酒代水烧煮牛肉，肉嫩质鲜，异香扑鼻。

使羊肉涮得鲜嫩法

涮羊肉要突出一个“涮”字，一次不要夹得太多，要在沸水中来回摆动，使肉片散开，并均匀受热，使肉片不老不生，恰到好处。筷子不宜夹得太紧，筷子夹得太紧，被夹部分容易出现“夹生”，致使羊肉中有一种旋毛虫病菌杀不死，会危害健康。也不要将肉放在锅中煮，肉煮老了会失去鲜味。

做肉圆鲜嫩法

好的肉圆应是外表圆润光滑，里面鲜嫩喷香，烧时不易破散。窍门就是在肉糜中加精盐、味精、葱姜末、料酒、胡椒末、蛋及水等，用手将肉糜使劲搅动1～2分钟，再加湿淀粉搅拌打匀，然后做肉圆。油汆、水汆均可。

炒腰花鲜嫩法

将花椒一小撮放入碗内，冲入开水半碗，10分钟后捞出花椒；花椒水凉后，将切好的腰花放入花椒水中浸泡3～5分钟，然后滗出花椒水，再用清水淘净。腰花经过花椒水浸泡后上火过头也不老，既不会溢出血水，又可以保持其鲜嫩。

炒猪肝鲜嫩法

可用淀粉浆勾成薄芡，随即将汆过的猪肝片倒入薄芡卤汁中，用旺火快炒拌匀，让卤汁紧包猪肝表层，淋入香油，即可起锅装盘。炒出来的猪肝，肝内含的水分及营养基本上不受损失，色泽好看，肝片光滑，鲜嫩，香而可口。

使蔬菜碧绿脆嫩法

绿叶蔬菜用旺火热油煸炒(快炒),或者投入开水锅中焯一下取出来(如菠菜、油菜、芹菜等),就能保持其碧绿、鲜嫩的特点。

旺火速炒由于温度高,翻动勤,受热均匀,成菜时间短,可防止蔬菜细胞组织失水过多,避免可溶性营养成分的损失。同时,叶绿素破坏少,原果胶物质分解少,从而既可保持蔬菜质地脆嫩、色泽翠绿,又可保持蔬菜的营养成分。

将放蔫了的油菜放入加有 1 汤匙醋的冷水里泡 1 小时,可使其返青变绿。

烹制的菠菜等蔬菜如颜色变黄,立即加少许盐,即会转成绿色。

炒菜时加点开水,炒出来的菜十分脆嫩。

炒蔬菜时,可将蔬菜用开水略烫一下,捞出控去水,放进炒好的肉类主料锅里同炒,这样炒出的菜秀色可餐。

在炒菜时加少许碱,叶绿素在碱水中不易被有机酸破坏,可使蔬菜更加碧绿鲜艳,并能增加蛋白质溶解度,使原料组织膨胀,易于炒熟。

炒蔬菜时,最好加入开水,炒出的菜既嫩又脆,口感特好,营养成分也不易损失。

炒白菜和芹菜时,先在烧热的油锅内投入几粒花椒炸至变黑时捞出,留油炒菜,菜香扑鼻。

炒菜花脆嫩法

菜花炒、烩加热时间不宜过长,以保持其脆嫩适口;如果过火,变得软烂,就没有风味特色了。正确的烹炒方法是:在烹调前用水焯一下,再回锅调味,翻炒几下即可出锅,以减少在锅内停留时间。

炒瓜菜脆嫩法

炒莴笋和黄瓜时,应在切好后先用食盐腌渍几分钟,然后控去水再烹炒,有助于保持菜质的脆嫩清鲜。

做摊黄菜鲜嫩法

在做摊黄菜时适量加些淀粉勾芡,可以使蛋白质少受损失,并能使摊黄菜涨发,不收缩,味道更加鲜嫩。

使腌菜脆嫩法

在腌菜时，只要按菜的重量加入0.1%左右的碱就可以保护叶绿素不受损坏，而且腌出来的咸菜颜色鲜绿。如果按菜的重量添入0.5%的石灰，就可以使蔬菜中的果胶不被分解，并且腌出来的菜又脆又嫩。

使番茄色泽红艳法

将番茄洗净，用开水浸泡一会儿，撕去外皮，切开后除去籽和瓤（瓤和籽可用白糖拌匀生吃），果肉切好。锅置火上，放入少许花生油烧热，用葱姜末炝锅，倒入番茄煸炒出香味并溢出红油时，加少许精盐和酱油，制成番茄酱汁，再用它炒菜、拌面、炖菜调味等均可，味道好，颜色红艳。

炒青椒脆嫩法

将青椒去籽洗净，切成细丝，葱洗净切成葱花。炒锅置旺火上，倒入花生油或菜油烧热后，放入葱花炸出香味，其色发黄时迅速倒入青椒丝，急火快炒，加入少许精盐和味精，烹炒几下，出锅装盘即成。色泽美观，翠绿清新，口味清淡爽脆。

炒葱头脆嫩法

炒葱头时容易粘连发软，可在切好的葱头中撒拌少量的面粉，则成菜色泽金黄，质地脆嫩，口感好。

炒土豆丝脆嫩法

土豆丝切好后放在清水中洗2次，以去除表面的淀粉质，然后用旺火、热油快速翻炒。边翻炒，边淋水，边加调料，待土豆丝变成玉色时即可出锅装盘，清脆鲜嫩，十分可口。

炒豆角保鲜绿法

在开水中氽烫过的豆角，为了在烹调以后仍保持其鲜嫩的颜色，捞出后撒入少许精盐再进行烹调，就会使其鲜绿的颜色不变。

使酸菜更鲜香法　做酸菜时放些酒效果甚佳。因为酸菜中含有大量的乳酸，能和酒中的乙醇发生反应，生成有浓香味的脂类物质乳酸乙酯，还能减少酸味，增加鲜香味。

使水果更甜美法　将未熟透的桃子、李子、杏子、香蕉、苹果和青枣等果品放在陶瓷缸或瓦瓮内，喷上白酒，盖严密封，可使水果甜味大增，消除酸涩的生果味。

存放过久、未烂但不太新鲜的苹果不要丢掉，将其洗干净切成小块，放在葡萄酒中（淹没为宜），再加适量砂糖煮一下，则苹果别有一番风味。

使核桃新鲜法　将干核桃肉放在淡盐水中泡四五天，取出来吃就像新鲜的一样，而且核桃皮也好剥。

使甜食更甘美法　做甜食时，在食物中放入占糖用量1%左右的食盐，既能调剂口味，还可起到以咸助甜的作用，味道变得更加甘美。

使鲜蘑菇清鲜法　将洗后待烧的鲜蘑菇放入加有少量醋的水里浸泡，就不会变黑发暗了。

使莲藕白嫩法　在炒莲藕时可加少许白醋，使其白净鲜嫩、爽脆。

使泡菜色味美法　制作泡菜时，在泡菜缸里加少许啤酒，可使泡菜色鲜、味美。

使凉拌菜味美法　做凉拌菜时，将菜浸在啤酒中煮一下，待酒一沸腾就取出，适当加入一些调味料，可使制作出的凉拌菜脆嫩爽口，别具芳香。

夏天吃凉拌菜，放少许醋不但味鲜可口，还可软化蔬菜的纤维，利于消化，帮助灭菌，对预防肠道疾病有益。

做凉拌黄瓜和凉粉等菜时，放入拍碎的蒜瓣或捣碎的蒜泥，可使菜味更浓、更爽口。

使火锅味更鲜法

吃火锅时，在沸腾的汤中加少量啤酒，可起到增鲜添味的作用。

使冻豆腐变鲜法

在锅里放好汤，加上各种调料，把冻豆腐切成小块放到锅里。同时，把少许苏打粉撒到汤里和冻豆腐上面。

使面包更香法

烤面包揉面团时，不要放牛奶，而以等量的啤酒代替，不但面包容易烤制，而且烤好的面包还有一种近似烤肉的香味。

使炒米粉鲜香法

水烧开后下米粉，煮至九成熟，视其略有膨胀时捞出，用冷水冲洗好待用。炒锅内放油置火上烧至七成热时倒入姜丝、肉丝、干红辣椒煸炒，淋少许米酒，随后放入米粉，端锅颠炒或用筷子翻炒，熟后加葱花、味精即可装盘。

煮米饭白黏香法

要想把米饭煮得既色白好看又味香，可将淘好的米放入加有几滴柠檬汁的水中浸一下。如果没有柠檬汁，也可在水中加点醋或料酒。

使炸酱味美色艳法

锅置火上，放油烧热后用葱姜炝锅，投入切好的肉丁煸至断生。再放酱一起煸炒，不断翻炸，使酱均匀受热，接着投放少许糖及料酒，以除掉腥味，增色助香。

使臭咸蛋味美法

在臭咸蛋内放少许醋，能消减臭味，使其味道鲜美。

使烤饼香脆法

烤制小薄饼时，在面粉中掺一些啤酒，烤出来的饼既脆又香。

使牛奶香味浓法

喝剩的咖啡不要倒掉，应将其倒在冰盒中再放入冰箱。制作的咖啡冰块放入冷奶或热奶中会使牛奶香味浓郁。

使酒味变香法

若将适量的橘皮放入酒中浸泡一段时间，酒味就会变得浓郁而清香。

在啤酒中加些咖啡，再放少许糖，不仅苦涩中含幽香，而且口味宜人。

将各种名贵的酒类放在冰箱内，可使其长期保持醇香、清鲜。

使果酱增香法

煮果酱时加些切碎的柠檬皮，香味扑鼻，诱人食欲。

使咖啡增香法

磨咖啡之前，在咖啡中掺一点食盐和糖，就会使咖啡释放出香味。

使奶油香浓法

为了使香草奶油香味更浓郁，可在其中加一点食盐。

使茶味浓香法

将柠檬和茶叶放在一起，用开水冲后饮，可使茶的味道浓郁。

将啤酒加入凉的红茶水中，茶香酒香兼备，且能解酒。

使茶点香艳法

选洁净的橘皮，切成细丝晒干，密封储藏备用。沏清茶、做糕点、蒸馒头时放上一些，既能使茶点增添香味，又可增加鲜艳的色泽。

使食油变香法　花生油及豆油等放在锅里加热后，再放些花椒及茴香，然后冷却备用，可以增加油的香味。

菜油有一股异味，许多人不喜欢食用。可以将菜油 2 500 毫升放入锅内，置火上烧热后改为中火，投入已拍碎的生姜和蒜瓣各 50 克，以及葱段、桂皮和陈皮各 25 克，八角和丁香各少许，炸出香味后，放入白醋和料酒各 25 毫升，再烧片刻后捞出调料，如此处理的菜油味胜似香油，且不易变质。

使醋变香法　要使醋有香味，可在一瓶醋内滴少许白酒，再掺少许精盐，均匀搅拌。醋不仅保持了原有的醋味，而且变得很香，并且易于保存，日久也不会生白膜。

使芥末增香增味法　将芥末用适量的热水搅拌，放在火炉上加热，使其受热发酵，那种独有的辛辣味就会散发出来。

使蒜泥更香法　将大蒜去皮后放入捣碎钵内，用捣棍或擀面杖将蒜充分捣碎，如加一点味精和食盐，则越捣越粘、越捣越香。

使味精更鲜法　味精怕碱，遇到碱后就失去味精的鲜味。因此，若菜中有碱或放过碱，可先加点醋后再加味精，才能起到味精的作用。

使食物返鲜的窍门

使冻肉解冻返鲜法　冷冻的肉类，在加热前，先用姜汁浸渍，可起返鲜的作用。将冻肉放在冷水中浸泡，或将速冻肉放在 5～10 ℃的地方使其自然解冻。这是因为肉类在速冻过程中，其组织汁液完全冻成了冰，形成肉纤维中间的结晶体。这种汁液的结晶体是一种最有价值的蛋白质和肉膏的美味物质。肉类缓慢解冻，这种汁液的结晶体会重新缓缓地融化，还原成汁液渗入肉的纤维内，使肉类恢复原来性质，从而保持肉的应有营养与美味。

使老牛肉变嫩鲜法

将老牛肉涂上芥末，放6～8小时，用冷水冲洗干净，即可烹制。经这样处理，不仅容易煮烂，而且肉质变嫩。如煮时再放少许酒和醋，则肉既嫩又鲜。

使冻鸡鸭返鲜法

为使冻鸡、冻鸭很好地返鲜，可将鲜姜断面涂擦表体，经这样处理过的鸡、鸭肉味道更醇香，色泽也更美观。

使凉烤鸭返鲜法

烤鸭色泽鲜美，外焦内嫩，但买回时间一长会“疲软”。遇到这种情况，可将凉烤鸭用锅蒸约15分钟，然后用布裹鸭脖子用手提起，将50毫升烧热的食油用勺子浇在鸭身上。油温掌握在无泡沫为宜，如鸭子肥大，用油量可加到100毫升。经过这样处理后，凉鸭就能恢复原来的风味。

使冻鱼返鲜法

冷冻过的鱼，烧制时，在汤中加些牛奶，会使鱼的味道接近鲜鱼。

在冰过的鱼身上洒些米酒，再放回冰箱中，鱼很快就能解冻，既不会有冷冻后的气味，而且做熟后味道更加鲜美，也不会损失营养成分。

将冻鱼放在淡盐水中化冻，可使鱼肉蛋白质遇盐后慢慢凝固，使鱼返鲜。

使咸鱼返鲜法

将咸鱼放入盆内，倒入温水和少许醋，浸泡三四小时。将泡好的咸鱼捞出用清水洗净再进行烹调，不仅能使咸鱼变淡，起到返鲜的作用，而且肉质也会变得鲜嫩。

使陈米焖饭返鲜法

将陈米淘洗干净，用水浸泡2小时，捞出沥干，再放入锅中，加适量的开水、1汤匙猪油或植物油，搅拌均匀，用大火煮开，转为小火焖制。若用高压锅，焖8分钟即熟，味道同新米一样新鲜。

使剩米饭返鲜法

前一天的剩饭吃起来会感觉不新鲜，可以在蒸时往蒸锅水中加少许盐，蒸好后会和新煮的饭一样好吃。

剩米饭加热后，饭粒会吸收更多的水分而膨胀，又软又不新鲜。可在煮新米饭的同时，把剩米饭放在新米上面，只需按平时蒸饭时的加水量即可。等饭熟了，和新蒸的米饭一样好吃。用高压锅做效果会更好。

在剩饭中磕入1～2个鸡蛋，加入少许葱及精盐，做成香味可口的鸡蛋炒饭。

将剩饭倒入压力锅内，铲散并在锅边加少许水，盖上锅盖，扣上安全阀，待有蒸汽冲出时即可停火，3～5分钟后食用。这样加热剩饭，不仅节省时间，而且蒸出的饭较香。

使干硬面包复软法

面包经冷冻后会发干发硬，如在面包上喷一些米酒，再放入烤箱中烤制，可使面包恢复松软、可口。

在蒸锅里放入半锅温水，加些醋，然后将面包在蒸架上放6～8小时，面包即可复软。

将干硬面包用原包装纸裹好，再用浸透水的报纸包住，装入塑料食品袋，扎紧袋口放一夜，干硬面包即能回软。

在变硬的面包上洒些清水，放入微波炉中加热30秒钟，即可使其变软。

使食物变脆法

将受潮的饼干、花生和瓜子摊平放在玻璃盘上，送进微波炉内，以强功率挡加热，中途停机翻动2次，累计加热数分钟，就可将受潮的干货烘干。

饼干和蛋卷等小食品稍受潮气便会变软，失去了原有的松脆可口之味，如用电吹风热挡吹几分钟，冷却后即可松脆如初。

受潮而软化的饼干，只要放入冰箱冷冻室，数天后即可恢复原状。

使馅饼软化法

在馅饼将烙熟前，在饼面的两面刷些油、水混合液，稍焖片刻即出锅，馅饼就会油润柔软。

使奶酪软化法

将干了的奶酪切成1～2厘米厚的块，放在米酒里泡一段时间后隔水蒸一下，奶酪就会重新变得柔软好吃。

将盛放奶酪的瓷碗放进微波炉中，用高功率挡煮15～30秒钟，即能将奶酪软化。

使霉茶叶复原法

将刚开始发霉的茶叶放入锅内蒸3分钟，再用洁净的炒锅炒干即可，火温掌握在40℃左右。也可用干净无味的平底锅，加垫一层白纸，将霉变的茶叶均匀地平铺摊开，用文火烘焙，并不断地搅拌翻动2～3分钟。注意，不能烘焦，茶叶无湿度即取下，待茶叶完全冷透后再储存。

自制馅心的窍门

剁肉馅法

肉的鲜味主要存在于肌肉细胞内，它溶解或悬浮在细胞内的水分中。也就是说，肉的鲜味来自肉汁。用刀剁肉时，虽然肌肉纤维被刀刃反复切割、捣剁，但肉块受到的机械压力并不均衡，因而肌肉细胞破坏较少，部分肉汁仍混合或流散在肉中，因此鲜味较强。用绞肉机绞的肉馅，鲜味就逊色一些。

将准备做馅的肉放入冰箱冻结实，然后取出，用擦菜板将冻肉擦成细丝，再用刀轻轻剁几下就成了肉馅。

剁肉馅时，常因肉末粘在刀面上而剁不快，只要在肉上加少许料酒或淡盐水，或将菜刀放进热水里泡3～5分钟，或边剁边在刀上淋洒冷水，剁起来便觉得又轻又快，而且刀面不会再粘肉末。

调馅料法

为什么调馅时要把油倒在葱花上，这是因为葱切好后，葱油挥发性强，拌到馅内在盐的渗透作用下使葱里的水渗出，同时葱油挥发产生气味，这种气味是人们不喜欢的。为了改变这些不足，只有把油倒在葱花上，使葱花表面被油包围，与空气隔开，抑制盐的渗透，这样才能更好地发挥葱在馅中的作用。

大多数馅用熟豆油调制，有时也用生豆油，但口味不如熟豆油好。由于生豆油含有较浓的豆腥味，如果将其放入馅里会影响其他调味料的作用，压倒了其他味。如果将其和芝麻油混合使用，也会冲淡芝麻油的味道。当制品煮熟后，会出现豆腥味，馅的鲜味也体现不出来。所以，一般都用熟豆油来调制，这样馅会更鲜美。

拌肉馅时，可在肉馅中加点八角水，既可令肉馅鲜美嫩香，还可将腥味除去。如果是用500克肉馅包制时应配10克八角，即将八角在100毫升开水中浸泡20分钟，再把八角水拌入肉馅中即可。

用肉末拌馅时，加入少许食盐，可使肉馅越搅黏度越大，放入馅中的水不易渗出，使馅料成团不散，吃起来松软鲜嫩。

做菜馅时，把洗净的菜切碎，倒入锅中，浇上食油，轻轻拌和，再把拌好的肉馅(放好盐)倒入混合均匀即可使用。由于菜末先拌了油，被一层油膜所包裹，因此遇盐分就不易出水。

制肉馅法

有的人调制的肉馅香，有的人调制的肉馅不香，这是什么原因呢？主要还是出在使用的肉、调料和调制技巧上。用猪夹心肉制馅相对嫩一些。肉馅的嫩度还体现在吃水量上，用水适当口感则嫩。肉馅的鲜香味主要与调料的配比有关，如盐、酱油、味精、花椒粉、葱、姜、香油等调料，在使用时必须掌握适度，不能过多也不能过少。一般制作1 000克肉馅，用盐20克，酱油20毫升，味精10克，花椒粉1克(花椒油也可)，姜5克，葱花50克，水300～800毫升，调制出的肉馅就比较鲜、香、嫩了。

制豆沙馅法

将红豆500克洗净后用清水浸一天，放锅里烧开改用小火煮烂。然后倒在淘米箩里用手搓细出壳，将豆沙滤进盆里。待豆沙沉淀后，将清液再次倒进淘米箩里冲洗出剩余的豆沙(可反复几次)。然后将豆沙浆倒入细布袋里，滤去水分。

将猪油100克放入锅里，烧热后加糖750克，熬至糖水起韧性再把豆沙泥倒进去,炒至豆沙厚薄符合需要时倒出冷却即成。

锅置火上,放入植物油 50 毫升烧热,倒入红豆沙 500 克炒至翻沙吐油,加入熟猪油 100 克、红糖 150 克和白糖 250 克炒匀,撒上芝麻粉 10 克起锅即成。具有香甜滋润、松软利口的特点。

炒豆沙时也可用水代油,但色泽及吃口较差,糖与水的比例是 9∶1。炒时豆沙和糖不能同时放,否则不爽口,发腻。豆沙炒成后如需加猪油丁、桂花或玫瑰,可在冷却后拌入。

将洗净的红豆放入高压锅内,加入适量的水,盖上锅盖,用火煮。开锅后扣上限压阀,煮 15 分钟豆子就烂了。

防豆沙烧糊法

煮豆沙时,可以把一粒玻璃弹子放入锅内,这样可以使汤水不断地滚翻防止烧糊。但要注意,此法不宜用于砂锅,以防砂锅被弹子打碎。

制绿豆沙法

将绿豆 250 克去掉杂质,洗净,加水一茶匙拌匀。用瓦煲(盖上有孔)盛水 2 500 毫升,煮沸,将已用水拌过的绿豆和陈皮一小块一起放进瓦煲里,用中火煮至豆衣分离,一直熬煮至豆肉溶化起沙,最后加糖 250 克煮溶即成。

制糖馅法

制作糖包、糖三角或其他小吃的糖馅,多用白糖或红糖加熟面粉或熟米粉等辅料调制而成。如仅用糖,则加热后容易膨胀,以致破皮流汤,即使不破皮,吃时也因烫嘴而难以下口。这种馅在熟制前,还会因糖溶化而渗出,而加上熟面粉或熟米粉等辅料后则可克服上述不足。

将橘皮切成小丁,用蜂蜜或白糖浸泡 2 个星期,即可作汤团、糕饼的馅,吃起来清香可口、风味特殊。

制素馅法

馅中不加动物性肉类的馅称为素馅,它以各种蔬菜为主,或加蘑菇、木耳、蛋品、粉条及其他调料,一般可做蒸饺、水饺及包子等。素馅的特点是清淡不腻。

制肉皮馅法

取100克加工干净的猪肉皮煮几分钟，捞出沥干晾凉，绞碎，再投入锅内加水煮15分钟，在冷透前加入剁好的豆芽，浇上油，放少量虾皮或碎油渣拌匀，再与肉馅拌和。用此馅包的饺子别有风味。将鲜肉皮150克放入冷水锅中烧开，刮净杂毛并洗净，投入锅内稍煮一下捞出，放冷水里浸一下，这样可使肉皮易酥。随后再将肉皮投入锅内，用小火煮烂，捞出斩细。再放回原汤里，加葱、姜末、料酒，用旺火边烧边掏（以免粘底），烧至肉皮呈糊状有黏性，能粘附在筷上，即倒在盘里，待冷却后放入绞肉机里绞碎，或用刀斩细。然后把夹心肉1 000克左右斩成肉酱倒入容器里，放入酱油、糖、精盐、味精和料酒，朝一个方向搅拌至调料全部吸进肉里为止。再加清水150毫升继续朝一个方向搅拌至水全部吃进，然后再加清水150毫升，顺一个方向拌透后静放10分钟左右，让肉继续吸水发涨，最后把皮冻末倒入拌和即成。

炒肉馅法

炒肉馅是用猪夹心肉、虾仁、水发扁尖及水发金针菜等原料制成的。调料有精盐、荤油、香油、酱油、白糖、料酒、葱、姜及味精等。锅置旺火上，放油烧至五六成热时，投入剁成如黄豆大小的肉丁稍炒后，放入料酒、精盐、酱油、葱结、拍碎的老姜及白糖，烧几分钟，加入扁尖及其原汤和能盖过面的清水，炒和，改为小火焐至用手指捏感到肉粒酥时，放入金针菜烧约15分钟，再加入虾仁、味精炒和，将姜、葱拣出，盛入盘中，浇入香油即成。

制饺子馅法

饺子馅吃时不“水灵”，主要是对做饺子的原料性质不甚了解，制作不当所致。饺子馅水灵，主要是肉中的纤维起作用。因肉纤维有一定的吸水性，加水过少或馅中用的蔬菜挤得过干，都会造成馅中失水过多，所以吃时就不水灵。

保持馅汁的关键是菜馅切碎后不放盐，只浇上些食油拌匀，然后再与放足盐的肉馅搅拌均匀，这样可使饺子馅鲜嫩而有水分。

将茄子皮晒干，放入塑料食品袋保存至冬春季节，将其用温水泡开，切成细末，放入干菜或白菜中做馅，包饺子吃，别有风味。

饺子馅中肉与蔬菜的比例要合适。一般肉与蔬菜（韭菜、大葱、白菜、萝卜、茴香、芹菜等，随个人口味选用，需晾去水分后切碎）的比例以1∶1或1∶0.5为宜，饺子馅里适当加些蔬菜，不但味道好，而且营养全面。将菜切碎，拌入适量的熟食油，把拌好的肉馅(需加适量的水或菜汁)倒入，再按个人喜好加入适量的花椒粉、五香粉、鲜姜末、味精、香油等，然后朝一个方向搅拌，并一点一滴地加入酱油，边滴边搅，搅拌均匀，然后加菜馅拌匀即可。混合拌匀后加盐，蔬菜为油膜包裹，渗水较少，制作的饺子馅不但营养更丰富，有利于人体的消化吸收，而且可使味道更鲜美，令人增强食欲。

肉要剁得碎，并将肉加少量水或菜汁使劲搅拌。馅中瘦肉多，可多加水，肥肉多则少加水。同时，一点一点地加入酱油(有肉汤最好)，边滴边拌，搅拌成糊状后，加菜拌匀即可。这样制作的饺子馅，汤汁饱满，味鲜可口。

拌饺子馅时，可加入少量白糖。这样吃饺子时有鲜香味。

拌饺子馅时，如用鸡蛋搅肉馅能使其肥而不腻，口感松香鲜美。每1 000克肉 4 个鸡蛋即够。

用肉末拌馅时，加入一些食盐，可使肉馅越搅黏度越大，并使打入馅中的水渗不出来，馅料成团不散，吃起来松软鲜嫩。

拌菜多肉少的馅时，往往会有汤而使饺皮捏不拢。如往菜馅里放鸡蛋并搅拌和好，这样加工出来的饺馅就不会有汤。

如果是纯肉馅，肉加了调料后要顺着同方向用力搅拌，并分次加水，一般 500 克肉糜可加水 150 毫升甚至更多。

将皮冻加鲜汤熬化后结冻包入饺子皮中，肉馅多卤汁，味道鲜。500 克肉馅掺 250 克皮冻即可。

制蒸饺馅法　蒸饺使用煸馅，吃起来别有风味。将肉切为火柴头大小的均匀肉块，入锅稍加煸炒至熟，再加入调料，最后放面酱，不放酱油，因煸后不吃水，最后放些韭菜、豆芽之类易熟的菜，这样会有一种特殊味道。

制汤包馅法　将肉皮刮洗干净，放入锅内，加入清水，没过原料，在旺火上煮至手指能捏碎的程度，取出，用刀剁碎(或用绞肉机绞碎)，再放回原汤锅内，加入葱、姜、料酒(料酒用量约为肉皮量的 1/3)，待开，转小火慢熬，边熬边去掉浮上来的油污等，一直熬至浓稠，盛入盆内，冷冻凝结即可。需要注意的是：放回汤锅内熬时，一定要改用小火长时间加热，才能把汤水中鲜味收入皮冻内。制好皮冻不宜再接触水分，皮冻遇水就会溶化。盛放皮冻的器皿必须洁净，否则极易变质。馅料内加皮冻量，根据面皮坯的性质而定。组织紧密的皮坯，如水调面或嫩酵面所制食品，掺皮冻量可以多一些；而用酵面做皮坯时，掺皮冻量则应少一些，否则馅内卤汁太多，易被皮坯吸收，容易发生穿底、漏馅等问题。一般来说，每500克生肉馅掺皮冻量为300克左右。

制生菜馅法

制生菜馅，切忌将鲜菜汁挤掉，造成维生素及微量元素的流失。为防馅中出汤（吐水）可加炸面类辅料，如油条，或将油烧热炸点干面粉加入，最主要的办法是现拌现包，使菜泥未出汤为好。

制翡翠馅法

原料有菠菜、素火腿、冬笋（或玉兰片）、香油（若不忌荤可加一些猪板油）、精盐、味精等。将菠菜等用开水烫一下，捞入凉水内浸泡，使菜变成碧绿色，控水剁碎；素火腿、冬笋均切碎粒，加入调料同菜拌匀即成。适用于做烧卖，具有色泽翠绿、味道清香的特点。

制绿叶菜肉馅法

做馅料的绿叶菜品种很多，如韭菜、菠菜、小白菜、嫩油菜、荠菜、苋菜等。各种肉料，调味料如常。只是注意，最好生肉、生菜，切忌将鲜菜焯水或挤汁，造成营养成分流失。

制小白菜香干馅法

原料有小白菜、香干、精盐、葱、香油、味精、油条（或油面筋）。将小白菜洗净切碎，香干和油条切成碎粒，葱切末。将初步加工好的所有原料同放一盆内，加入精盐、味精、香油等，临包馅前拌均匀，略腌片刻即好。具有清淡味鲜的特点，适宜做素馅包子馅料。

制素什锦馅法

原料有金针菜、笋尖、冬菇、小油菜、精盐、糖、味精、食用油、酱油、香油、葱姜末。将金针菜和冬菇用开水浸泡，笋尖在开水中煮软，小油菜切碎。锅置旺火上，放油烧热，倒入金针菜、冬菇和笋尖粒煸炒片刻，加入酱油和精盐，待出锅前撒入味精和糖（喜甜味者加糖，喜咸味者可不加糖），拌匀放凉后与油菜拌匀即成。具有嫩鲜、油肥而不腻等特点，适用于作为花色面点的馅料。

制雪菜冬笋馅法 原料有雪菜、冬笋、食油、精盐、味精、酱油、鲜汤(鸡、鸭、肉骨汤)、海米、湿淀粉等。将雪菜用冷水浸泡后剁碎。锅置火上,放油烧热,将雪菜煸炒至熟软;冬笋经泡发,切成小丁后同样用油煸炒,加入鲜汤、海米、酱油和精盐,盖锅盖后焖烧10分钟;汤汁将尽时,加入炒好的雪菜拌匀即成。具有鲜味浓郁和十分可口的特点。

制生肉馅法 为了使馅肉嫩味鲜,汁水饱满,必须按顺序拌馅。如用猪、牛、羊、鸡肉做包子、馄饨、烧卖馅,选用生肉时要将生肉剔出筋膜,洗去血污(检查肉中是否有淋巴球状物,若有请剔除)切块剁成肉泥或蓉;在肉泥中加入精盐(或用凉开水冲化的盐水)顺一个方向搅拌均匀,略腌片刻,使肉的细胞膨胀,便于吸水;然后加入凉开水(清汤更好,或是菜汁),仍沿一个方向用力搅拌,视肉已成黏稠糊状;再加入各种调味拌成肉馅。若加新鲜蔬菜,可洗净切碎,拌入(挤出的菜汁不要倒掉,可用来拌肉,保持营养)肉中即成。

制熟肉馅法 将生料切成小丁、肉粒或泥,用热锅加点食油,煸炒至肉色变白,肉内水分减少时,加入调味料上色入味成肉馅。或是将生料入冷水锅内煮沸,氽透断生,捞出肉留汤,将肉切碎,倒入热锅煸炒至入味。用韭菜做拌料时,多采用熟肉馅。

制混合肉馅法 肉菜混合馅分生肉、熟肉两种,一般以生肉类居多,由于生肉黏性好,易同蔬菜馅拌和,好包;熟肉馅风味较突出,选用也不少。在肉与菜的配比上,可根据需要而定。用蔬菜加肉类拌馅要注意保护各种物料营养不使流失,克服一些不良的习惯制法。例如不要将鲜菜剁碎后挤去碧绿的菜汁(含有大量的维生素和糖类),只留下纤维素,除用豆荚制拌菜可以用沸水焯至断生外,叶、茎蔬菜不应焯水或用开水烫,以免造成营养流失。为避免肉菜馅出汤,一是将蔬菜洗净控去水,切碎后加点盐腌渍片刻,挤出菜水(用此水搅肉馅);二是将净肉馅搅好,蔬菜馅放在肉馅上面先不要拌,随拌随包,菜汁也不会流失。

制冬菜肉馅法

原料有川冬菜(四川特制的冬菜)、肥瘦鲜猪肉、笋、白糖、川榨菜、食用油、料酒、酱油、精盐、味精、葱末、姜末。将肉剁成末,川冬菜洗净剁碎,笋和榨菜切成小丁。锅置火上,放入食用油(不忌猪油者,用猪油味更鲜)烧热,将葱末和姜末炒香,加入肉末炒至肉发白时,倒入料酒、酱油、白糖、冬菜、榨菜、笋丁等继续翻炒,若有鲜汤(鸡、鸭、肉骨等熬的汤)加入略炖至汤水将干,盛入盆内晾凉即成。具有口味甜咸、略带辣等特点,适合制作包子等。

制萝卜羊肉馅法

原料有象牙白萝卜(胡萝卜、大红袍萝卜等肉质较紧密的适宜熟食的萝卜品种均可做馅料)、鲜羊肉、大葱、姜、花椒、料酒、芝麻油(小磨麻油最好,大磨麻油也可以)、味精、酱油、精盐。将羊肉洗去血污、剔去筋膜切成片剁成肉泥,加入精盐和酱油拌匀腌渍 5 分钟,使肉组织膨胀。萝卜去杂洗净,擦成细萝卜丝,再将萝卜丝剁几刀(使长丝短些),撒少许精盐腌制,挤出萝卜汁。用开水浸泡花椒(水不要太多),取其花椒水,大葱、姜切成末。用花椒水,萝卜汁当水分次加入羊肉泥中,搅拌成稠糊状,调入料酒、香油、精盐、味精、酱油、葱姜末,用筷子搅拌均匀,加入萝卜丝再拌匀即成。具有原汁原味、鲜而不腻、营养丰富等特点,适宜作为包子、饺子馅。

制猪肉白菜馅法

原料有猪肉、大白菜、葱、姜、料酒、香油、味精、精盐、五香粉(根据习惯,可用可不用)、酱油少许。将猪肉洗净剁成泥(或买现成的肉馅),放少量精盐或酱油拌匀腌渍 5 分钟;大葱、姜切成末;大白菜洗净剁成菜泥,用少许精盐腌渍后挤出汁。用挤出的菜汁分次加到肉泥中,顺一个方向用筷子搅拌(不要一次加菜汁太多,防肉馅澥,影响全馅的风味),若菜汁不够用,可适量加凉开水(肉骨汤、鸡汤、高汤最好)、料酒、酱油,直到肉馅搅成黏糊状时止,加入葱末、姜末、味精、香油、五香粉、精盐(用精盐总量要计算好,因白菜、腌肉、酱油都已用了部分精盐,在总放精盐时,要扣除这部分用量),用筷子搅拌均匀,加入白菜馅,包时再拌匀即成。具有肉菜搭配、鲜而不腻等特点,适宜作为饺子、包子馅料。

制豆荚猪肉馅法

原料有猪肉、豆荚(扁豆、四季豆、豇豆均可),调味料如常。将豆荚撕去筋、去蒂、洗净整根入沸水锅内煮至断生,使皂素和毒蛋白受到破坏,失去毒性,再捞到清水中浸泡片刻,控去水分,切末成菜馅料,拌入肉馅中即成。豆荚拌生、熟肉馅料均可,拌生肉馅,馅料较黏糊好包入面皮中。具有鲜香清口、不腻、有咬劲的特点,适用于制包子、饺子馅。

制仁饯馅法

果仁蜜饯馅是将各种果仁炒(烤)熟,与蜜饯同切成碎粒,与白糖擦搓成的一种甜味馅料。常用的原料有花生仁、核桃仁、杏仁、松子仁、瓜子仁、黑白芝麻仁等。常用的果料有瓜条、青红丝、桂花、桃脯、杏脯、梨脯、葡萄干、蜜枣、橘饼、柿饼等。制成馅的特点为松爽香甜,有各种果料的特殊香甜味,常用于高级糕点,如月饼、油酥点心制品。

制果干馅法

制枸杞、葡萄干、橘饼馅等,原料有枸杞、葡萄干、橘饼、白糖、食用油、熟面粉、桂花酱。将枸杞、葡萄干洗净,橘饼切成碎粒。将几种原料混合在一起,加入熟面粉、油、桂花酱拌和揉搓即成。具有甜酸味香的特点,可制作汤圆馅。

制鲜鱼馅法

调制鱼肉馅一定要加猪肥膘肉,这样既有利于抱团,又会使味道更鲜美,同时要加料酒,以去除鱼的腥味。将鱼肉(鲜鱼要选用淡水、肉质细嫩的鱼为佳)500 克去皮、去刺洗净,与猪肥膘肉 100 克一起剁成泥(或用绞肉机绞碎),放入盆内,加入冷水适量搅至起劲时再加水(要朝一个方向搅,否则会出汤),同时加入适量的葱末、姜末和精盐以及味精 2 克、料酒 10 毫升,最后加入熟猪油 25 克、麻油 15 毫升、切碎的韭菜 100 克调匀即可。

制鸡笋馅法

将净鸡肉 300 克和鲜嫩笋 100 克分别切成黄豆大小的粒。炒锅置火上,放入熟猪油 50 克烧热,下入鸡丁和笋丁煸炒,随即加入鲜汤 100 毫升以及适量的精盐、白糖、味精,烧沸后转小火焖至汁稍稠,用湿淀粉勾芡,冷却即可。卤汁要适中,太多了馅不好包,太稠了吃口不好。

制素菜肉馅法

将油菜200克洗干净，用开水焯一下(不能焯烂)，取出用冷水浸泡变成碧绿，剁碎，挤干水分；猪腿肉500克切成骰子丁。炒锅置火上，放入花生油100毫升烧热后煸炒肉丁，加入料酒30毫升、精盐7克、白糖30克、酱油30毫升、味精2克、鲜汤200毫升等一起烧开，用湿淀粉40克勾芡，浇上麻油25毫升，出锅冷却。晾凉后，把油菜馅与熟肉丁放在一起，加入料酒20毫升、麻油20毫升、熟花生油50毫升、白糖20克以及适量的精盐、味精、鲜汤50毫升、湿淀粉20克拌匀即可。

制梅干菜馅法

将猪肉500克剁碎，梅干菜125克泡发开去咸洗净后剁碎，嫩笋75克切小碎丁。炒锅置火上，放入熟猪油50克烧热，下入葱、姜末爆香，倒入肉末炒散，加入梅干菜和笋丁煸炒片刻，放入酱油、料酒、味精、白糖，炒至汁将干时盛出晾凉即可。

制三鲜馅法

三鲜馅是人们喜爱的包馅料，其主要成分是以猪、牛、羊、鸡、鸭或鱼等纯肉为主料，再配以海鲜品等制成。家庭自制三鲜馅的投料比例大约为:猪肉(或其他肉)500克，水发海米25克，水发海参15克，香油15毫升，水发干贝12克，熟鸡肉10克，少许蒜苗，以及调味品等。

制肉参虾馅法

将猪瘦肉末250克、鸡脯肉末50克、大虾肉末200克、水发海参粒200克、红酱油12毫升、料酒8毫升、胡椒粉6克、葱末4克、姜末7克、酱油5毫升、熟猪油15克、香油8毫升和适量的精盐同放一盆内搅拌均匀，加入草菇粒100克和竹笋粒100克拌匀即成。具有鲜嫩、咸香的特点。

制椰丝馅法

锅置火上，放入椰奶500毫升、椰丝500克和白糖700克煮至糖溶化，冷后加入黄油120克、猪肥膘肉末(猪肥膘肉煮熟后切成小丁，用白糖、白酒浸渍)200克、鸡蛋150克、糕粉150克、熟面粉100克、枇杷粒100克和桂圆粒50克搅拌均匀即成。具有椰味香浓、甜润适口的特点。

制瓜子馅法 将白糖400克、熟面粉200克、瓜子仁粒250克和白糖冬瓜粒25克同放入一盆内拌和均匀，加入猪肥膘肉末150克和饴糖90克，反复揉搓均匀，装入模具箱内压紧，取出切成大颗粒即成。具有清香、甜润的特点。

制擘酥馅法 将猪瘦肉粒400克、猪肥膘肉粒100克、净大虾肉粒200克、适量的精盐、料酒7毫升和嫩肉粉10克同放一盆内拌匀，过油。锅置火上，放入适量的植物油烧热，加入香菇粒10克、鸡腿菇粒20克、贡菜粒30克、红酱油15毫升、鸡精8克、姜汁6毫升和葱花10克炒匀，倒入过油的瘦肉、大虾肉、肥肉和鲜汤20毫升烧至入味收汁，淋入香油，炒匀起锅晾凉即成。具有滑脆鲜嫩、咸香适口的特点。

制海米肉馅法 将猪肥瘦肉末500克、水发金钩粒100克、鱼露8克、胡椒粉6克、味精8克、香油10毫升、料酒7毫升和适量的精盐同放一盆内搅拌均匀，撒入葱末15克和汆至断生的鲜金针菜末200克拌匀即成。具有鲜咸、嫩香的特点。

制蘑菇肉馅法 锅置火上，放入蚝油6毫升烧热，下入猪肥瘦肉末500克炒散，加入罐装口蘑粒150克、冬笋粒50克、葱末10克、酱油10毫升、料酒8毫升、胡椒粉9克、味精7克、甜面酱8克和适量的精盐炒香，淋入香油10毫升，起锅即成。具有鲜嫩适口、酱香回甜的特点。

制芽菜肉馅法 炒锅置火上，放油烧热，投入猪肥瘦肉粒500克炒散，加入芽菜粒150克、红酱油8毫升、姜汁6克、胡椒粉3克、白糖2克、香油8毫升、味精5克、精炼油20毫升和适量的精盐炒匀起锅，拌入葱末5克即成。具有滋润、鲜香的特点。

制干菜肉馅法 锅置火上，放入精炼油20毫升烧热，投入猪肥瘦肉粒500克炒去血水，加入煮熟的干菜末150克、香油10毫升、味精8

克、酱油5毫升、姜末5克和适量的精盐炒匀入味，起锅拌葱末10克即成。具有鲜香、松软的特点。

制火腿肉馅法

锅置火上，放入熟猪油烧热，下入猪肥瘦肉末300克炒去血水，加入熟火腿末200克、白凤菌粒150克、鱼露5克、姜蓉6克、料酒10毫升、味精5克和适量的精盐炒熟，起锅撒入葱末8克，淋入香油12毫升拌匀即成。具有咸鲜、香醇的特点。

制火腿甜馅法

将白糖500克、熟面粉200克、熟火腿粒100克、金瓜粒100克、精盐5克、熟猪油50克和饴糖80克同放入一盆内搅拌均匀，装入模具箱内擀压紧，切成小方块即成。具有甜中有火腿鲜香味、金瓜果味浓郁的特点。

制豆芽肉馅法

将猪肥瘦肉末(肥2瘦8)500克、蚝油6毫升、胡椒粉8克、鱼露6克、姜汁5毫升、葱末6克、香油10毫升和适量的精盐同放一盆内搅拌均匀，加入豆芽末150克拌匀即成。具有咸鲜、嫩爽的特点。

制榨菜肉馅法

炒锅置火上，放入香油8毫升烧热，下入猪肥瘦肉粒500克炒去血水，加入红酱油10毫升、花生酱6克、味精8克、白糖3克、适量的精盐、老姜5克和精炼油25毫升炒至入味，撒入榨菜粒100克和葱末5克炒匀至熟，出锅即成。具有脆嫩、鲜香的特点。

制萝卜肉馅法

炒锅置火上，放入香油10毫升烧热，下入猪肥瘦肉末300克炒散，加入红酱油5毫升、姜末8克、胡椒粉9克、味精7克和适量的精盐炒至熟透入味，起锅盛入盆内，拌入胡萝卜粒150克和葱末5克即成。具有咸鲜、脆香的特点。

制烧卖馅法

将猪肥瘦肉末500克、虾肉末200克、熟猪油50克、红酱油10毫升、姜末8克、料酒4毫升、胡椒粉18克、适量的精盐、鸡精15克、香油 16 毫升和葱末 7 克同放入一盆内搅拌均匀，加入氽至断生的冬菇粒 100 克和鲜菜粒 100 克拌匀即成。具有细嫩、咸鲜的特点。

制芋饺馅法

将猪瘦肉粒 400 克、虾肉粒 200 克、鸡肝粒 100 克、适量的精盐、料酒 12 毫升和嫩肉粉 12 克拌匀，倒入烧热的油锅内滑散，加入叉烧肉粒 150 克、猪熟肥肉粒 100 克、冬菇粒 100 克、马蹄粒 100 克、灵芝菌粒 100 克、白糖 6 克、口急汁 12 毫升、红酱油 6 毫升、胡椒粉 13 克、姜汁 10 毫升、葱末 6 克、味精 8 克和高汤 150 毫升炒熟，用湿淀粉勾芡，打入鸡蛋 2 个，放入香油 12 毫升拌匀起锅即成。具有口味多样、香鲜滑嫩的特点。

制春卷馅法

将猪瘦肉丝 500 克、鸡肉丝 100 克、虾肉丝 100 克、适量的精盐、料酒 12 毫升、生粉 30 克和香油 16 毫升同放一盆内搅匀，倒入烧热的油锅内滑熟，加入韭黄末 50 克、豆芽末 100 克、蒜苗丝 10 克、玉兰片丝 100 克、烟腊肉末 100 克、红酱油 15 毫升、味精 10 克、干辣椒面 10 克、胡椒粉 15 克、白糖 6 克和姜片 8 克炒匀起锅即成。具有咸鲜微辣、鲜脆滑爽的特点。

制糯米肉馅法

将糯米 300 克、4 个熟咸蛋粒、猪五花肉末 200 克、红酱油 8 毫升、白糖 6 克、胡椒粉 8 克、料酒 6 毫升、味精 8 克、香油 10 毫升、熟猪油 15 克、姜汁 5 毫升、葱末 3 克和适量的精盐同放一盆内搅拌均匀即成。具有鲜嫩咸香的特点。

制汤饺馅法

炒锅置火上，倒入鲜汤 100 毫升和冻粉 120 克熬化，加入胡椒粉 10 克、姜末 8 克、白糖 2 克、适量的精盐、熟猪油 30 克、味精 6 克和鱼露 8 克调匀，放入猪肥瘦肉末 250 克、虾肉末 100 克、鸡脯肉末 50 克、蟹肉末 50 克和水发冬菇粒 100 克炒熟，起锅盛入方平盘内晾凉，放入冰箱冻后切成小方块即成。具有香、滑、鲜、嫩、汤香味美的特点。

制叉烧肉馅法

将白糖 500 克、熟面粉 200 克、叉烧肉粒 100 克、熟芝麻面 50 克、猪油 50 克、饴糖 70 克和精盐 3 克同放入一盆内揉和均匀，装入模具箱内擀压紧，切成小方块即成。具有叉烧味浓、甜香适口的特点。

制水晶馅法 将缸洗净，内放一层猪板油丁 500 克，撒一层白糖 100 克，依次装好压实，约 20 天后，呈水晶透明状，需用时将其切成丁，加入葱花 10 克和陈皮末 5 克即成。具有香甜、化渣的特点。

制猪油馅法 取板油 500 克，片成 0.6 厘米厚的片。将白糖 100 克铺放在菜板上，上面放板油片，撒上白糖，盖上板油片。这样依次放上，压平。然后用刀切成 0.6 厘米见方的丁，用手轻轻搓开，保持原形，将糖抹匀，放入芝麻 50 克、青红丝 40 克、桂花和香油各少许即成。

制咸油馅法 将板油洗净，剥去皮膜，同盐一层夹一层地叠齐揿紧(最上和最下一层都是精盐)。先横切成条，再竖切成丁，同盐拌匀。注意，盐比糖粗，切好后更要用心在余盐中炒拌，使油丁面面蘸到盐，做好后放几天再用。

制咖肉馅法 炒锅置火上，放入熟猪油 10 克烧热，下入鲜嫩牛肉粒 500 克炒至断生，加入咖喱粉 8 克、酱油 10 毫升、料酒 7 毫升、白糖 5 克、姜汁 8 毫升、味精 10 克、适量的精盐、洋葱粒 100 克和西芹粒 50 克炒熟，起锅盛入碗内，撒入葱末 6 克和香菜末 5 克，淋入香油 8 毫升，拌匀即成。具有牛肉鲜香、咖喱味浓的特点。

制三丁馅法 将牛肉粒 100 克、鸡肉粒 100 克、猪瘦肉粒 100 克、酱油 8 毫升、胡椒粉 6 克、料酒 10 毫升、鸡精 8 克、香油 12 毫升和适量的精盐同放入一盆内搅拌均匀，加入冬笋粒 100 克、香菌粒 50 克、葱末 10 克和姜末 6 克拌匀即成。具有咸香、鲜嫩的特点。

制五香牛肉馅法

炒锅置火上，放入香油 8 毫升烧热，加入鲜牛肉末 500 克、猪肥膘肉末 150 克、酱油 12 毫升、姜汁 8 毫升、葱末 6 克、料酒 4 毫升、味精 10 克、胡椒粉 5 克和适量的精盐炒熟起锅，盛入盘内，拌入白菜心末 200 克，凉后即成。具有鲜嫩滋润、咸香味美的特点。

制牛肉馅法

将牛肉末 400 克、猪肥膘肉末 100 克、葱末 10 克、酱油 5 毫升、鱼露 4 克、料酒 6 毫升、姜汁 8 毫升、味精 7 克、香油 10 毫升和适量的精盐同放一盆内搅拌均匀，加入玉兰片粒 150 克拌匀即成。具有鲜嫩、咸香的特点。

制贡菜肉馅法

炒锅置火上，放入精炼油 20 毫升烧热，下入鲜羊肉粒 500 克炒去血水，加入贡菜粒 250 克、葱末 10 克、胡椒粉 8 克、料酒 7 毫升、辣根 5 克、姜汁 8 毫升、红酱油 9 毫升、味精 7 克、香油 8 毫升和适量的精盐炒熟起锅即成。具有咸鲜微辣、香脆适口的特点。

制五香馅法

炒锅置火上，放入香油烧热，下入鲜羊肉粒 500 克炒散，加入干笋粒 50 克、洋葱粒 50 克、五香粉 8 克、料酒 6 毫升、鲜酱油 7 毫升、沙嗲酱 8 克、胡椒粉 7 克、鱼酱汁 3 毫升、香油 12 毫升和适量的精盐炒熟起锅即成。具有香浓、滋润、鲜美的特点。

制冬菜羊肉馅法

将烤羊肉(切碎)500 克、葱末 20 克、柱侯酱 8 克、胡椒粉 6 克、沙姜粉 2 克、酱油 5 毫升、味精 7 克、香油 10 毫升和适量的精盐同放一盆内搅拌均匀，加入冬菜粒 200 克拌匀即成。具有羊肉酥香、口味别致的特点。

制荸荠肉馅法

将羊肉末 500 克、红酱油 10 毫升、白糖 3 克、胡椒粉 6 克、甜面酱 8 克、味精 8 克、料酒 7 毫升、香油 20 毫升和适量的精盐同放一盆内搅拌均匀，加入荸荠粒 200 克、口蘑粒 20 克、剁碎的韭黄 50 克和海米 10 克拌匀即成。具有羊肉鲜嫩、咸中有面酱甜香味的特点。

制羊肉馅法

将鲜羊肉末500克、料酒10毫升、胡椒粉8克、酱油10毫升、姜汁6克、香油10毫升、味精8克、适量的精盐和植物油15毫升同放一盆内搅拌均匀,加入小白菜末150克和葱末20克拌匀即成。具有鲜嫩、咸香的特点。

制笋丁肉馅法

将猪肉100克烧至七成熟,鸡肉250克煮至九成熟,捞出来切成丁,笋250克煮熟后也切成丁。锅置火上烧热,放入鸡汤,投入鸡丁、肉丁、笋丁、酱油和白糖烧熟,加味精,用水淀粉勾芡,淋明油,盛出冷却后即成。

制鸡肉馅法

将鸡肉末500克、猪肥肉末50克、葱末10克、姜汁6毫升、料酒7毫升、酱油12毫升、味精7克、胡椒粉8克、香油10毫升和适量的精盐同放一盆内搅拌均匀,加入氽过的冬笋粒50克和香菇粒60克拌匀即成。具有鲜嫩、咸香的特点。

制鸡脯馅法

将鸡脯肉末250克、猪肥瘦肉末250克、酱油12毫升、胡椒粉8克、姜末4克、葱末3克、白糖2克、鸡蛋清2个、嫩肉粉10克、鸡油10克和适量的精盐同放一盆内搅拌均匀,加入氽过的口蘑粒100克、竹笋粒150克和香菇粒50克拌匀即成。具有浓香、鲜咸、滑嫩的特点。

制鸡丝馅法

将鸡脯肉丝250克、猪肥瘦肉丝200克、适量的精盐、料酒7毫升和生粉20克同放入一盆内拌匀,倒入烧热的油锅内滑散,加入芽菜末10克、叉烧肉丝20克、熟虾肉粒20克、玉米笋丝20克、豆芽粒20克、红酱油15毫升、胡椒粉8克、姜末6克、葱丝10克、香油9毫升和鸡精7克炒匀至熟即成。具有鲜咸香浓、滑嫩爽口的特点。

制奶黄馅法

将鸡蛋200克磕入碗内,加入椰汁100毫升、炼乳150克、熟猪油18克、适量的清水、澄粉20克、吉士粉30克和冻粉5克搅拌均匀，倒入烧热的锅内，下入猪板油泥20克和适量的香兰素搅至浓稠至熟，起锅盛入平方盘内晾凉，放入冰箱冷冻后切成小方块即成。具有甜香、嫩滑、鲜浓的特点。

制架英馅法

将鸡蛋300克磕入方盘内打散，加入椰汁100毫升、白糖200克、炼乳50克、黄油80克、奶粉20克和吉士粉50克搅拌均匀，入蒸笼用旺火蒸熟，凝结后取出切成小方块即成。具有鲜嫩滑软、香甜色美的特点。

制鸭肉馅法

炒锅置火上，放入植物油50毫升烧热，加入熟鸭脯肉粒500克、川冬菜粒50克、西芹粒50克、葱末10克、姜末5克、红酱油12毫升、五香粉6克、料酒7毫升、白糖3克、香油8毫升和适量的精盐炒熟入味即成。具有鲜嫩、咸香的特点。

制叉烧鸭馅法

将叉烧鸭丁500克、甜面酱2克、花生酱3克、口急汁2毫升、葱末15克、白糖2克、姜汁5毫升、香油5毫升和适量的精盐同放一盆内搅拌均匀，加入蘑菇丁200克拌匀即成。此馅具有鲜咸、香浓的特点。

制虾黄馅法

将大虾仁粒250克、猪肥膘肉末50克、6个熟蛋黄末、葱花5克、生粉12克、蚝油6毫升、鸡精8克、料酒5毫升、香油10毫升和适量的精盐一起放入盆内搅匀，加入冬笋粒拌匀即成。具有咸鲜、嫩滑的特点。

制海鲜馅法

将虾仁蓉400克、猪肥瘦肉末100克、海带粒80克、水发海参粒30克、鱼露10克、酱油8毫升、料酒8毫升、姜汁7毫升、胡椒粉12克、味精8克、香油12毫升和适量的精盐同放一盆内搅拌均匀，加入香菇粒50克、冬笋粒50克和葱末10克拌匀即成。具有鲜咸味美、嫩滑适口的特点。

制虾肉馅法

将虾肉蓉500克、猪肥瘦肉末150克、白酱油8毫升、胡椒粉5克、料酒8毫升、白糖1克、姜汁6毫升、香油10毫升和适量的精盐同放一盆内搅拌均匀，加入荸荠粒100克和葱末10克拌匀即成，具有鲜美可口、脆中微甜的特点。

制虾肉笋馅法

将虾仁250克剁成酱放在碗里，放入两个鸡蛋的蛋清，用筷子搅拌成泥，加入淀粉拌和成虾蓉。将猪肉250克切成丁，笋125克切成丝，加入适量的精盐、白糖、酱油和味精，再加入虾蓉里调和即成。

制虾鱼肉馅法

将猪瘦肉蓉200克、虾仁末250克、鱼子300克、葱花6克、姜汁8毫升、胡椒粉10克、料酒6毫升、酱油10毫升、五香粉6克、香油9毫升、色拉油20毫升和适量的精盐同放一盆内搅拌均匀，加入香菌粒120克和韭黄末40克拌匀即成。具有口味鲜香、微带卤汁味的特点。

制蟹柳馅法

将猪肥瘦肉末300克、蟹肉末250克、蟹黄油25克、红酱油7毫升、料酒6毫升、胡椒粉5克、白糖3克、鸡精10克、葱花20克、香油10毫升和适量的精盐同放入一盆内搅拌均匀，加入香菇粒100克拌匀即成。具有蟹味浓郁、咸鲜香嫩的特点。

制蟹肉馅法

锅置火上，放入猪油150克烧至七成热，投入姜和葱末煸至葱色泛黄。将蟹黄放入热油里用铁勺压碎，使油变成橙黄色，然后倒入蟹肉100克，加入适量的精盐一起熬拌后出锅，拌入已拌好的肉馅里即成。

制鱼翅馅法

将香菇15克、蘑菇25克、玉米笋18克和胡萝卜20克分别洗净，投入沸水锅内氽至断生捞出，挤干水分后切成细末，加入鱼翅蓉250克、鲜贝100克、鸡肉30克、海蟹肉200克以及酱油10毫升、生姜5克、胡椒粉12克、鸡精10克、香油15毫升、料酒6毫升和适量的精盐等调料搅拌均匀即成。具有海味足、咸鲜香的特点。

制鱿鱼馅法 将鲜鱿鱼蓉250克、猪肥瘦肉蓉100克、火腿粒50克、蚝油6毫升、海鲜酱8克、酱油6毫升、白糖1克、料酒6毫升、胡椒粉8克、香油8毫升、味精5克和适量的精盐同放一盆内搅拌均匀,加入冬笋粒50克、口蘑粒50克、葱末4克和香菜末1克拌匀即成。具有咸鲜嫩香、海味浓郁的特点。

制鱼肉馅法 将草鱼肉末500克、猪肥瘦肉末100克、胡椒粉8克、料酒6毫升、姜末4克、葱末7克和适量的精盐同放一盆内搅拌均匀,加入口蘑粒20克和鸡腿菇粒30克拌匀即成。具有咸鲜、嫩香的特点。

制鳝鱼馅法 锅置火上,放入植物油20毫升烧热,下入鳝鱼粒500克炒去血水,加入西芹丁250克、姜汁7毫升、白糖2克、酱油8毫升、胡椒粉6克、蚝油5毫升、味精6克、香油6毫升和适量的精盐炒熟起锅,拌入葱末10克即成。具有香滑、鲜嫩的特点。

制海参馅法 炒锅置火上,放入香油5毫升烧热,投入猪瘦肉末200克、胡椒粉8克、鱼露6克、酱油5毫升、姜汁9毫升、白糖1克、料酒10毫升、味精6克和适量的精盐炒熟,起锅晾凉,拌入水发海参粒300克、水发冬菇粒250克、海米末10克和葱花30克即成。具有海味浓香、鲜咸适口的特点。

制瑶柱馅法 将瑶柱300克洗净后放入碗内,加入姜汁5毫升、葱花10克和料酒8毫升,入笼蒸10分钟左右取出,趁热剁成细末,与猪肥瘦肉末100克、酱油7毫升、味精4克、香油6毫升、虾油6毫升和适量的精盐同放入一盆内搅匀,加入氽至断生的鸡腿菇200克拌匀即成。具有海味浓郁、咸鲜适口的特点。

制鲜贝馅法

将鲜贝蓉400克、猪肥瘦肉蓉100克、嫩肉粉8克、酱油5毫升、鱼露6克、姜汁4毫升、料酒8毫升、鸡精7克、香油8毫升和适量的精盐同放入一盆内搅拌均匀,加入韭黄末200克和葱花3克拌匀即成。具有贝肉细嫩、咸鲜适口的特点。

制番茄肉馅法

用番茄肉馅包饺子、做包子味道特别鲜美。将肉厚一些的番茄在热水中烫一下,撕去外皮,去掉籽,切成小丁,剁碎挤出番茄汁,放在碗里备用。把肥瘦适宜的肉剁成细泥。打肉馅时,先放适量的酱油、料酒和姜末等,然后再放入番茄汁,顺着一个方向搅打,先轻后重,先慢后快,直至肉馅变成黏糊状,再把剁碎的番茄倒入调匀而成。

制番茄馅法

锅置火上,放入清水100毫升、番茄蓉500克、白糖300克和黄油30克烧沸,加入镶粉20克、松仁粉100克和吉士粉25克搅成浓稠至熟,起锅晾凉即成。具有甜酸、软糯、滋润的特点。

制椰黄馅法

锅置火上,倒入椰奶300毫升、白糖200克、奶油100克、澄粉50克、吉士粉30克和10个熟蛋黄末搅匀至熟,放入哈密瓜粒30克、提子粒30克和橄榄粒30克拌匀起锅即成,具有鲜甜嫩滑、奶香味浓的特点。

制橘子馅法

锅置火上,放入橙汁150毫升、鸡蛋液150克、白糖300克、奶粉200克、橘瓤粒500克和黄油30克烧热,加入吉士粉80克搅匀至熟,盛入平方盘内冷冻后切成块即成。具有甜酸、浓香的特点。

制香蕉馅法

锅置火上,放入三花蛋奶2听、奶油10克、白糖200克和香蕉蓉500克煮沸,加入吉士粉30克和香精1～2滴搅成浓稠状至熟时起锅即成。具有香蕉味浓、软糯奶香、甜润适口的特点。

制葡萄馅法

将熟面粉150克、白糖500克、葡萄干200克、熟芝麻粉50克和糕粉50克同放一盆内拌和均匀，加入鲜葡萄蓉200克、花生油80毫升、熟猪油30克和饴糖20克反复搓揉均匀，装入模具箱内压紧，切成块即成。具有葡萄味浓、甜香可口的特点。

制水果馅法

将伊丽莎白瓜粒50克、草莓粒50克、鲜荔枝肉粒50克、桂圆肉粒50克、色果粒50克、白糖600克和熟面粉250克同放一盆内拌和均匀，加入黄油30克、花生油80毫升、饴糖30克和熟白芝麻粉50克搓揉均匀，装入模具箱内压紧，切块即成。具有甜润芬芳、口味丰富的特点。

制冰橘馅法

将白糖500克、熟面粉150克、熟芝麻粉50克、冰糖渣100克和蜜橘饼粒80克同放一盆内拌匀，加入花生油100毫升、饴糖20克和猪网油泥50克，搓揉均匀，装入模具箱内压紧，切成方块即成。具有甜香爽口、风味别具的特点。

制菠萝馅法

锅置火上，放入清水100毫升和菠萝蓉(鲜菠萝去皮放入盐水中浸泡10分钟，洗净切成小块用机器打成蓉)500克烧开，倒入吉士粉30克搅成稠糊状，起锅晾凉，加入白糖300克、5个熟蛋黄末和1～2滴香精揉匀即成。具有果香味醇、甜软适口的特点。

制西瓜馅法

锅置火上，放入鲜奶100毫升和西瓜蓉500克烧开，倒入吉士粉30克搅成浓稠状至熟，起锅晾凉，加入白糖300克、奶油20克和熟芝麻粉50克揉匀即成。具有瓜味浓郁、甜润适口的特点。

制西瓜皮馅法

将西瓜皮刨成丝，同其他瓜类菜一样，可做包子馅、饺子馅，并无异味。

制腰果馅法　将白糖500克、糕粉100克、熟面粉100克、油酥腰果粒100克、糖藕粒50克和橘饼粒10克同放一盆内拌和均匀,加入饴糖50克和花生油150毫升搓揉均匀,装入模具箱内压紧,取出用刀切成块即成,具有香甜、滋润的特点。

制莲蓉馅法　锅置火上,放入花生油200毫升烧热,倒入白糖300克炒化,加入莲蓉500克炒至翻沙吐油、不粘锅即成,具有清香甜润、细腻适口的特点。莲蓉馅:原料有莲子、白糖、猪油、桂花酱(或青梅)。将干莲子放入锅内,加入沸水(没过莲子)和少许食用碱,用刷子快刷,水见红,倒掉水,换新水,继续刷擦,反复3～4次,直至刷出莲子白肉为止。莲心味苦,不去影响口味。去苦心时可用小刀(或剪刀)将莲子两头去掉一点,用牙签将白莲子内的绿心剔出。将莲子肉上屉干蒸至手一捏能烂如泥为止。将莲子肉放凉,用绞馅机绞成泥蓉状。锅置火上,放油烧热,加入少许白糖,糖稍溶解(要保持白色,不能炒黄)即倒入莲蓉,用铲子不断推动翻炒,然后继续加糖,炒至黏稠,水汽蒸发,不粘铲即可。铲出装盆晾凉,拌入桂花酱等即成。炒蓉时不能用大火,用中火炒至水分快干时改用小火,以保持莲蓉的白色。

制八宝果馅法　将蜜枣、柑饼、蜜瓜条、核桃仁、杏仁、青丝、红丝、瓜子和冰糖渣各20克分别切成绿豆大的粒,同放一盆内,加入白糖1 000克、熟面粉400克和熟芝麻粉50克拌和均匀,再加入生板油泥60克、花生油50毫升和饴糖50克,反复搓揉均匀,装入模具箱内压紧,切成小方块即成。具有馅料多样、口味香甜的特点。

制什锦果馅法　将熟榄仁20克、核桃仁20克、杏仁20克、瓜子仁20克、橘饼20克、瓜条10克、葡萄干10克、色果10克、哈密瓜10克和蜜枣10克分别切成绿豆大的粒,同放入一盆内,加入白糖1 500克、熟面粉800克和熟芝麻100克拌和均匀,再用猪网油泥250克、花生油200毫升和饴糖200克搓揉均匀,装入模具箱内压紧,切成方块即成。具有口味多样、芳香甜润的特点。

制百合馅法 锅置火上，放入清水 200 毫升和百合蓉 500 克烧开，倒入吉士粉 40 克搅成浓稠至熟。起锅晾凉，加入白糖 300 克、黄油 50 克、熟芝麻粉 50 克、哈密瓜 50 克和提子 50 克拌和均匀即成。具有清香、甜软的特点。

制豌蓉馅法 锅置火上，倒入清水 150 毫升和白糖 300 克熬至白糖溶化，放入黄油 150 克、豌豆粉 500 克和吉士粉 30 克搅拌成浓稠，滴入 2～3 滴香精调匀起锅晾凉即成。具有甜润、清香的特点。

制豆蓉馅法 锅置火上，放入清水 200 毫升和白糖 600 克熬化，加入绿豆粉 500 克、熟猪油 100 克、黄油 50 克和精盐 10 克，改用小火炒至吐油即成。具有甜香、松软、滋润的特点。

制五仁馅法 将白糖 600 克、熟面粉 300 克、核桃仁粒 50 克、松子仁粒 50 克、瓜子仁粒 50 克、橄榄仁粒 50 克和杏仁粒 50 克同放入一盆内拌和均匀，加入饴糖 120 克和生板油泥 150 克搓揉均匀，装入模具箱内压紧，取出切成大颗粒即成。具有五仁香浓、甜润适口的特点。

制百果馅法 将白糖 800 克、熟面粉 200 克、白芝麻粉 20 克、蜜枣粒 50 克、杨桃粒 50 克、红瓜粒 50 克、绿瓜粒 50 克、蜜金柑粒 50 克、蜜瓜条粒 50 克、瓜子仁粒 50 克和核桃仁粒 50 克同放一盆内拌和均匀，加入花生油 100 毫升、熟猪油 50 克和饴糖 150 克搓揉均匀，装入箱内压紧，取出切成块即成。具有清香甜润、口味多样的特点。

制枣泥馅法 将红枣洗净，用冷水浸泡 1～2 小时，上笼蒸（或入锅煮）烂，晾凉后用铜丝细筛搓去枣核和皮（家中不用筛子，用纱布挤压也行）擦成厚泥。锅置火上烧热，放入油（用香油、猪油味最好）和白糖，熬溶后加入枣泥同炒（要用小火炒 1 小时左右），锅内无声（水分已蒸发）时，枣泥上劲不黏手，香甜味四溢即可装盆冷却待用。具有细腻爽滑和甜而鲜香的特点。

制芝麻馅法

将芝麻粉 200 克、熟面粉 150 克、白糖 500 克和猪板油末 120 克一同放入盆内拌匀，加入饴糖 20 克反复搓揉，装入模具箱内压平切成小方块即成。具有香浓、甜润的特点。

制薯泥馅法

锅置火上，放入 120 克猪油烧热，倒入红薯泥 500 克炒至翻沙吐油起锅，加入白糖 250 克、白瓜粒 50 克、哈密瓜粒 80 克、猕猴桃粒 40 克、油酥腰果粉 50 克、精盐 2 克和熟芝麻 20 克搅拌均匀即成。具有果味鲜浓、滋润可口的特点。

制芋蓉馅法

锅置火上，放入熟猪油 70 克烧热，倒入芋蓉 500 克炒至翻沙吐油，放入白糖 600 克、蜜枣粒 50 克、葡萄干粒 50 克、松子末 50 克、1 个杨桃末、香兰素 0.1 克和熟芝麻粉 20 克炒匀即成。具有甜香软糯、滋润可口的特点。

制素蟹粉馅法

锅置火上，放入熟猪油 50 克烧热，加入氽至断生的胡萝卜粒 150 克、土豆粒 100 克、香菇粒 50 克、黑木耳粒 50 克以及胡椒粉 8 克、老姜 6 克、葱末 3 克、鸡精 7 克、酱油 8 毫升、香油 12 毫升和适量的精盐等调料炒至入味，起锅即成。具有鲜香、脆嫩的特点。

制双冬馅法

炒锅置火上，放入鸡油 20 克烧热，加入氽过的冬笋粒和冬菇粒 250 克以及葱末 10 克、姜汁 5 毫升、酱油 6 毫升、香油 8 毫升、白糖 2 克、味精 8 克和适量的精盐炒熟入味即成。具有脆鲜、嫩滑、香咸的特点。

制八宝素馅法

锅置火上，放入鸡油 30 克烧热，加入口蘑粒 50 克、香菇粒 50 克、荸荠粒 50 克、木耳粒 50 克、竹笋粒 50 克、冬菇粒 50 克、葱末 5 克、鸡精 12 克、生抽酱油 5 毫升、姜汁 8 毫升、胡椒粉 10 克、料酒 6 毫升、白糖 5 克、香油 12 毫升和适量的精盐炒熟，起锅即成。具有鲜咸香浓、脆滑适口的特点。

制油菜馅法 油菜100克洗净后放入开水里氽一下，立即捞出来放在冷水里冷却（以免发黄），再捞出剁碎后装入布袋里挤去水分。将面筋50克切成丁，香干2块切成末，然后将菜倒在盛器里抖松，放入白糖、精盐、味精、香油、生油、面筋丁和香干末一起拌匀即成。

制冬菜馅法 京冬菜是用白菜之类的原料制成的，以色金黄、细嫩的为好，有浓厚的花椒香和酒香，做成馅，香肥可口，夏季食用最适宜。将京冬菜去花椒及老梗后漂洗干净。锅置火上，放入植物油烧至四五成热，投入京冬菜炒一下，加入酱油、精盐、白糖、味精和清水各适量，迅速炒几下至沸滚时盛入盘内即成。

制萝卜馅法 将萝卜洗净，切片煮熟再挤干，斩成细泥状。锅置火上，放油烧热后下葱煸出香味时，投入萝卜泥、精盐、白糖、小虾米、甜酱及猪油渣一块炒熟，加入适量味精炒和，起锅即成。

制韭菜馅法 鲜韭菜做馅不仅味道美，色彩也非常美观，但上锅煮后，容易失去本色，可以在韭菜馅内放几滴苏打水保持颜色。

制大蒜馅法 做馅如没有韭菜可用大蒜代替。将大白菜洗净剁碎，大蒜剥皮捣泥（菜蒜比例为20∶1），加入馅内，先不必搅拌，待包皮时再搅。馅内若不放肉，加入猪油、香油、精盐和味精，就可以做出韭味清香的饺子了。

制荠菜油馅法 将荠菜除去黄叶，洗净沥水，放入沸水中烫熟，捞出挤干水分，用刀剁细，与板油丁、白糖和精盐一起拌匀即成。

制韭黄馅法 将熟蛋黄粒500克、味精10克、熟猪油10克、香油10毫升和适量的精盐同放入一盆内搅拌均匀，加入韭黄末200克拌匀即成。具有咸鲜、清香的特点。

制南瓜馅法　锅置火上，放入清水100毫升、南瓜蓉500克和白糖600克煮熟，倒入黄油20克和吉士粉20克搅成浓稠，起锅装入盆内，加入橄榄仁粒20克、桂圆肉粒20克和松仁粒20克拌匀即成。具有馅料丰富、香甜适口的特点。

制冬蓉馅法　锅置火上，放入冬瓜蓉500克、白糖600克、饴糖30克、熟猪油50克、黄油20克、澄面50克和吉士粉25克搅至浓稠至熟即成。具有香甜鲜嫩、软糯适口的特点。

制洗沙馅法　锅置火上，放入植物油50毫升烧热，倒入红豆沙500克炒至翻沙吐油，加入熟猪油100克、红糖150克和白糖250克炒匀，撒上芝麻粉10克起锅即成。具有香甜滋润、松软利口的特点。

制奶油馅法　锅置火上，放入清水100毫升、鲜奶油300毫升、白糖200克和明胶3克熬化，倒入西米粉60克和吉士粉30克搅匀至熟，起锅晾凉，加入草莓粒50克和猕猴桃粒100克拌匀即成。具有奶味浓醇、软糯鲜香的特点。

制桂花馅法　将鲜桂花100克洗净滴净水分，用白糖腌制成桂花酱，放入一盆内，加入白糖400克、熟面粉120克、熟芝麻粉30克、猪网油泥160克、花生油20毫升和饴糖30克搓匀，装入模具箱内压紧，切成小方块即成。具有清香、甜润的特点。

制茉莉花馅法　将鲜茉莉花30克去蒂洗净，用沸水氽一下滴净水，再与一部分白糖剁成蓉，放入盆内，加入白糖500克、熟面粉200克、花生油50毫升、饴糖60克、网油泥80克和1～2滴茉莉香精揉匀，装入模具箱内压紧，用刀切成小方块即成。具有花香浓郁、香甜适口的特点。

制玫瑰馅法 将鲜玫瑰花200克洗净，滴尽水，用白糖浸渍一个星期成甜玫瑰酱，放入盆内，加入白糖500克、熟面粉150克、猪油150克、玫瑰香精1～2滴和饴糖70克反复搓揉均匀即成。具有清香浓郁、甜醇适口的特点。

自制调味汁的窍门

制糖醋汁法 将白醋200毫升、冰糖300克、精盐10克和番茄汁50毫升一起混合加热至糖溶化后调匀即成色泽鲜艳、酸甜适口的糖醋汁。

将白醋150毫升、番茄汁50毫升、柠檬汁50毫升、酸梅40克、白糖100克、精盐45克、山楂片60克、OK汁75毫升和橙红色素少许一起混合加热，至糖盐溶化后加入色素即成色红味浓、酸中带甜的糖醋汁。

将白醋150毫升、白糖30克、番茄酱50克、色拉油50毫升、辣酱油50毫升、精盐6克、蒜泥少许和清汤500毫升一起混合加热熬化即成酸甜适中、回味无穷的糖醋汁。

将红醋500毫升、白糖500克、酱油30毫升、精盐20克以及葱、姜、蒜和清汤各适量一起混合加热调匀即成先酸后甜、以甜收口的糖醋汁。

制怪味汁法 将芝麻酱放入调味碗中，另将酱油、醋、白糖及精盐充分搅匀溶化，分次加入芝麻酱中使其扩散，再加味精、花椒末、辣椒油及熟芝麻调匀，最后淋入香油即成。咸、甜、酸、辣、鲜、香、麻各味兼具。

将芝麻酱20克用凉开水稀释，加入酱油25毫升、花椒面1克、熟芝麻5克、白糖20克、醋10毫升、味精2克、辣椒油15毫升、葱末5克和姜末5克调匀即成。

制麻辣汁法

将10粒花椒皮放在热锅内焙至焦黄，研成末，用25毫升香油放锅内烧热，投入15克辣椒糊、5克芝麻仁，煸出红油，发出香味时倒入碗内，加25毫升酱油用少许白糖、味精和精盐，再撒上花椒末搅匀即成开胃利口的麻辣汁。

炒锅置火上，放入适量的花生油烧热，下入姜末、蒜泥和泡辣椒末各50克稍炒片刻，再加入郫县豆瓣50克、酱油30毫升、白糖25克、料酒25毫升、味精5克、上汤200毫升烧开，略烧片刻用湿淀粉勾芡，淋入红油100毫升，撒入花椒面25克和葱花50克调匀即成。

制鱼香汁法

将料酒10毫升、醋10毫升、湿淀粉10克、味精5克、优质酱油和适量的汤汁一起调匀成汁，加入泡辣椒末、葱丝和姜丝各10克调匀，入锅加热即成酸辣甜咸、葱姜蒜味突出、鱼香扑鼻的鱼香汁。

将酱油10毫升、醋20毫升、白糖30克、精盐2克、味精3克、料酒5毫升、湿淀粉10克及清水50毫升同放一碗内调成味汁。锅置火上，放入花生油50毫升烧热，下入泡辣椒20克炸出红油，撒入葱末、姜末和蒜末各15克炒出香味，倒入调好的味汁，炒成鱼香汁。

制椒麻汁法

将花椒25克放在水里洗净，去掉杂质后与葱白和葱叶（共50克）剁成椒麻蓉。然后可根据各自的口味习惯兑成汁，即用适量的椒麻蓉加入酱油、香油和味精调制而成。此汁适合于浇拌煮过的鸡肉、猪肉上。

将精盐5克、味精5克、酱油3毫升、椒麻糊50克、香油2毫升、鲜汤60毫升同放一碗内调匀即成。

将花椒50克、青葱叶100克分别洗净，掺入精盐3克，用刀剁成细泥状（剁时滴几滴芝麻油），放入碗内，加入酱油30毫升、味精3克、白糖5克、麻油15毫升和适量的鲜汤调匀即成。

制香糟汁法

现成的干香糟（即酒糟）不能直接调味用，必须加工成香糟汁才能使用。先将酒糟500克用料酒2 000毫升化开，加入糖250克、精盐150克和桂花少许调和，静置使糟渣下沉，滗取上面的卤汁，再用纱布过滤即成。香糟汁具有浓郁的酒香味，是糟熘菜（特别是糟熘鱼片）

不可缺少的调味汁，并形成独特的风味。

将香糟50克捏散与料酒150毫升同放一碗内拌匀，加入精盐、白糖50克、葱50克、姜块(拍松)50克、茴香5克、丁香5克、山柰5克、桂皮5克和花椒15克搅匀，常温下浸泡10小时左右，装入白布袋吊起，让汁滴入下面的盆内，再用网过滤，密封冷藏备用。吊好的卤汤用陶瓷或搪瓷玻璃一类的器皿盛好，卤汁配制要严格，方法适当，卤制好后封严，以免卤内芳香挥发，酒香味气化，随用随取，以保持风味不变。香糟汁卤主要用于冷菜，色淡雅，味香四溢。

将香糟100克放入盆内，用料酒400毫升化开，加入白糖50克、精盐10克、桂花少许调匀，浸泡2小时左右，静置使糟汁沉淀。将调好的香糟卤汁用净器皿滗出，再用纱布过滤即成。

制柠檬香汁法

将柠檬汁50毫升、白糖20克、白醋25毫升、精盐和味精各2克一起入锅加热，使各调料溶解即可。用此汁与一些荤菜尤其是海鲜菜相配，其除腥增味作用特别明显。

制鲜橙汁法

将橙汁500毫升、白醋200毫升、白糖300克、低度酒40毫升、精盐6克一起入锅煮至溶解即成色泽金黄、鲜橙味香的橙汁。

制酸辣汁法

取番茄酱和糖各500克，山楂泥600克，胡萝卜泥300克，洋葱汁5毫升，大蒜25克，枣汁和辣椒末各6克，味精和小茴香末各1克，精盐12克，黑胡椒末、豆蔻末和丁香末各4克，肉桂末、姜末和陈皮末各2克，优质醋400毫升、色素适量备用。将以上原料调匀，炒匀即成。酸辣汁是西式调味汁，与辣酱油相似，酸辣味突出，较刺激，它以蔬菜和水果为主料，另外配有多种辛香料，经煮沸调配而成，有浓郁的香气。

制葱姜汁法

取葱和姜各25克，清汤50毫升。将葱和姜拍松，整段放入盆内，加清汤泡1小时左右捞出即成。适宜于拌馅及原料调味和煨制，吃葱姜，不见葱姜。

取葱白25克，生姜30克，色拉油120毫升，精盐5克，鸡精6克，白醋1

毫升，味精适量。将生姜去皮洗净，沥尽水分，与葱白混合成蓉，加精盐、鸡精、味精和醋，浇入烧至六成热的色拉油即成。味道咸鲜，有浓郁葱姜味。

制西汁法

西汁就是从西菜常用的调味汁中引进的复合味型调味汁。其调制方法是：番茄片 200 克，洋葱和芹菜段各 50 克，胡萝卜 1 根，香菜、葱和大蒜头各 10 克。这些原料先加植物油 25 毫升煸炒，再加肉汤 750 毫升、精盐 3 克、味精 2 克、白糖 6 克、辣椒酱油 10 毫升以及适量的番茄酱，烧开后即成。

取洋葱、香芹、番茄和红萝卜各 300 克，红辣椒 50 克，香叶、八角和桂皮各 25 克，清水 2 000 毫升，茄汁 8 毫升，OK 汁 9 毫升，优质醋 3 毫升，白糖 150 克，精盐 75 克。将洋葱、香芹、番茄、红萝卜、红辣椒、香叶、八角和桂皮同放锅中，加清水烧煮至 1 000 毫升时去渣，在制得的汤中加入茄汁、OK 汁、优质醋、白糖及精盐再煮至白糖完全溶解即成。色泽红亮，酸甜适度。

制青汁法

取菠菜 500 克，清汤 150 毫升，味精 6 克，精盐 4 克。将菠菜叶洗干净，用捣碎机把菠菜叶捣烂，挤出汁液与清汤、味精和精盐调匀即成。此汁具有色泽翠绿、味鲜清香的特点。

制白汁法

取蟹肉 50 克，清汤 250 毫升，鸡精和味精各 10 克，精盐 6 克，糖 4 克。将蟹肉捣碎，加清汤、味精、精盐、糖和鸡精加热烧开即成。此汁具有色泽洁白、味鲜微甜的特点。

制五香汁法

取酱油 10 毫升，料酒 1.5 毫升，精盐 5 克，葱和姜各 2 克，花椒、八角、茴香和白糖各 25 克，桂皮 4 克，糖色适量，鸡汤 250 毫升。将以上调味料调匀加热至熟，过滤即成。此汁具有五香味浓，适合制冷菜食品的特点。

制香椿汁法

取香椿粉 50 克，鲜汤 50 毫升，蒜蓉 30 克，精盐 10 克，醋和香油各 5 毫升，味精 6 克。将以上原料搅匀即成。此汁冷热皆宜，香气诱人，风味独特。

制凉拌汁法 取凉拌酱1克，蚝油100毫升，糖25克，胡椒粉10克，凉开水200毫升，味精、葱头、干葱和蒜蓉各20克，香油20毫升，菜油30毫升。锅置火上放油烧热，投入葱头、干葱和蒜蓉炒出香味，加蚝油、凉拌酱、凉开水、糖、味精和胡椒粉烧沸搅匀，晾凉，滤渣，加香油即成。此汁具有鲜香浓郁、咸甜适中的特点。

制虾汁法 取香葱、洋葱丝、姜片和红椒丝各150克，蒜仁片和白糖各50克，生抽王500毫升，老抽王250毫升，味精100克，香醋和加饭酒各100毫升，香油75毫升，清汤2 000毫升。将香葱、洋葱丝、姜片、红椒丝、蒜仁片、生抽王、老抽王、味精、香醋、香油、白糖和清汤一起放入净锅内烧开，捞出渣滓淋入加饭酒，出锅即成。

制花生酱汁法 取花生酱200克，白糖100克，精盐5克，料酒20毫升，鲜汤80毫升。将以上各种调料调匀即成。此汁具有香酸适中、味醇酱香的特点。

制烧烤汁法 取丁香25克，姜块100克，洋葱250克，生抽250毫升，花生油50毫升，白糖60克，清水600毫升。用中火烧热瓦煲，下花生油，放姜块和洋葱爆香后放入清水、生抽、白糖同煮至微沸，再转用小火煮20分钟，过滤即成。此汁具有色泽红褐、味道鲜美而香醇的特点，适宜于家庭或野外烧烤肉类食品用。

制沙茶酱汁法 取沙茶酱1瓶，干葱头50克和鲜汤50毫升，精盐和白糖各25克，味精10克，香油5毫升。将以上调料调匀即成。此酱汁适用于烹制肉类或凉拌等的调味，也可作为小菜，具有鲜咸微辣，甜中酱浓的特点。

制麻酱汁法

取精盐和味精各5克，芝麻酱250克，香油2毫升，鲜汤10毫升，香葱少许。将各种调料调匀即成。麻酱汁的味型自然浓厚，食时有质感，四季皆宜，尤以调拌佐酒凉菜为佳，咸鲜可口。

制五味豆瓣酱汁法

取豆瓣酱末50克，香菜末10克，辣椒油15毫升，花生酱15克，白糖、葱白、生姜和蒜仁各5克，味精2克，熟花生油25毫升，花椒3克。将葱白、生姜和蒜仁混在一起绞成泥；花椒焙香研粉与葱泥及蒜泥拌和，调入烧热的熟花生油，拌和后再加入其他调味料，调匀即成。色泽红艳，五香味浓。

制啤酒汁法

取生啤酒250毫升，茄汁150毫升，糖100克，精盐5克，生抽50毫升，湿淀粉25克。锅置火上放油烧热，投入茄汁略炒，加生啤酒、糖、精盐略煮，用湿淀粉勾芡，淋入少许热油，使汁糊在一起即成。啤酒汁属于热菜的调味，色红艳，酒香甜酸。

制醉香汁法

取葱白末100克，料酒300毫升，花椒末40克，酱油50毫升，味精、姜末、白糖和香油各适量。将花椒末和葱白末用纱布包好，投入料酒中泡数小时，即成葱姜料酒，再加酱油、味精、姜末、白糖和香油调制即成醉香汁。醉香汁适用于醉菜口味的菜肴，口味清香，咸淡适中。

取红葡萄酒250毫升，茄汁150毫升，精盐10克，白糖60克，白醋6毫升，鲜汤300毫升，生抽25毫升。锅置火上，放油烧热，下茄汁、红葡萄酒、白糖、精盐和鲜汤烧沸，待出酒香味时加入白醋即成。此汁酒香味浓，非常诱人。

制姜味汁法

取精盐20克，香油20毫升，老姜100克，醋80毫升，味精15克。将老姜去皮切末，与精盐、醋、味精和香油调匀成味汁，用时淋在原料中。姜味浓郁，咸中带酸，清鲜爽口，风味特殊，适用于凉菜调味。

制葱油汁法

取葱 50 克,花生油 40 毫升,精盐 15 克,鲜汤 100 毫升,味精 2 克,姜 30 克。将姜和葱切成末,投入烧热的油锅中烹出香味,再加精盐、鲜汤和味精调匀即成。葱油汁适用于冷菜调味,风味独特,口味清爽。

制沙津汁法

取鸡蛋黄和白糖各 50 克,精盐和芥末各 75 克,精制植物油 400 毫升,优质醋 15 毫升,鲜牛奶 125 毫升,柠檬汁 65 毫升,柠檬香精少许。将蛋黄、白糖、精盐和芥末调成稀糊状,再加植物油和鲜牛奶,边放原料边搅拌,最后加醋精、柠檬汁和柠檬香精调匀,搅拌至凝结呈较浓的糊状即成。色泽淡黄,具有蛋香气,味微酸带辣,是从西餐的万尼汁演化而成的。

制 OK 汁法

取番茄 500 克,洋葱和苹果酱各 250 克,蒜头和精盐各 150 克,柠檬汁 75 毫升,橙汁 25 毫升,蚝油和花生油各 100 毫升,骨头汤 2 000 毫升,白糖 200 克。将番茄和洋葱切碎,蒜头剁成蓉。锅置火上,放入花生油烧热,投入蒜蓉爆香,放入切好的番茄和洋葱炒透,转至瓦煲中,倒入骨头汤再用慢火熬半小时,过滤。在过滤的过程中加入苹果酱、柠檬汁、橙汁、蚝油、白糖和精盐等,然后将汁液拌匀,煮沸即成。OK 汁色泽棕黑,具有多种蔬菜和水果的清香,酸甜可口,是近年来比较高级的西餐常用的调味汁之一。

制荔枝味汁法

取精盐、酱油、白糖、醋、料酒、味精、姜、葱、蒜、泡辣椒和胡椒末各适量。将各种原料混合加热至糖溶化后调匀即成。荔枝味汁清淡鲜美,和味解腻,可与其他复合味配合,四季皆宜。此汁酸甜适口,微咸,呈荔枝味感。

制番茄汁法

取鲜番茄 500 克,酸梅 100 克,精盐 4 克,白糖 150 克,柠檬 4 只。将鲜番茄去皮及籽,酸梅去核,柠檬去皮及核,同放锅中加适量水煮沸,慢火熬制去渣,再加其他调料搅匀即成。此汁色艳味浓,甜中带酸。

炒锅置火上，放入花生油 100 毫升烧至四五成热，下入葱段 6 克、姜片 3 克炸出香味，捞去不用。再放入番茄酱 50 克炒出红油，加入白糖 60 克、精盐 3 克、味精 2 克、白醋 10 毫升及清水少许，搅炒均匀即成。

将鲜番茄 5 000 克洗净后切成块，装入纱布袋中榨出液汁，放入锅内烧沸，待汁浓缩适中时，加入白糖 1 000 克、胡椒粉 15 克和红色素少许，搅匀即成。

将番茄洗净去皮后，装入消毒纱布袋并夹住袋口。将袋旋转挤出番茄汁，然后放入白糖，微火随煮随搅拌，等煮沸后晾凉，放到冰箱里，这样就制成了香甜爽口的冷饮番茄汁。

制果汁法

取茄汁 1 00 毫升，骨头汤 500 毫升，白糖 100 克，精盐 10 克，橙红色素少许。将各种调味料混合煮沸加入色素调匀即成。此汁色泽红亮，果味浓香，甜中带酸。

制桂花汁法

取桂花酱 300 克，料酒 50 毫升，白糖 50 克，精盐 15 克，生抽和辣酱油各 25 毫升，将各种调料调匀即成。味香独特，咸甜适中，适宜于烧菜、焖菜。

制玫瑰酱汁法

取玫瑰酱 200 克，白糖 100 克，精盐 2 克，茄汁 25 毫升，将以上调味料搅匀即成。香气迷人，诱人食欲，适用于制作甜菜和糕点。

制提子汁法

取瓶装提汁（葡萄汁）1 00 毫升，红葡萄酒 500 毫升，白醋 250 毫升，蜂蜜 250 克，白糖 750 克。将提汁、葡萄酒、白醋、白糖和蜂蜜一起放入容器内，调匀即成，主要用于炸煎类菜肴的蘸食。

制香油味汁法

取香油、味精、精盐和酱油各适量。将酱油、味精、精盐和香油充分调匀，拌入菜肴或淋入菜肴即成。此汁咸酸清淡，酥厚香鲜，适宜拌煮熟的鸡、肉及焯熟的鲜蔬菜等，最宜与糖醋、麻辣及豆瓣味配合，四季皆宜。

制咸甜味汁法

取精盐、冰糖、姜、葱、花椒、料酒、五香粉、胡椒末和味精各适量。将菜料投入锅内烧沸，撇尽浮沫，放入姜、葱、花椒、五香粉、料酒、糖色和微量的精盐，微带咸度，烧至即将成熟时放入冰糖，并再次加入精盐，咸甜兼具，味正为准。待汤汁浓厚后，拣去姜和葱，放入胡椒末和味精即成。此汁咸甜鲜香，醇厚爽口，一般用于烧菜类的调味，佐酒下饭皆可，四季皆宜。

制甜香味汁法

一般以冰糖和白糖作为甜味剂，还可加入各种蜜饯、鲜水果、鲜果汁及干果等，使甜香味丰富多彩，各具特色，自成体系。主要用于蜜汁、糖粘及拔丝等，如蜜汁桃脯、糖粘羊尾及拔丝苹果等菜肴。无论使用哪种方法，应当掌握用糖分量，不要使人感到发腻；还应注意香料的恰当配合，有特殊芳香气味的原料不能共同掺和作用，以免影响风味的突出，如桂花不与香蕉同用、苹果不与柠檬同用、玫瑰不与橘红同用等，一般用于甜味菜肴，是多种类型甜味的总称，并非指某一种甜味。

制红油汁法

先取辣椒 10 克用香油 50 毫升炸一下而成为红油，再将红油 15 毫升、酱油 50 毫升、味精 1 克和葱花 5 克同放一碗中调制而成，也可在兑汁时加入适量的麻酱、花椒粉，还可加入适量的醋、蒜泥和香油，汁咸辣鲜香。

将红油 35 毫升、麻油 15 毫升、酱油 50 毫升、白糖 30 克、味精 3 克、葱白末 20 克同放一碗内调匀即成。

制酱味汁法

将适量的甜面酱、白糖、香油、精盐和味精等放在同一碗中调匀即成。

制姜醋汁法

取鲜姜 10 克，先切成片，后切成丝，再切成末，放入小碗内，加入适量的醋和香油，调匀即成。姜和醋结合，就产生了独特的香味，姜醋汁最适合于蘸食松花蛋、清蒸螃蟹及清蒸鲜鱼等。

制蒜泥汁法

将蒜头剥去皮放在钵子里，撒些精盐，用擀面杖捣，均匀用力，捣成烂泥，蒜的香辣味才能充分发挥出来，而且越捣越香，最后加适量的味精拌匀即成为鲜美的蒜泥汁。

制芥末汁法

原料有芥末面（芥菜的种子研磨而成）、开水。将芥末面放入带盖的碗中，冲入少许开水，用筷子快速搅拌成硬团，盖上碗盖，20 分钟后，用筷子再搅出辣味，加入凉开水调匀即成。芥末汁具有独特的辛辣味，具有利气、通经络、消肿毒等特点，是夏天吃凉面必备的调味汁之一。

取 500 克芥末，用醋和温开水各 350 毫升、香油 100 毫升、糖 50 克，调拌成糊状，过滤，静放几小时，即成为香辣味美的芥末汁了。

将芥末面 50 克用适量开水调匀呈稠糊状，盖严略闷至有刺鼻辣味时，加入精盐 15 克、味精 3 克、醋 50 毫升和麻油 50 毫升调匀呈稀糊状即成。

制鸡蛋汁法

取 1 匙面粉放锅中用油炒，加肉汤调开后上锅煮 10～15 分钟，用 30 毫升肉汤或牛奶将 1 个鸡蛋的蛋黄调开，倒进面粉糊中搅匀即成。

制奶汁法

取 1 匙面粉用油略炒一下，倒进 60 毫升热牛奶调开，再在火上煮 10 分钟，边煮边搅动，并按口味加些精盐即成。

制肉汁法

在做肉的锅里倒少量肉汤，煮沸，汤过滤后浇在盘里的肉上，适用于煎炸或烤肉用。

制姜汁法

将老姜洗净，刮去外皮，切成细末，放入少量开水浸泡，加入酱油、精盐、味精、醋和香油等调匀即成。

制煎封汁法

煎封汁是广东菜中颇具特色的一种复合调味料。其口感是咸鲜中略甜，辣酱油的味道很浓。其配制方法是用好汤 250 毫升、辣酱油 200 毫升、精盐 5 克、白糖 15 克、深色酱油 15 毫升、淡色酱油 30 毫升煮沸冷却即成。

制卤汁法

调制卤汁的主要调料是酱油、盐、冰糖（或砂糖）、黄酒、葱、姜等；主要香料是八角、丁香、桂皮、山柰、小茴香、草果、香叶、花椒等。第一次制卤要备有鸡、肉等鲜味成分高的原料，以后只要在这个卤汁的基础上缺味添味、少香增香就可以了。调制卤汁前应先备一口大锅，洗净后加入适量的清水，放入洁净的鸡肉或鸡骨、猪肉或猪骨等原料，上火烧煮，烧沸后撇去浮沫，转用中小火，接着加入酱油、盐、糖、黄酒、葱、姜等调料，另把各种香味调料放入宽松的纱布口袋包好后投入汤内一起熬煮，煮至鸡酥、肉烂、汤汁较为稠浓时，捞出鸡、肉和香料袋，除去卤内杂质即成。

制棒棒汁法

将芝麻酱放入盆内，加入麻油 50 毫升和红油 100 毫升调开，下入酱油 100 毫升、醋 50 毫升、精盐 15 克、味精 10 克和清汤 200 毫升调匀即成。

制豉油汁法

将豆豉 25 克洗净，放入碗内，加入鸡汤少许，入锅蒸 10 分钟取出。把汁滗入碗内，加入酱油 30 毫升、精盐 15 克、白糖 30 克和胡椒粉 3 克搅匀，再把花生油烧开，倒入豆豉汁烹一下即成。

制干烧汁法

炒锅置火上，放入花生油 150 毫升烧热，下入泡辣椒末 50 克和姜末 30 克煸炒片刻，加入酱油 30 毫升、白糖 75 克、料酒 40 毫升、精盐 5 克、味精 5 克、醋 50 毫升、高汤 350 毫升烧熟，勾芡出锅，淋入红油 100 毫升，撒上葱花 50 克即成。

制蚝油汁法

锅置火上，放入麻油30毫升烧热，下入葱末、姜末、蒜末炒出香味，加入蚝油50毫升、料酒10毫升、白糖25克，炒匀后再加鸡汤50毫升与味精2克，烧沸即成。

制多味汁法

将麻酱（芝麻酱、花生酱均可）置碗中，加入煮沸过的酱油少许，用筷子顺一个方向搅成稠块时再加入凉开水少许继续搅拌，直到调成糊状为止。腐乳块打成泥状，加入打好的麻酱搅成糊状，加入醋、虾油、香油、辣椒油拌匀即成。

制香辣汁法

将生酱油煮沸晾凉；大葱、洋葱、姜、香菜、青辣椒均洗净，剁成碎末（在加工时切莫将原汁倒掉），加入精盐拌在一起腌制，将以上各料同放一碗内混合后加入香油、味精拌匀即成。

制咖喱油法

咖喱粉味辣而香气不足且带有药味，一般应加工成咖喱油再作调味之用。取咖喱粉75克，花生油50毫升，洋葱末和姜末各25克，蒜泥12克，香叶250克，胡椒粉和干辣椒各少许。将50毫升花生油烧热，投入洋葱末和姜末各25克，炒至深黄色，加咖喱粉75克和蒜泥12克，炒透加入香叶250克，再加少许胡椒粉和干辣椒即可。要稠一些，可加适量面粉。

取咖喱粉250克，熟菜油或花生油500毫升，胡椒粉20克，干红辣椒末、生姜末和蒜头各50克，洋葱末75克。炒锅洗净置中火上，放入熟菜油烧至四成热，依顺序放入辣椒末、姜、蒜及洋葱末炒出香味，加入咖喱粉炒透喷出香味，起锅盛入瓷缸晾凉备用。咖喱油口味辣香浓郁，可用于鸡肉、牛肉、土豆及花菜等原料的烧炒、烩拌制的调味，或用于面食调味。

制花椒油法

锅置火上放入花生油烧热，投入花椒，待炸出香味（不可炸至焦糊）后捞出花椒即成。

取清油和豆油各50毫升，鲜姜50克，大葱75克，花椒粒10克，八角和蒜瓣各少许。锅置火上，加清油和豆油烧热，投入各种原料炸焦后捞出，油凉后即成。花椒油适用于炝制冷菜及兑汁用，还可用于炒、烧等菜肴，麻香芬芳，风味独特。

制辣椒油法

将干红尖辣椒50克切成细丝或小丁，用热水闷泡片刻，然后捞出沥干。将豆油倒入锅中用旺火烧热，待油变清时投入葱和姜炸至焦黄色时捞出，以提高豆油的香味。把锅撤离旺火，待油温降至40 ℃左右时投入辣椒，然后再将锅移至文火上慢爆，待油呈红色时，香辣爽口的红辣椒油就做好了。

取干辣椒和葱各50克，尖椒20克，鲜姜和洋葱头各25克，豆油少许。锅置火上，放豆油烧至白色，投入葱姜炸至金黄色时再下入辣椒炸至焦，放入洋葱头，捞出原料，油凉后即成。辣椒油适宜于凉菜及热菜的辣味用油，色红，香辣可口。

取辣椒末100克，菜油或花生油500毫升，生姜50克，八角2个，大葱150克。将辣椒末及八角装入盛器内，接着将菜油放入锅内，加入拍破的生姜，用旺火烧至油六七成热时，端锅离火口，下大葱稍炸，拣去姜葱，用炒勺舀油反复冲浪，让油烟迅速散尽，待油温降至三四成热时，倒入盛装辣椒末及八角的器皿内充分搅匀，晾凉即成。此汁具有色红发亮、香辣味醇厚的特点。

辣椒油用途广泛，常用于凉菜、小吃及面食的调味，也用于某些热菜的调味。

制辣酱油法

辣酱油是用于拌凉菜、羊肉串或佐食饺子等面点，不仅有酱油色香味，还有辛辣味，可以增进食欲。辣酱油的制作方法：取酱油100毫升，干红辣椒50克，精盐和生姜各15克，桂皮10克，小茴香5克，红糖20克，花椒少许。将生姜拍破，干辣椒改刀，然后用纱布将辣椒、生姜及其他香料包起来，放入锅中，加水550毫升，盖锅盖烧沸，再用小火煎熬1小时，待卤汁只剩下1/3时将香料袋捞出，加入精盐、红糖和酱油，再煮沸一次，离火晾凉，装瓶即可。这种辣酱油香辣可口，四季都可以制作。如果将装了酱油的瓶子上火蒸煮2分钟，可延长其储存时间。

制三合油法

将酱油50毫升、醋和香油各10毫升依次倒入碗内，加少许味精调成的汁就是三合油。如能加些蒜泥，既能增味又可杀菌消毒。三合油咸、香、酸、鲜，口味清淡，香鲜解腻，适合拌粉皮、海蜇、白菜心、白肉及白斩鸡等。

用花椒油、植物油和酱油制成的三合油，浇在凉拌菜上，清爽适口，味道极好。

制葱姜油法

将葱和生姜均切成细丝，先将姜丝放入油锅内炸至焦黄色时再放入葱丝炸，待炸至葱香味溢出即离火，把姜丝和葱丝拣出，即成葱姜油。

制香麻油法

取白芝麻 5 000 克除去泥土杂质，用清水反复淘洗干净并晒干，然后放入热锅内炒至赤黄色时取出冷却，用小石磨磨 2 次，把芝麻粉放入缸内冲入开水，不断搅拌约 30 分钟，静置 2 小时后麻油便浮在上面，取出浮油放锅中烧沸即成小磨麻油，剩下的渣除去多余的水后就是芝麻酱。

制菌油法

菌油，又称蘑菇油。制作菌油的原料为未打开伞的小蘑菇 1 000 克和植物油1 000毫升，辣椒粉、花椒及桂皮各适量，精盐少许。先将蘑菇去掉菇脚，用水洗净后沥去水分，用精盐腌渍一下后将其撕碎备用。锅内倒入植物油，烧至六七成热时，放进撕碎的蘑菇，改小火氽 10 分钟，待蘑菇枯缩变色时起锅，趁热将辣椒粉等调料倒入拌匀，凉后装瓶。此油可用于调制汤菜、拌面条以及烹制菜肴等。

制蟹油法

蟹油制菜，金黄油亮，鲜香味醇。先将蟹黄及蟹肉剔下备用。锅置火上放油烧热，投入葱和姜炸出香味，拣出葱和姜不用。然后放入蟹粉及料酒，快速拌匀改用旺火熬开，待锅内出现水花，泛起泡沫，改用中火，视油面平静，再用旺火。如此反复进行，直至将水分熬干，然后装瓶中，待杂物沉淀后即可使用。蟹油可拌食油菜、豆腐或面条等。

制香味酱油法

取新鲜酱油 5 000 毫升，香菇 300 克，鲜虾仁 500 克，白糖 200 克，白酒 400 毫升，味精 25 克，生姜和花椒各 100 克。制法是：将酱油倒入锅中煮沸，并将泛起的泡沫撇去；将洗净的香菇和虾仁投入酱油中，煮10分钟左右；加入白糖、白酒、生姜和花椒再煮片刻，然后离火加味精并使其自然冷却，装瓶封口备用。此法加工的酱油味道鲜香，风味独特，味美可口，无细菌感染。

制红油法

取辣椒油、精盐、酱油、白糖、味精和香油各适量。将精盐、白糖、味精和酱油调匀，溶化后加入辣椒油和香油调匀即成色泽红亮、咸中略甜、兼具香辣的红油。红油是常用的调味品之一，四季皆宜。

制胡椒粉法

要想使胡椒粉既有香辣味又有鲜味，可取白胡椒粉700克、味精300克充分拌匀。

制香椒粉法

香椒粉，既有香味又有辣味。每1 000克香椒粉需用下列几种原料磨粉混合而成：干辣椒300克，陈皮和干姜各50克，辣椒籽60克，小茴香、八角、花椒和桂皮各10克，熟碎米500克。

制五香粉法

五香粉，具有五香味。每1 000克五香粉需用下列几种原料磨粉混合而成：花椒180克，桂皮430克，小茴香80克，陈皮60克，干姜50克，八角200克。

制椒盐粉法

将精盐和花椒放在锅里炒后研为细末而成。如需大量制椒盐，应先将精盐500克和花椒1 500克备好，将花椒用小火炒至微黄取出，再将精盐投入锅内炒干取出，然后共研成细末制成。椒盐适用于炸菜类，其特点是椒香略咸。

制芥末糊法

取芥末粉150克，醋150毫升，熟菜油50毫升，白糖50克。将芥末粉、白糖和醋调拌后，倒入沸水400毫升搅匀，再加入熟菜油调拌均匀，密闭静置2小时即成。芥末糊呈浅黄色，为半流体的稀黄状态，味香辛，具有浓郁刺鼻的独特风味，常用于凉拌菜肴、凉面及薄饼的调味。

制蛋清糊法

蛋清糊(软糊)用蛋清100克和淀粉110克调制而成,主要用于软炸。如上浆用,即在主料中用蛋清、淀粉加适量的盐拌匀,但淀粉用量减半,适用于滑炒、滑溜等。

制全蛋糊法

全蛋糊是用全蛋(蛋清、蛋黄均用)100克,加入75克淀粉或面粉,再混入少量清水调制而成的一种糊。将全蛋磕入碗内,均匀搅打开,将适量的面粉或淀粉加入其中,稠时可加少许清水,搅打成糊状。

制脆炸糊法

将豆腐100克、面粉200克、猪油15毫升和水300毫升左右同放一起调匀即成。夏天放2个小时左右,冬天放4个小时即可使用。

将发酵粉75克、面粉375克、淀粉65克、精盐10克和水550毫升同放一盆内调匀,发酵4小时,用前再加160毫升油、适量碱水搅匀,静置20分钟即成,多用于炸制菜肴。

制发粉糊法

发粉糊用发酵粉制成。将面粉350克、发酵粉18克和水450毫升左右同放一起调匀即成。

制蛋泡糊法

将4个鸡蛋的蛋清快速甩搅出泡沫,加50克淀粉调制而成,多用于松炸、甜菜,不作上浆用。

制面粉糊法

用面粉、少量苏打粉、水、盐等调制而成,可用来炸鱼虾。

制水粉糊法

以淀粉和水调和而成的一种糊称为水粉糊。将适量干淀粉放在碗内,加入凉水需没过淀粉,待淀粉自然浸透后即可使用。为防止在炸时发生爆裂,所制的水粉糊中不能有干粉或粉渣。制成的水粉糊应薄厚适宜,过厚会对菜肴的口味造成影响;过稀则难以附着,起不到应有的作用。以“炸八块”为例，如 300 克原料，可用 75 克淀粉、75 毫升水，以每块原料都均匀地粘上一层白色的糊且看不到原料本色为宜。

制酥炸糊法

将鸡蛋清 50 克、淀粉 50 克、苏打粉 2 克、精盐 5 克、白糖 15 克和清水 150 毫升同放在碗内调匀即成。

制拔丝糖浆法

熬制拔丝菜糖浆时，每盘加入 1 粒米大的明矾，即能延长糖浆凝结时间，而使糖丝拉得特别长。

制蛋茄打卤法

这里的卤，不是指烹调技法中制卤酱食品的卤，而是专指用做面、饭浇头的打卤。制打卤浇头，必须要用汤或水做基础，然后将各种原料分别切配加工好，入汤锅煮熟加入调味料，勾湿粉芡（有的喜食清汤，就不勾粉芡）即成。例如自制蛋茄打卤，原料有木耳、番茄、淀粉、香油、味精、鸡蛋、植物油、葱、蒜、酱油、香菜等。将干木耳去杂后用沸水冲泡至大，洗净后撕成小片，番茄洗净，切成片。锅置火上，放入植物油烧热，将洗净切好的葱、蒜煸炒出香味，捞出不用，倒入番茄炒成糊状，加入开水及水发木耳，继续煮成番茄汤。淀粉加水，勾成水芡，待番茄汤烧沸，倒入锅中搅匀。鸡蛋液打散，使蛋白蛋黄混成鸡蛋糊，待锅沸时用勺盛蛋液，往锅中淋时要使蛋液成细流，慢慢转着圈散在汤内。待鸡蛋液成片状，浮上汤面即成。汤锅离火后撒入味精，淋入香油，搅匀。香菜洗净切末，撒在汤面上即成。具有制法简单、口味鲜香的特点，是家庭中做卤面常用的浇头。

制三鲜打卤法

原料有水发海参、水发鱿鱼、海米、鸡蛋、猪油、淀粉、葱、姜、蒜、料酒、酱油、花椒、精盐、味精。将水发海参上蒸笼蒸 10 分钟至断生，切成片；鱿鱼切成片，入沸水锅内氽至断生；海米用热水泡大；葱切段，姜切末；鸡蛋磕入碗内打散成蛋糊。炒锅置火上，放入猪油（其他油也可以）烧热，加入花椒粒和葱段，待葱色焦黄时捞出花椒、葱段即制成葱椒油。将海参、鱿鱼、海米投入葱椒油中略炒，加入料酒、酱油、精盐、泡海米的水，翻拌片刻，使原料入味后盛入碗中。锅内添入水（或汤）烧沸后加入酱油、味精和精盐，倒入炒好的三鲜料，尝味后勾入水芡（将淀粉加水调成糊状）使汤呈稀糊状，将鸡蛋液慢慢流入沸汤锅中，使鸡蛋片浮在汤面上，撒上姜末。另用炒锅烧热，放入猪油，将花椒、葱花和蒜瓣炸至焦黄时，捞出不用，将油炝在卤表面即成。具有海鲜味浓和营养丰富的特点。

三鲜打卤用料不同，可分为海三鲜、荤三鲜、素三鲜，可根据食者的不同口味选料配制。所用原料也可以不单独烹制，而是直接入汤锅群煮，味道也不错。分别烹制时，一定要注意不要丢弃汤，如泡发海米的汤、氽鱿鱼的汤等。

制羊肉臊子法

将嫩羊肉切成手指肚大小的丁，葱切段，姜切片，干辣椒切段。锅置火上，放油烧热，投入羊肉煸炒至水分减少、颜色变白时加入酱油和精盐翻炒，上色入味后加入开水，撒入葱、姜、桂皮、辣椒、胡椒粉，大火烧至汤沸，改用小火炖至羊肉熟软，用大火收浓汁。将羊肉臊子盛入碗内，撒上香菜末即成。具有羊肉酥烂、鲜香味醇和汁浓性暖等特点。

制茄汁肉臊子法

将牛肉切成栗子大小的块，洋葱切成片，洗净的番茄榨汁(用开水烫皮，待稍凉，用手扒掉外皮挤去籽，捏成汁)。锅置火上，放油烧热，将洗净的牛肉块放入锅炒(炸也行)，待肉收紧色发白、肉内水分见少时倒入料酒、酱油和精盐，烧至入味后，倒入番茄汁、葱头片和清水，大火煮沸，改用小火煨至肉酥烂即成。具有原汤原汁、味美醇香和营养丰富的特点。

制沙茶酱法

取虾肉 20 克、蒜头和葱头各 500 克切碎，投入烧热的油锅中炸至红色捞出，加入 250 克切碎的辣椒及适量的茴香和肉桂同炒后，取出研粉。另用花生油酱 200 克入锅炒干，与上述研粉拌匀，同时加少量的白糖同煮，即成沙茶酱汁。

制糖色法

糖色是菜肴的着色剂，可用于红烧鱼、红烧肉、卤酱肉及爆制的肉菜等。菜肴着色以后，光亮红润，甜香味美，肥而不腻。一般为水炒和油炒两种。

锅置旺火上，放入 500 克白糖和 250 毫升凉水，烧开后用勺搅拌。将水分炒干后用微火炒拌，待糖呈黑红色并冒青烟时再倒入开水 100 毫升，拌均匀即可。

锅置火上放油烧热，放入25克白糖，随后用勺不断搅动，见糖溶化起泡，将在油面不断翻起，色泽由淡黄变成枣红色或深红色时，立即倒入250毫升开水，即成糖色。

制香醋法

醋的种类及风味很多，爱吃醋的人都喜欢买点浓烈而芳香的醋，如山西老陈醋及镇江香醋等。如果买不到，可以自制香醋。在买来的普通醋里滴几滴白酒（以粮食白酒为佳），再适当加点精盐，调和均匀就成了味道清鲜的香醋了。

每100千克西瓜皮加大曲1.25升、谷糠20千克、食盐4千克，可以制出6度的醋100升，相当于20千克高粱的出醋量。方法是：先把西瓜皮洗净、煮热、晾凉，装罐加曲，捣烂拌匀，发酵5天后拌糠，每天早晚搅拌一次，过4～5天加食盐，6天出坯。然后把1/3的坯装入熏罐烤熏4天，再把2/3的坯加生水过滤熬开，添入熏坯，过滤即成美味的酸醋。

制蟹不离法

“蟹不离”味甜酸略带咸，有浓郁的姜味，吃蟹时蘸食，避寒气，增美味，是食蟹时不可缺少的调味品。制法是：酱油100毫升，白糖190克，醋80毫升，鲜姜70克。先将生姜去皮后切成末，与酱油、白糖和醋一起放进锅中用旺火烧开，晾凉后装瓶，随吃随用。

制鱼汤块法

在制作鱼汤、鱼冻及蒸鱼时加入鱼汤块，可使鱼的味道更加鲜美醇香。取鲜鱼头300克，鱼骨700克，胡萝卜和葱头各50克，芹菜和鸡蛋清各30克，胡椒粉和醋精各适量。制法是将鱼头去鳃，和鱼骨一起洗净。胡萝卜和葱头去皮后切成块，芹菜切段备用。锅内放入适量的清水并烧开，加入醋精，把鱼头和鱼骨投入锅中稍烫除去腥味捞出，锅中的汤倒掉。将鱼头、鱼骨、胡萝卜和葱头放入锅中，并加适量的清水，用旺火烧开，撇去浮沫，改用微火煮1小时，将汤用细纱布过滤，然后按需用量注入盒中，放到冷冻室冻成冰块，取出装入塑料食品袋，扎好袋口，再放入冷冻室待用。

制辣甜沙司法

取番茄沙司1瓶，白糖250克，香油和花雕酒各25毫升，海椒油150毫升，精盐少许。将番茄沙司、白糖、香油、花雕酒、海椒油和精盐一起放于盆内，调匀即成。成品色泽鲜红透明，酸甜香辣。

取番茄沙司 100 克，辣椒粉 15 克，胡椒粉 5 克，白糖 25 克，香油 25 毫升，蒜仁 3 瓣，精盐和辣椒油各适量。将蒜仁洗净，入钵捣成泥，加番茄沙司、白糖、精盐、辣椒粉、辣椒油和香油调匀即成。色泽红亮，香辣微甜。

调味的技巧　患有肾脏病或高血压的人应少吃食盐，因此家中有这样的患者时，常常为了烹调食物而觉得麻烦。此时，可用柠檬汁代替食盐来调味。在新鲜蔬菜或肉类里滴数滴柠檬汁，可使淡然无味的食物成为风味极佳的菜肴，病患者与健康的人皆可食用，十分方便。

洋葱是一种奇妙的调味佳品，加入洋葱后常使菜肴产生不同的风味。若把洋葱绞汁加入菜中，不仅可增加美味，也不会使厌恶洋葱味道者发觉。

在酸醋调味汁中加点咖喱粉，用这样的调味汁调制出来的沙拉就具有核桃的美味。

海带有股特殊的味道，有时也可用来调味，如在豆酱汤或豆腐汤里就可以加点海带丝，代替葱丝来调味。由于海带的特殊香味和咸味，还可以调配许多不同风味的菜。

若使花生油久存不变质，可将其倒入锅中加热，并在加热过程中放十多颗花椒和茴香，经过这样处理后的花生油用来做菜味道格外香。

将豆油、花生油、菜油等植物油倒入锅里加热后再放些花椒、茴香，冷却后存起来，不仅可以久存不变味，而且可使油香大增。

在 10 份熟猪油中加放 1 份白糖，搅拌密封，可使猪油保持醇香。

熬猪油时，放点盐、花椒、生姜片、茴香等，或者熬好后放块萝卜，能防止猪油出现异味，增加香味。

在黄酒里放几个黑枣或红枣，不仅能使酒不发酸，而且味道香醇。

制作酸辣椒、酸姜时，如用白酒浸泡，数日后将会味道鲜辣可口。

制作泡菜时，倒点啤酒在泡菜缸里，可使泡菜色鲜味美。

自制面食的窍门

用冷水和面法　将面粉放入盆内，边加水边搅拌，水不能一次吃足。一般 500 克面粉掺水 250 毫升左右。和面掺水与气候、面粉等情况有关系。天气干燥，面粉含水量少，掺水量要适当多一点。冷水和面要揉透揉匀，特别是面团要成形时，双手要用力揉上劲。面团和好后，用湿布盖好，摊放30分钟，使面团中那些未能完全吸收到水分的面粉颗粒经过醒面后吸收水分，使面粉变得松软些，成品吃起来爽口。

用沸水和面法

用80～100 ℃的热水调制而成的面团，与冷水面团原理相反，它的成团主要是由于面粉中的淀粉遇沸水后膨胀、糊化、吸水所形成的，具有黏糯、柔软、劲小、成品呈半透明状、有甜味、口感细腻等特点，但是色泽和韧性较差，主要适用于制作蒸饺、烧卖、锅贴、薄饼等。

用温水和面法

用50 ℃左右的水调制而成的面团。温水面团的特点是柔中有劲，富有可塑性，制成品时容易成型，熟制后不易走样，口感适中，色泽较白，主要用于制作各种花色蒸饺。

烫面法

将面粉倒在案上，用开水边浇边打面穗子，使面粉与水相粘，均匀吸收水分，再揉和成面团。面团晾凉后再揉，揉好后，盖上湿布，以免表面干燥。烫面的关键是要用滚开的水，要把开水浇在生面上，要洒均匀，边浇水边拌和，然后擦透擦匀。冬季烫面速度要快，最好容器不要过凉，以免降温。

调制酵母面法

发酵所用的辅料有两种：一种是用酵母(包括鲜酵母、压榨酵母和活性干酵母)；另一种是用面肥、老肥。家庭制作主食，很多人仍用老肥发面。用面肥发面在我国有悠久的历史，积累了丰富的实践经验，对碱技术有独创之处。面肥发酵比较简单，成本低，比较实用，使用方便。而利用酵母(包括鲜酵母和干酵母)发酵，因纯菌发酵力大，时间短，一般不产生酸味，也不用碱中和。

调制面肥面法

产生酸味是不可避免的，必须加碱去掉酸味。加碱起双重作用，一是去酸味，二是辅助发酵，使面团继续松发，但加碱也会破坏一些维生素。发酵的温度对发酵起着重大影响，温度适宜，才能发挥更好的作用。30 ℃左右最活跃,发酵最快;15 ℃以下繁殖缓慢;0 ℃以下失去活力;60 ℃以上就无用。根据季节,运用不同水温。夏季用凉水,春秋用温水,冬季用温热水。时间对发酵面团质量影响极大,时间过长,发酵过头,面团质量差,酸味强烈,熟制时易软塌;时间过短,发酵不足则不胀发,也影响成品质量。准确掌握发酵时间是十分重要的,但发酵时间受酵母数量、质量和温度、湿度等条件的制约。夏季时间短一些,冬天长一些。以上几种条件因素并不是孤立的,而是相互影响。

调制大酵面法

大酵面的特点是加面肥调制成团,一次发足,制成品暄软,用途很广,适用于馒头、花卷、大包子等。大酵面的调制方法和制面肥的方法相同,只是用量和发酵时间上有区别。大酵面加面肥也不宜过多,多了就有老肥味,少了发得不足,达不到大酵面的程度,制成的食品就达不到应有的效果。

调制嫩酵面法

嫩酵面的特点是松发中带有一些韧性(比大酵面弹性好),行业称未发足的酵面,有的也叫小发面,适用于制作带汤汁的软馅品种。嫩酵面的制法也是掺入面肥和面,只是发酵时间短一些,面肥少加点。也就是说稍发起来即可,使其既有发面的一些膨胀性质,又有水面的一些韧性性质。

调制碰酵面法

这种面团性质和大酵面性质相同,其特点是加入面肥后,根据不同发酵时间随和随用,是大酵面的快速调制方法,有人把它叫做戗酵面,用途和大酵面相同。由于这种面节省时间,已被广泛应用,从成品质量上讲,不如大酵面好。碰酵面的具体做法:要用较多面肥,一般 4∶6 的面肥(面肥四成)掺入水和适量的碱,调制均匀即可制作成品。碰酵面虽然没有发酵时间,但因掺入面肥比例很大,和面后胀发情况和大酵面相似,而且容易继续发酵,因此,面团调好后要立即使用。

调制呛酵面法

在酵面中戗入干面粉,反复揉搓均匀成团。主要有两种呛法:一种是大酵面(兑好碱)呛入 30%~40%干面粉调制而成,用它做出成品吃口干硬,有咬劲;另一种是呛入 50%的干面粉,调成面团进行发酵，时间与大酵面相同，要求发透，加碱和匀，做出的成品表面开花、柔软，但没咬劲。

调制干酵母面法

市场上出售的酵母都是即发性干酵母，真空包装。干酵母发面必须注意添加些辅料，否则会产生不良气味，辅料有发粉、白糖、少量盐。发粉有香味，可缓解酵母中的不良气味。白糖除增加甜味外，还可以提高发酵速度，使制品柔软洁白。根据制品需求掌握发酵程度，需要膨松大些的，时间需要长一些，有些包馅的品种就要求发得嫩些。

调制油酥面法

主要用油脂与面粉调成的面团，面团调制中适量加水和其他辅助原料，具有体积膨胀、色泽美观、口味酥香和营养丰富的特点。

油酥面团大体分为水油面皮和干油酥。水油面皮是面粉加油和水调制而成的面团；干油酥是用面粉和油拌匀擦制而成的面团。水油面具体制法是：用面粉500克，油100毫升，水175～200毫升。先将面粉倒入案板或盆中，中间扒个坑，加水和油用手搅动水和油带动部分面粉，达到水油溶解后，再拌入整个面粉调制，要反复揉搓，盖上湿布醒15分钟后，再次揉透待用。干油酥的具体制法是将面粉500克放在案板上或盆中，中间扒个坑，倒入200毫升油搅拌均匀，反复擦匀擦透即可使用。

调制油酥面团时要注意的问题：一是用植物油和动物油调制应有所区别，因为动物性油脂易凝固，浓度大，可多加一些，否则感觉面团硬。动物性油脂酥性好于植物油，所以制作高级点心时用动物性油脂较多。二是干油酥与水油酥的比例要掌握好。水油酥中，油与水、面的比例要准确。两块面团的软硬度要一致，否则不宜操作，影响质量。调制干油酥时用熟面粉调制，起酥性更好。

调制米粉面法

调米粉面团，是指米磨成粉后，与水及其他辅料调成的面团。常见的有糯米粉、粳米粉、籼米粉、大黄米粉等。由于米粉的性质不同，因而制出的食品性质也不同，有的粘实，有的松散。根据属性可分为松质糕粉团和黏质糕粉团，根据制品的需要有的要发酵后使用，有的品种需要烫面，还有的需要煮芡等不同方法调制粉团。

米粉的磨法有三种：一是干磨。将各种米不加水，直接磨成粉，具有含水少、保管方便、不易变质、粉质粗、滑性差的特点。二是水磨。将米和水一起进行磨制，一般磨糯米时要掺入少量粳米（大米），具有粉质细腻、成品软糯、口感润滑、含水量大、天热不易保管等特点。现在由于采用先进的工艺方法，把水磨粉过滤，通过机械烘干使制品容易保存，如市场上出售的糯米粉就是此类米粉，使用比较方便。三是湿磨。将米用水浸泡1～3小时后捞出，淘洗干净，晾成半干后磨成粉，适用于家庭制作的粘豆包、炸糕、粘糕等。

调制纯蛋面法

用鸡蛋和面粉调制而成的面团，具有较硬、有韧性、制成的成品色黄、松酥等特点。要注意掌握根据气候和制品的要求使用鸡蛋，鸡蛋要新鲜；面团和好后，盖上湿布醒一段时间，否则不易成型；用机械打发时，应注意蛋糊抽打程度和用料的顺序及比例。

调制油蛋面法

用油和鸡蛋加面粉调制而成的面团，具有硬滑、易膨松、成品色泽金黄、松酥、甜香等特点，但要注意掌握面团的软硬度和面粉的质量，以及添加辅料的比例等。

调制水蛋面法

用水、鸡蛋和面粉调制成的面团，具有较硬、有韧性、制成的品种色泽稍黄、爽口、滑润、有劲等特点。需要注意的是，用水量要准确，要揉透，正确掌握气温和水温，揉好后盖上湿布，防止干皮。

调制豆类面团法

豆类面团，是将各种豆类熟制，加工成团。如红豆可制红豆糕，绿豆可制绿豆糕，豌豆可做豌豆黄等。

调制薯类面团法

薯类面团，是指用各种薯类熟制后去皮，擦成泥，与部分面粉或米粉、糖、奶粉等合用也能制出精美点心。

调制玉米面团法

玉米面团，是指用嫩玉米、玉米面制成的面团，加上辅料同样能制出鲜美的食品来。

发面法

蒸馒头时，如果面团发得似开未开而又急于做出馒头上笼，可在面团中间扒一个小坑，倒进两小杯白酒，过十几分钟面就会发开了。

如果事先没有发面而又想吃上松软的馒头，可在500克面粉中加醋50毫升以及适量的温水揉好，过10分钟左右再加5克小苏打或碱粉，揉至没有酸味时就可做馒头上笼，蒸出又白又大的馒头。

冬天室内的温度比较低，发面时间也就相对会比夏天长，如果在发面时，往面里加点白糖，发面的时间就可以缩短。

发面时，在面粉里放点精盐，这样蒸出的馒头蜂窝大，松软可口。

制面肥法

蒸馒头要有面肥，面肥既可专做，也可顺便做。将一小块用水和好的面团放在器皿内数日，待闻之有酸味时即成为面肥。做烙饼及面条等面食时留一小块面团，也是常用的方法。留面肥时，无论用哪种方法，都要注意：做面肥的面，要和得硬一些。

将头一天剩余下来的酵面加水抓开，兑入面粉揉和，进行发酵，为第二天使用的新面肥。制作面肥一般根据天气季节的变化，掌握用量和发酵时间。如果剩下的酵面质量好，夏天500克面粉掺入40～50克面肥，发酵7～8小时即可。冬天掺入60～75克面肥，发酵10小时左右。把面肥掺入面粉中，调制出来的各类适用制作面点的面团，一般称为嫩酵面、大酵面、碰酵面（有的叫半发面）、呛酵面（又叫呛发面）等。

用一小碗面粉，加水和成较软的面团，放在炉灶边上，过24小时，便可看见面团中有许多小孔，这就成了面种。若在和面团时，在面团内加少量醋，只需12小时左右就行了。

如果手头没有面肥、鲜酵母等发酵剂，可用蜂蜜代替，方法是将蜂蜜倒入和面水内，每500克面粉加水250毫升左右，蜂蜜1.5汤匙，用水要根据气温条件掌握，夏季用冷水，其他季节用温水。如用水量掌握不好，可把蜂蜜直接加入面粉内，和成面团宜软些，揉匀后置盆内，上盖湿布，放于温暖处2～3小时，待面团涨发到原体积的2倍时即可使用。用此法蒸出的馒头松软清香，入口回甜。

制面剂法

将和好的各种实面团放在案板上，撒些干面粉为扑面，用双手掌跟部压在面团上来回推搓，经过压、摆、拉、搓成粗细均匀、光洁的圆形长条。

将面团擀成矩形薄片，然后卷紧成长条。

揪剂时，用左手握住剂条，从虎口处露出相当剂子大小的截面，顺势揪下一个剂。两手要配合好，右手揪下一个剂，左手就应顺势再露出一截，右手再揪下一个。如此揪剂，快捷，大小整齐。

对稀软面团需用手的五指抓住一小块（一个成品所需的大小）一小块地揪下成面剂。

对卷制的剂条及不宜用其他方法成剂的面团，则用刀切成大小适当的剂子或剂块。

将搓圆的剂条放在案板上，用刀敏捷地剁成大小一致的剂子。此法速度快，效率高，但需要技术，否则会大小不一，影响质量。

制面皮法

将制好的小面剂立放在案板上，用手掌根部按成中间稍厚四周稍薄的圆形面皮。一般适用于发酵面制品，如糖包、菜肉包、馅饼等。

将剂子按扁，用手指捏成圆窝形。此法适用于米粉面团、玉米面团制品，如汤圆、菜团子等。

将剂子压一下，一手用刀压在剂子上，另一手按住刀面向前施压，成一边稍厚、一边稍薄的圆形坯子。适用于澄面制品。

摊皮的面团很软，手提起能往下流。做春卷皮、鸭饼即用摊（吊）法。一般火候要适当，火不能太大，也不能太小，锅的温度适当时，手拿面团不停地抖动，顺势向锅内摊成圆形皮饼。此法要求技术熟练，摊出的皮厚薄均匀、大小一致，没有气泡眼。

擀面皮使用较广，品种不同，擀皮的工具方法也不一样。

饺子，包括水饺、蒸饺，用小圆面杖擀制成圆形，中间稍厚，四周薄即成。手法是将剂子按扁，一手捏住剂子，一手按擀杖擀至面皮的 2/5 为止，双手配合，右手擀一下，左手捏剂皮顺一个方向转动一个角度，直至厚薄、大小适当。

要想快速制作饺子皮，可将面粉加水调和、揉捏后放在案板上，擀成需要的薄度，然后用杯口、瓶盖等按在擀好的面皮上拧下即成。

做馄饨面皮时，可将实面团（较饺子面团要硬些）揉光，压成圆形或方形面块，取大面杖压住面块向四周擀成矩形，然后卷在面杖上，双手压住，向前推滚几次后，打开，扬一次淀粉（防面皮粘连），直至擀成薄而匀的大薄皮，叠起切成梯形、三角形或方形小片即可。

烧卖面皮的制法：用一种特制的走锤擀成圆形、中间稍厚、周边薄、有许多棱褶的面皮。

面点中用蛋法

蛋在面点制作中用途极广，是重要的原料。蛋可以使制品增加香味和鲜艳色泽（烘烤时更容易上色），并能保持松软性，蛋品还有改进面团组织的作用。蛋液能起乳化作用，蛋清能使成品发泡，增大体积，膨松柔软。

面点中用乳法

乳品包括鲜牛奶、炼乳、奶粉等，在制作面点中可以提高制品的营养价值，增加洁白度，使滋味更加香醇。同时乳品有良好的乳化性能，可改进面团的胶体性质，增加面团的气体保持能力，制成的成品膨松，柔软可口。此外，加入乳品后放置一段时间，制品也不会发生老化现象，因此常用于高级点心的制作。

面点中用盐法

盐在面点制作中可以增加面团的劲力。面团中掺入少许盐能增强弹性与强度，使面团延伸膨胀时不易断裂，还能改善成品色泽。

面点中用面粉法

面粉的主要成分是糖类，其次是水分和蛋白质，还有少量矿物质和维生素。面粉的食用价值很高，用面粉可制作各种面食，如馒头、面包、酥饼、麻花等；也可加工成各式糕点、饼干；炒食的油茶面也很可口；还能制成面筋，用面筋可烹制各种素菜，既可做主料，也可做配料，是人们日常生活中不可缺少的食物原料。

面点中用肉法

肉类食品营养丰富，富含蛋白质、水、脂肪、碳水化合物、钙、磷、铁等物质。肉在面点制作中，可制出各种鲜美的馅。

蒸制面食法

利用蒸的熟制方法必须注意：一是根据食品的要求，严格掌握蒸制的时间和火候，做到火旺、水多、气足、屉严，而且要准时下屉，否则易走形或粘底；二是对于不同口味的食品用不同的屉蒸，以免串味；三是不同的制品成熟时间不同，所以不同火候的食品不能同屉蒸；四是蒸制时不能掀盖，否则会延长时间，而且影响成品的质量和色泽，甚至夹生；五是蒸制食品时，要根据食品熟后的涨发程度，制品摆放要合适，以防熟后粘连，有损形状。蒸制面食品具有形态完整、馅鲜嫩、膨松柔软、少污染、营养丰富、易消化吸收等特点。

煮制面食法

煮法，是用水来传导热量使食品熟制的一种方法。要使食品煮得好并能保持原形，必须注意：一是水要一次放足，以免黏汤；二要根据面粉的特点、性质正确地确定煮的时间；三是如果连续煮时，要不断加水或换水，保持汤清而不混；四是生坯下锅时水一定要开，即人们常说的开锅下面，煮出的东西才爽。

干烙面食法

干烙就是将制品的底部和表面都不刷油，直接烙的一种方法。为什么要进行干烙，是因为干烙的食品（除发面饼外）都在和面时加了油，所以烙制时就不必再刷油了，也不用浇水，放在锅中干烙即可，否则食品熟了之后色泽暗淡，吃时腻而无味。干烙时应该注意火候，有时需要急火，有时需要温火。干烙类因不同的品种，要求火候不同，要灵活掌握。一般来说，厚的饼类，如家常饼、芝麻烧饼、火烧之类，要求火力适中，时间稍长；较厚的饼类，如发面饼、包馅的馕、加糖心的火烧和油酥制品，则需要火力低些，时间长些；而较薄的饼类，像春饼、单饼（单层饼）、煎饼，则要求火力大、锅热，时间短。干烙饼，要勤翻过，使两面都能均匀受热成熟。干烙制品的调味料一般是在制生坯时加入，具有外皮香脆、内部柔软、呈虎皮黄褐色等特点。

水烙面食法

比较大、厚的制品，光靠烙不能完全成熟，所以要通过与蒸汽联合传热来使其成熟。方法是将加工好的食品摆到平底锅上（少放油），见到制品颜色变黄，浇水少许，盖严，不能烙太急，10 分钟左右成熟。水烙时应注意火不要太大，因为整个锅底的热度不均，故烙时应及时互相移位，待每个制品都呈焦黄时再加入少许水。加水最好浇在锅最热的地方，如不熟可再次加水，待每个制品都呈焦黄色时即好。

油烙面食法

锅中刷少许油，烙时最好翻动一次刷一次油。但有的也不可多刷，关键要经常翻动，即常说的“三翻四转”的过程。下锅时剂口向上，正面下锅，烙好之后再翻过来（剂口向下），这叫找火。烙出的食品表面有一定的花纹，有的是芝麻花。油烙品较干烙品色泽更美观，外皮更香脆，内里柔软、有弹性。

油水烙面食法

平底锅置火上烧热，擦少许食用油，将生坯有序地码入锅中，先用中火略烙，然后洒开水入锅（最好洒到中间）使水很快蒸发成热气，盖严盖焖片刻，听到锅中无响声，时间有10分钟制品即熟。加水烙时，切记不要一次洒水太多，以防成糊状而焖烂掉底。一次可少洒，不够时再洒二三次。水煎包在制作过程中还可以在最后一次洒水时，在水中加点盐和淀粉，使水分蒸发后起一层薄皮，将包子连粘成串，增加了特色。

烤制面食法

烤法，是利用辐射、对流、传导3种传热方式使制品成熟的一种方法。烤制品需要有烤制工具，如烤炉、烤盘等，有的还需要用一些模子。烤制食品之前，在成品的面上要刷一些油或蛋液，把烤盘擦净，再把要烤的食品摆在烤盘上或连同模子放在盘上，然后烤制。注意：上下火要匀，一般发面食品烤制时要用旺火，而破酥制品、花色点心、混酥点心应用温火。

烤的火候也分大火（旺火）250 ℃以上，中火200 ℃以上，小火160 ℃以上，微火120 ℃以上；中火又分中上、中下火；还有底火、面火；同时，同一炉内，不同部位火候也不同。由于炉堂底部面积大小、结构和火位不同，火力自然不同。同一品种还要分出不同阶段的火候。一般来说，要掌握好烤的温度、时间、品种以及制品的原料性质。如烤核桃酥，由于油酥面团含油、糖量高，水分少，若用大火，易外焦内生，也不利于松化；若用小火，易出现瀣油，色暗；用中火烤即达到松酥甜香的要求。如烤蛋糕，不能用太旺火（焦糊），也不能用小火（用小火，蛋糕内气孔粗大，也不软滑），只能用中上火，才能使糕浆膨胀适度，迅速定型，制出质量上乘的蛋糕来。

土法烤因地炉形状不同，所用原料有木柴火、煤火，炉子有铁筒式、坑式(地下挖个坑)、砖砌成的台式等。土法烤,多为将生坯贴在炉壁四周。

炸制面食法

炸法,是以油为传导热量,使制品成熟的一种方法。油炸食品时,必须根据制品的原料、花色形态、特点适当掌握好油温。蛋和面食品一般用 200 ℃的热油炸;破酥点心用烧至五成热的油(150 ℃左右),待酥开后,改成七成热(200 ℃左右)炸制。使用慢火,可以使食品起酥充分;使用旺火,可以避免食品浸油。炸制的油要多,一定要没过食品。炸细点心,要用漏勺托住,以免点心沉入锅底,产生糊底现象。

炸制食品的技巧性强,尤其对火候的要求严格,否则就会出现外焦内生或黑糊成碳不能食用。只要把火候、油温掌握好,就能制出香、酥、脆和色泽鲜明、美观可口的食品。

用温油炸面食法

温油指 100 ℃时将生坯下锅,多适用于油酥面团制品,特别是象形花色制品。温油炸的制品,具有外脆里酥、色泽淡黄、层次张开而不碎裂的特点。

用热油炸面食法

将油温控制在 150 ℃左右下料炸,边炸边推动油面,使制品浮起,防制品浸油、发硬或出现外焦里不熟、沉底而焦黑等现象。热油适于皮较厚的带馅制品。

用旺油炸面食法

油温烧至 200 ℃时下料炸,适用于矾、碱等质软较薄无馅的食品,如油条、油饼、焦圈、薄脆等,具有松发膨胀和既香又脆的特点。

油煎面食法

平底高沿锅置大火上烧热,薄薄地擦上一层油,将生坯放入锅中,用中火先煎一面,待煎至一定程度(表面金黄色、质脆)用铲翻个身,再煎另一面,煎至两面都呈金黄色、内外四周均熟透为止。煎时要酌情在中途添些油,可用大火、中火或小火。只要不出现焦糊可灵活掌握火候,这是油煎的关键所在。

油水煎面食法

平底锅置火上烧热，擦上油，同油煎法一样煎生坯，然后洒上开水，盖严锅盖，以水蒸气不溢出为准，待水干时即好。具有底黄香脆、上面暄白、油光鲜明、风味独特等特点。

烤面包法

用蒸馒头的方法发好面，面的软硬和蒸馒头一样即可，兑好碱，加入适量白糖、鸡蛋（每 500 克面粉加 1 个鸡蛋）和其他调料（果料及香料等），把面和匀揉透，将面团做成需要的形状。然后把压力锅置火上，锅底涂少许食油，将做好的面包模放入锅中摆好，要留有适当空隙，盖好盖，加热 7～8 分钟，然后去阀放气，打开锅盖，将面包翻个身，再盖上锅盖，继续加热 7～8 分钟，烤至面包呈红黄色时即可出锅。

在烤面包的面团里加适量啤酒再进行烘烤，这样烤出的面包有一股肉香味。

在发好的软面中加适量碱，再加些牛奶、鸡蛋和白糖，将面揉透。压力锅内底涂些食油，放入做成的生面包坯，上盖，扣限压阀，大火加热 3 分钟后揭阀放气，开锅翻个身，再盖限压阀加热 3 分钟。最后，揭阀放气，打开锅盖，松软香甜的面包就做好了。

做面包时加入少许醋，烤出的面包不易变质。

制黄油花色小面包法

将精白面粉 400 克和黄油 100 克充分揉和，加入白糖 100 克以及适量的鲜酵母，揉成面团。等面团发好后做成长条形，斜切成 3 厘米厚的面块，分别抹些鸡蛋浆，撒上粗粒砂糖、核桃仁和芝麻。然后将每块面块放在平底锅上，用小火烘烤至颜色微红、香味外溢时出锅，即是新鲜的黄油小面包了。

制豆沙包法

将面粉加入面肥，用水和成面团，放置发酵，待面发好时加入适量碱揉匀。然后将面揪成 40 克重一个的小面团，擀成直径为 7 厘米的薄饼，包上 25 克豆沙馅，用手包捏成椭圆形，装笼，用急火蒸 20 分钟即成。

将发好的面擀成皮子，在皮子加馅后用左手拇指揿住馅，右手拇指和食指沿皮子边口均匀地折叠起来，左手趁势往里转动，最后折拢时留一个口即成。在捏时不能过分地把皮子拎起来捏，否则容易穿底。

制枣泥包法

将小红枣500克洗净，去核，放入锅内加水煮烂，去皮。然后在锅内放入适量的植物油，烧热后放入200克白糖，随炒随放入枣泥。待枣泥炒浓时盛出晾凉，加入桂花25克，即成枣泥馅。再把面粉500克加面肥发酵，酵面内放入白糖50克，放好碱揉匀，揪成50克重一个的小面团，包入枣泥馅，做成包子状蒸熟。

制肉包子法

将面粉500克用清水和成比饺子面稍软的面团，盖上湿布醒1小时，待用。用猪肉末约250克加入酱油、料酒、精盐、味精、胡椒粉、葱末和姜末搅拌成馅。取猪肉皮200克刮洗干净放入锅内，加葱、姜和半锅水，用旺火烧开，撇去浮沫，改用小火（保持微开）煮烂，捞出肉皮，去掉葱和姜，切成黄豆大的小丁，放进原汤内，将汤熬浓，倒在盆内晾凉凝结成冻。然后将猪皮冻与肉馅一起搅拌均匀（肉皮冻应略多于肉馅），即成汤包馅。另将和好的面分成30等份，每个擀成直径为10厘米左右的圆片。包时，左手托着包子皮，将馅放在皮的中间，用右手手指捏起包子皮四边，渐渐捏拢成鸡冠状的皱纹，最后捏拢封严包子口，放入笼屉内，开锅上屉，用旺火蒸5～6分钟即成。汤包蒸好后即食，不可久放，否则没有汤包味，食时可蘸姜米醋汁。

将500克肥瘦适宜的猪肉剁成碎块，加5克姜末搅匀，再加150毫升酱油，顺同一方向加水搅成黏糊状，加葱末50克、味精5克和麻油50毫升。将1 000克面粉调成面团，天冷用三成水和七成发酵面调，天热则各一半。搓条下剂，一般每50克4个，包时收口捏16～18个褶，用旺火蒸7～8分钟，即成狗不理包子。

将1 000克猪瘦肉剁碎，放入酱油、姜末、黄酒、白糖、炒熟擀粉的麻仁及白胡椒粉、味精、麻油等，搅拌均匀。鸡去头去爪和内脏，煮10分钟，凉水冲洗，和肉皮、葱、姜、料酒一起煮烂，捞出鸡，去葱姜，肉皮剁碎倒回原汤，冻成冻。最后，将冻剁碎，放入肉馅内，再拌匀冷冻。按50克3个的量将面团擀成皮，收拢成圆形包子（镇江汤包）。蒸10分钟即可蘸醋、姜汁吃。

制水饺法

将猪肉斩碎，放入适量清汤搅拌后加入葱末、姜末、酱油、精盐和味精拌匀。将油菜或白菜斩成细末，挤出水分，放入猪肉馅内一起搅拌，再加香油拌匀。和面时用冷水，加少许精盐，面团稍微醒一下，然后搓成细长条，分成若干小面团，用小擀面杖擀成圆薄皮，将馅放入皮中心，捏紧口即成饺子。煮饺子需用沸水，陆续放入锅内，边放饺子边用勺在锅边慢慢推转，以免粘连和粘锅底。待水开饺子浮出水面，用凉水点 2～3 次，饺子鼓起时即煮熟，捞出。

制翡翠饺子法

将菠菜、油菜等菜汁掺入面粉中，煮熟后的饺子颜色像翡翠。饺子要小而精，更能诱人。

擀面条法

夏秋季擀面时，在和面的水中加一点精盐，可使面和得筋道，并在短时间内不会发酸。将和好的面团擀成薄皮，然后折叠几下，用刀切成细丝即成面条。

擀面条时，如果一时找不到擀面杖，可用空玻璃瓶代替。用灌有热水的瓶子擀面，还可以使硬面变软。

将和好的面团放入微波炉中，以最低挡温度加热 2～3 分钟，可使面团变软。

制切面法

手工擀面条的原料有面粉、精盐（比例 100 克面粉用盐 1 克）和扑面。将精盐用冷水化开，倒入面粉盆中搅拌，搓揉成面团，盖上湿布醒面，至面团光润有筋韧性时，放在案板上揉圆按扁，用大擀面杖擀成薄面片（厚薄可根据食者的习惯）叠起切条。擀面片时防粘连，擀几下打开面片，撒些淀粉做扑面，卷起再擀至厚度一样的大薄片。切面可宽可窄，具有滑爽筋韧、不粘牙等特点。

制抻面法

抻面（拉面）的原料有面粉、精盐、碱粉、淀粉。将面粉放入盆中，中间扒一小窝，倒入盐水（水的温度冬季为 35 ℃，夏凉春秋温），用筷子拌成面穗（面疙瘩），用手将面穗拦在一起蘸着水揉成光面团（多揣，揣到面光、盆光、手净为止），用手拉下面团能拉起时盖上净湿布，醒面 30 分钟左右。面醒好后，取面团用手蘸碱水将面团搓成长条，两手各捏住面条的一端提离案板，慢慢抻长（即上下晃悠），两手合拢，将面旋成麻花形，再两手各持一头，上下晃悠，又抻拉成长条，再合拢，再一次拉抻，反复六七次，出现粗细均匀条状面（粗细可根据食者习惯和食法，龙须面要细条，煮食要粗条，炸食较煮的略细）时放在案板上，撒上淀粉，扑滚匀后，两头拼，一手捏住面两头，另一手四指套在两束面条中间，悬空两手用力一拉，边拉边滚淀粉，揪去两个面头即成。具有入口柔软、嚼口有筋韧、光滑等特点。

制刀削面法

将面粉加入冷水，揉和成稍硬的冷水实面团，搓成一头粗一头稍细、直径为20厘米左右的面柱，左手托起，右手持削面刀，刀刃贴面柱，从粗头往细头一下一下地削，削下的面飞入滚沸的煮锅中煮熟即成。

制拨剔面法

拨剔面（拨面鱼）由于条短，用料较宽，各种杂粮粉，如豆面粉、荞麦粉均可。将和好的面团放在一个凹形盘内，把面挤在盘沿边，左手托盘，右手拿筷子贴盘沿由上往下用力，拨成两头尖、中间略粗的中指长短的鱼肚形面条。吃拨剔面同刀削面一样，须直接拨到煮沸的开水锅中。拨时动作要快，全部拨完后往沸水中倒点冷水，再煮沸即好。

将玉米面200克和面粉50克放入小盆内，加适量的水调成软面，稍饧片刻。再在锅内放1 000毫升水，上火烧沸，用左手端小盆，右手用一削尖的竹筷沿着盆边向开水锅内拨，使面成为长6厘米、粗1厘米、中间大、两头尖的小鱼形。拨的过程中筷子需不时蘸水，以免粘面。待面鱼浮起即可捞入碗内，加入麻酱、酱油、醋、辣椒油、大蒜汁等调料及黄瓜丝等菜凉拌，也可以用肉末、金针菜末、木耳、青蒜末等制成的卤汁浇拌食用。

制打卤面法

将肉片25克略煸炒一下，放入清汤、海米、木耳、金针菜末、酱油、精盐和味精等，烧开后撇去浮沫，勾芡，将半个鸡蛋打散淋入，加点香油，浇在250克面条中拌和就成了打卤面。

制过桥面法

准备好一锅热母鸡汤，表面带油。把鲜料如鸡片、虾片、鱼片、腰片及肝片等切得越薄越好，放入热锅内一汆即熟，随即拌入面条食用。

制凉面法

自制凉面，煮面时要求火大、水多。先将面条放在沸水中煮至七成熟，倒出过凉水。另烧一锅水，放入面条泡至熟透，捞起沥干水分，并使其散开，拌入适量熟油防粘结，冷透后加入花生酱、芝麻酱、香油、米醋、虾子酱油和味精等调料拌匀，加上各色菜肴作浇头即可食用。

将面条盛在碗里，放入冰箱冷藏片刻，则吃起来更加清凉、爽口。

做凉面时，可把锅里煮好的面存放在竹制的容器里，等水沥干后马上拌点油，面就不会粘在一起，若再加点白酒，面条吃起来更滑溜好吃。

制担担面法

500 克面条需要麻酱、猪油和芽菜各 50 克，香油 25 毫升，葱 25 克，酱油 100 毫升，辣椒油 75 毫升，味精 5 克，醋少许。先将麻酱加香油调稀，加入各种配料，分碗盛好，面条煮熟后分别装入碗内即成。

制炸酱面法

将肥、瘦猪肉分别切成小粒，用适量的淀粉和生油腌拌，再在烧热的花生油中爆香，加入磨豉酱，略炒匀，即注入一碗清水，沸后倒入海鲜酱、辣椒酱、红辣椒末、糖、精盐和味精等调料，煮沸即成炸酱，淋在面条上即可食用。

制春饼法

将面粉用沸水烫后拌匀，待凉后加油再揉匀，搓成长条，揪成 25 克重一个面团，撒少许干面粉，压扁，涂上一层油，再撒少许干面粉，将两个扁团子合在一起擀成圆形薄片。放入锅内，用急火烙熟后起锅，叠成三角形装入盘内，可以卷炒菜吃。

制家常饼法

将精盐放在水盆里溶化，倒进面粉用手搅拌均匀，揉成面团。再用手沾水，将面团扎成光面，稍醒一会儿。将面团取出放在刷过植物油的板上，搓成条，切成大小一样的小面团，揉成长圆形。全部揉完后，醒 20 分钟，取一块面用手压扁，擀成长方形片，用双手的手指夹住面片甩薄，抹上植物油，用双手将面片拢成长条形，从右向左盘起来，最后将头压在底部，稍醒。平底锅置火上放油烧热，将饼按成中间薄边稍厚的圆饼，放平底锅里两面烙成金黄色熟透即成。

制葱油饼法

将面粉 1 000 克用冷开水 400 毫升调匀，揉成面团，擀成小薄饼，均匀地抹上植物油，撒上葱花和精盐，卷成圆筒，切成 4～6 段，将每段搓圆擀平，即成生坯。然后将平底锅放在旺火上，淋入油烧至七成热，将生坯平铺锅内，等起泡后即移出翻身，再烙片刻即成。

制麻酱烧饼法 将20克面肥用温水溶解，倒进面粉800克，揉成面团，待面醒好后加适量碱。将芝麻50克洗净、去皮、炒熟。取麻酱适量、植物油25毫升、精盐适量、花椒粉少许调成稀糊。取面团擀成长方形大片，将麻酱涂在面片上，从上往下卷起来，切成50克重的小面团，将其压扁，用一小块面顶油包在里面成圆形，包口朝上放，沾湿后再沾上芝麻，擀成圆饼。将饼放在锅内，两面烙成金黄色即成。

制香脆玉米饼法 用10∶1的玉米面和黄豆面(无豆面亦可)，以温水搅拌至软硬适度，将平底锅或压力锅烧热后淋少许食油，把和好的面成形贴在锅上，先用文火烧3分钟后再往锅里倒入半碗开水，盖上锅盖，旺火烧3分钟，再改文火烧5分钟，闻到香味后即可起锅。

烙制饼法 在压力锅内抹点油，待锅热后将饼放进，盖上盖，不加限压阀，2分钟后开盖将饼翻面，再盖上盖，扣上限压阀，约1分钟后，饼即熟。用这种方法烙的饼，比一般平底锅烙饼快，受热均匀，表面酥脆，里面松软，特别好吃，厚饼更好。需要注意的是，饼不宜太厚，以免熟不透。

制锅贴法 将面粉500克倒在面板上，用开水225毫升揉匀揉透，摊开冷却。然后揉搓成长条，揪成每50克4只的小面团，用小擀面杖擀成直径为7厘米大小的圆形皮子。包入肉馅，捏成月牙形的饺子。将平底锅烧热后刷上一层油，把饺子自外向里排好，倒入一些植物油，加盖煎至饺子底呈黄色时倒入冷水至饺子腰部。盖好盖，待水将烧干时再加一点冷水，煎8分钟左右，在饺子上刷一些油，即成锅贴，铲出即可食用。

制蛋糕法 将鸡蛋500克磕开，蛋黄、蛋白分开放，用筷子把蛋白朝一个方向打成泡沫状，渐渐兑入蛋黄和白糖400克，边兑边搅，待不见泡沫时为止。取面粉400克干蒸30分钟后出锅凉透，渐渐兑入打好的蛋液内，和匀后倒入菜盆内再蒸20分钟左右出锅，凉后用刀切成小块即成。

将奶油夹心蛋糕坯放进烤炉之前在上面撒一层冰糖粉，就不必担心在烤的过程中蛋糕碎裂掉下来。

制作蛋糕时，在蛋白中加少许柠檬汁，不仅蛋白会显得特别洁白，而且还可使蛋糕易切开。

制发糕法

将面粉500克加入鲜酵母后，用糖水把面粉调成糊状，待面糊稠黏后，出现许多像海绵似的小孔时，把调好的面糊倒在笼布上，盖好蒸笼盖，蒸20分钟闻到香气即成。

制方糕法

将鸡蛋500克打入碗内，搅成蛋泡糊，加入白糖500克，继续朝一个方向搅拌。待糖溶化后，加入面粉400克一起搅拌成稠糊。随后将锅内的水烧开，笼里衬上屉布，放一方框，框内再衬一层湿布。将搅好的原料倒入框内，厚度约4厘米，蒸屉盖好，用旺火蒸30分钟左右，取出切成小方块，即成方糕。

制年糕法

将糯米粉加水和匀，每500克糯米粉加水150毫升，放蒸笼上蒸约30分钟。取出倒在面板上，稍放点桂花，用湿布蘸凉开水，将蒸好的糯米面拍成长条，再切成块。可以直接蒸食，也可以用油炸食。

制重阳糕法

将10粒新栗子下锅煮熟捞出，剥去壳和衣，用木棍捣碎，放入糯米粉内，加500克砂糖、250毫升清水拌和，再用竹筛擦成糕粉。将糕粉铺入蒸笼内，糕面用铲刮平，略洒一些水，用刀划成边长为5厘米的菱形块，再撒上25克松子仁、25克瓜子仁，上笼锅用旺火蒸，熟后取出切块即成。

制凉糕法

将500克粳米用冷水泡透，沥去水，再加700毫升清水，磨成细浆，过箩备用。把50克石膏泡在200毫升水中，搅浑后再沉淀，取澄清的石膏水备用。400克红糖用少许凉开水融研成汁，放入冰箱内。将2 000毫升清水烧沸，把米浆搅匀后冲入。边冲边搅，搅到浆熟时，滴入石膏水搅匀，使其凝固，取出一小块放入凉开水内，不粘手即可。放入冰箱储存，切成菱形，浇上红糖汁即成。

制绿豆糕法

将绿豆粉 2 500 克过筛后，加糖 2 000 克、桂花 50 克拌匀。蒸笼屉内铺上一层纸，将糕粉铺入，压平，撒上细粉，再用油纸压平，切成正方块，蒸熟后冷却即成绿豆糕。如用绿豆制作，需煮烂，去皮挤去水分。

制汤圆法

将糯米用清水浸泡，反复搓洗换水，至水清时，用水再浸 2 天左右（夏天浸 1 天，冬天浸 3 天），每天换水 2～3 次。再把糯米洗净，用沸水煮至半熟（尚有硬心）时捞出用凉水过凉。另换清水，磨成很细的米浆，装入白布袋内，用重物压净水分，即成湿汤圆粉。取出粉，在湿白布上揉至不粘手时揪成块，搓圆后在手心内按扁，包上馅，搓成圆形，放入沸水锅内煮。待水再沸时将火力减小，煮至汤圆浮于水面时即熟。

制油炸小汤圆法

将白糖 200 克与少许桂花拌在一起，砸成厚片，切成筛子眼大小，沾水放入 250 克糯米粉内滚动，不够个时，沾水再放粉内滚圆，成小指肚大时投入热油锅中炸，炸时需用手勺拍一下，以免崩泡，炸熟后捞出装入盘内即成。

制麻团法

将水磨糯米粉压干后倒在盆内搅碎，放入砂糖（米粉重的 30%），用手掌把米粉与糖搓和，冬天放置一夜，夏天放 3～4 小时，让糖渗入粉内。取一块已醒好的粉团放在面板上，搓成长条，揪成每只重 90 克的坯子，包入豆沙馅 15 克，搓圆，滚上芝麻，锅内油烧至八成热时放入，用铲搅动，以免粘牢。氽至麻团浮起、壳稍硬时，用笊篱揿压，并改用旺火，将油烧开，一直揿压至生坯涨发成圆形，炸至麻团外壳呈深黄色，捞出即可食用。

制饸饹法

原料用各种粗细粮制粉均可。制法是压饸饹必须要有一台特制的饸饹床（北方各省厨具店均有售）。将面粉用水和成中硬度实面团（比手擀面要软，比拨鱼面要硬），稍醒片刻，放入饸饹床槽中，直接往

沸水锅中压成细长条。具有风味独特、制法便捷等特点。

制蛋奶酥法

要想使蛋奶酥做得成功，应先在模子上涂一层油，再撒上一层薄面粉，然后才能往模子里倒原料。这样，蛋奶酥就不会粘在模子上，颜色也好看。

要想使蛋奶酥做得成功，要注意一旦原料倒入模子中，先把它们放到冰箱中15分钟，然后再放到炉子上烤。

制汉堡包法

将肉末（可以是猪肉、牛肉、鸡肉）剁细，加精盐、味精、料酒少许调匀，可加入鸡蛋将肉馅打起劲，在油锅内煎熟待用。生菜洗净，切成大片，洋葱切丝。可在市场上购买现成的汉堡包坯子，也可买大约50克左右的小圆面包，横切开个口子。最后在每个面包内放上肉饼、芥末酱（超市有售），撒一些洋葱丝，放入生菜片，味道鲜美的汉堡包就制成了。

制糕点法

在制作糕点的面浆中加少许牛奶或蛋黄，可使糕点变成金黄色。

制作藕粉桂花糕、桂花元宵、桂花饼等糕点加入糖桂花，芳香诱人而令人食欲大开。将适量的桂花用清水漂洗干净，沥干水，加入等量白糖拌匀，装入瓶中，即成色、香、味俱佳的糖桂花。

保持面食营养法

做面食时，宜用蒸、烙，少用油炸。

做馒头时，应用鲜酵母，少用老面加碱。

煮面条、饺子的汤应设法食用。

补救烙饼干疤法

烙饼出现“干疤”的原因主要是火力不足，热度不够，饼在锅内时间过长，水分失去太多。补救的方法是：将饼放入笼屉中蒸几分钟使其恢复柔软，或者在饼锅内洒点水，盖上盖焖几分钟也可。为了保证烙饼的质量，锅的热度要均匀，锅热后把饼放入烙出芝麻点，刷油翻个身再烙就行了。面团要和得软硬适度，这样烙出的饼才能柔软筋道。

腌制食物的窍门

腌制鲜鱼法

采用事先配制好的一定浓度的盐水（一般为14%～15%）来腌制咸鱼。盐水用量约为鱼重量的1倍，将整条剖开的鱼放入盐水中，经过数日之后即成。

腌制带鱼法

将带鱼拌上盐，在桶内一层鱼一层盐，头下尾上倾斜排列整齐，置满为止，最后上面再撒些盐，压上重物，每隔一星期翻动一次，一个月后取出，用绳穿好，挂在通风处吹干即可。

腌制黄花鱼法

将黄花鱼的两鳃揭开，把占鱼重8%左右的盐塞入鳃内，鱼体表面也要抹一些盐粒。然后一层鱼一层盐地把鱼排放在桶内。总用盐量冬季为32%～35%，春、夏季为40%，腌渍10天左右即成。一般可保藏2～3个月。

腌制香味咸蛋法

先取适量的花椒、八角等香料放入锅中煮出香味后停火，加入味精、白糖及白酒等，然后将这些香料拌入泥中，再把香料泥包裹在蛋上。这种咸蛋风味独特，香、咸、鲜齐全，能满足不同口味的要求。

腌制盐水咸蛋法

将1 000克盐用水化开，再把少许花椒、葱段、姜片用清水煮5分钟，冷却后捞出其中的渣扔掉，放入白酒50毫升和适量的味精、糖，拌匀后倒入坛中。事先最好用纱布按坛子的大小做一个布口袋，浸入坛中，把50个蛋小心地放入坛中的口袋里，待蛋全部装进后再把袋口扎紧，然后加重物压上，以盐水浸没蛋为宜，15天后即可食用。

也可将50个蛋洗净晾干后放于坛内，取盐750克加入一点花椒和八角，添加清水煮开，凉后倒入坛内，水量最好以刚没过蛋为度。将坛口密封，20 天后便可食用。若要使蛋多出油，可在盐水中加入 50～100 克白酒。

用黄泥腌蛋法　按加工 50 个蛋计算，取黄泥 350 克，食盐 300～350 克，凉开水 200～250 毫升。先将黄泥捣碎放入坛内，用少许凉开水搅拌，同时加入食盐调成浆糊状备用。腌时，先将洗净晾干的蛋，每次取 3～5 个放入料泥中，一批一批地使蛋壳全部沾满料泥，再取出放入另一坛或箱内，并把最后剩下的泥浆全部倒入坛中，盖上坛盖封严即可。夏季经 20～25 天、春、秋季经 35～45 天即可食用，但以腌制 3 个月的口味最好。

也可将红茶叶 25 克加水 250 毫升，用旺火煮成约 200 毫升浓汁，与精盐 750 克和料酒 75 毫升倒入黄泥内拌匀，然后将黄泥均匀地涂在蛋上，封入坛中腌制 1 个月即成。

用菜卤腌蛋法　将腌菜的菜卤煮沸，去沫倒入罐内冷却后放入鸭蛋浸泡 1 个月左右，即成别有风味的黑心咸蛋。

用白酒腌蛋法　用精盐 750 克和花椒 25 克加水煮开，待凉后倒入装蛋的坛内，使水量刚能淹没鸭蛋。再倒入白酒 50～100 毫升，可促使蛋黄出油，封好坛口，20 天后就能食用。

将选好的蛋放在 60 度的白酒中浸一下捞出，并滚上一层精盐，置于坛内，在坛底和坛口要稍多撒一点盐，盖好盖子，过 40 天即可食用。

用塑料食品袋腌蛋法　将蛋放入白酒中浸泡片刻，捞出后均匀地滚一层盐，装入塑料食品袋中密封（置于常温和干燥处）腌制 10 天即成。

用草灰腌蛋法　加工 50 个蛋，需纯净稻草灰 850 克、食盐 300 克和凉开水 650 毫升，将三者配成均匀的灰浆，洗净晾干的蛋放入灰浆，然后取出放在另备的一盘干草灰中，滚上一层干灰，并用手揉搓后，装入坛中，密封 20 天左右即可蒸熟食用。

腌制辣味咸蛋法

取鲜辣椒磨成糊，每腌 2 500 克蛋，需用辣椒糊 150～200 克和精盐 500 克。将鲜蛋洗净，逐个在辣椒糊中滚过，再滚上一层精盐，然后码在干净的坛子中，加盖密封，置于阴凉通风处，过 40 天即成。

用稠米汤腌蛋法

将蛋的两头蘸上冷却了的稠米汤，或是在稠米汤里滚一下，再蘸上盐和灰，一般在 1 个月内便可腌透。如想提前吃，则可多蘸一些盐，吃时很容易洗，且味道和泥腌的蛋一样。

快腌咸蛋法

将蛋洗净煮熟，蛋壳上打几个小裂口，在裂口上封满精盐，盐通过裂口迅速渗到蛋的深层。然后将处理好的熟蛋放到干燥的容器中封好，2 天后即可食用。

用五香腌蛋法

在少量淀粉或面粉中加入适量的五香粉、鲜姜片、辣椒粉、八角和花椒等，加水制成稀糊状，放到慢火上熬成“五香酱”备用。先将要腌的蛋放在沸水中煮沸 3～5 分钟；然后在“五香酱”中滚一下，使其表面均匀地粘上一层酱，再滚一层盐，让精盐粒均匀地布满整个蛋壳；最后，将制好的蛋一层一层地放入洗净的坛中，摆满后，往坛内喷些白酒，用塑料薄膜包严，扎紧坛口。

腌制猪肉法

在猪肉上切几条纹，将盐放在沸水中，待溶化后冷却，将肉放入盐水中浸一天。取出晒干后，用棉花蘸上菜油擦一遍肉面，放在太阳下晒。食用时割去一部分，要立即在切口处再涂上一层菜油。

糖能调和滋味，增进菜肴的色泽与美观。在腌肉时，加适量的糖，能促使肉中的胶原蛋白质膨润，使肉组织柔软多汁。

腌制糖醋蒜头法

将 350 毫升左右的米醋、100 毫升开水和 500 克左右的白糖混合后烧开(醋与糖的数量可根据不同的口味适当调整)，使之冷却后置于陶瓷容器中，然后将经水洗净晒干了的 1 000 克大蒜浸入，密封其盖，一般 40 天后取出便是出色的糖醋大蒜头了。

将紫皮蒜1 000克去根除皮后泡入清水中，每天换水，3天后沥干，与醋800毫升和白糖500克拌匀，装入坛中，用塑料薄膜扎紧坛口，经常摇晃，1个月后即腌成糖醋蒜。

腌制翡翠蒜法

剥去大蒜的外皮，腌渍在食醋内，经过1个月的时间，蒜瓣变为翠绿时即成翡翠蒜，其味酸辣可口。

腌制白糖蒜法

选用鲜嫩白皮蒜5 000克，剪去根须，剥去表面老皮，在清水中浸泡5～6天，每天换水1次，以去辣味。再把1 500毫升水加食盐100克熬开，澄清后与白糖2 500克、桂花100克拌匀，倒入坛内，加入浸泡好的大蒜，封好口。每天滚坛2次，每周开坛放风1次，50天后即可食用。用此法制作的糖蒜晶光透亮，脆嫩爽口，味道香甜。

腌咸蒜法

将选好的大蒜头用清水浸泡2～3小时，捞出沥去水分；1 000克大蒜头加75克食盐，放入盆中搅拌均匀，再将蒜头装满容器，注入盐水，盖上竹帘，用重物压好，1个月后即可食用。

腌制糖醋藕法

将肥胖、色正、无麻眼、无黑筋的鲜藕洗净，去皮，滚刀切成三角块，放入开水锅里焯透。再倒入冷水里浸泡，滗出水加盐腌一天，翻倒2次，再把水滗出。将白糖和醋混合在一起熬开、凉透，倒入藕内，浸泡3～4天，即成棕红色、质脆、味甜微酸的糖醋藕。用料比例为：藕1 500克，精盐125克，白糖1 000克，醋800毫升。

腌制糖冰姜法

腌糖冰姜，要挑选质量好的生姜，大小均匀，色泽黄亮，块形饱满。把姜的表皮刮去，放入清水内浸泡4小时左右。泡的过程中多换几次水，然后把姜切成片再浸泡，泡至姜片软了取出压干，放入盘内晒至有些发白时加入绵白糖拌匀继续晒。糖溶化后，加入白糖再晒。共加5次糖，晒5次。姜经过5次加糖翻晒后即成，颜色雪白。食用时甜香带点辣味。

腌制甜酱芽姜法　将嫩芽姜放入水内，刮去表皮洗净，用精盐稍搓一下，放入容器内腌1天后取出去汁沥干，略晒，让表面水分蒸发掉，然后将芽姜放入甜酱内浸腌半个月即可食用。还可以用酱油浸泡。酱油与糖一起烧开，冷却后加入少许味精，将姜放入浸1个星期即成。

腌制桂花姜法　将姜的表皮刮去，用少许食盐腌渍，第二天翻动一下，第三天把姜切成柳叶似的薄片，放入冷水内洗去盐卤，取出压干，加入白糖拌匀，腌4小时再取出压干。然后，把干姜片放入配制好的糖卤中(糖卤即白糖和水加热溶化后不停地搅拌，使糖水变白变稠)，1个月后再加少许蜂蜜和桂花，即成桂花生姜。桂花姜呈淡黄色、脆嫩，有桂花香味。

腌制酱姜法　将生姜5 000克放入清水内浸一夜，刮去表皮，放入锅内加水煮去一些辣水，用食盐150克腌3～4小时后去汁漂净，晾干3天。放入豆酱中浸腌2个月即成。

将嫩生姜500克刮净外皮，在清水中浸泡片刻，滤干后加盐50克拌匀，腌渍3天，滤去盐水，再放入酱油中浸泡6天即成酱姜。

腌制咸姜法　将生姜500克刮去外皮，泡入1%的明矾水中12小时，滤去水分，加盐50克腌渍，每天翻拌1次，3～5天后取出晒干，即成咸姜。

腌制甜姜法　将鲜嫩生姜1 000克刮去外皮，切成薄片，用清水浸12小时后滤干，加明矾50克一起倒入铝锅，用沸水煮，不断翻动，熟后放入冷水中浸12小时，中间换2次清水，然后滴干水分，加白糖300克、盐3克拌匀，装入大碗中压实，12小时后再煮沸10分钟，并不断搅拌，然后取出晒干，即成半透明、有光泽、香甜爽口的甜姜。

腌制咸萝卜法　将萝卜洗净后入缸，装至半缸时加入食盐，再继续摆放萝卜，最上面再加些食盐。2次加盐总量为萝卜重量的25%～30%。然后用重物压好，注入萝卜重量10%～15%的清水(若萝卜含水量大，可少加些水）。装缸后，每隔 2 天倒缸一次，至食盐全部溶化为止。

腌制辣椒萝卜法

将萝卜洗净并切成如香蕉状的萝卜条，日晒 2～3 天；将新鲜的红辣椒洗净，晒 1 天后切成细丝，然后按 500 克萝卜加 50 克食盐、50～100 克辣椒的比例充分拌和，装入带有蓄水槽的坛子内，盖好坛盖，将槽内蓄好水，过 15 天后即成咸、辣、甜、脆的辣椒萝卜，十分爽口。

腌制五香萝卜条法

将萝卜洗净并切成条，放在太阳下晒好，装在盆内撒上食盐，用手搓均匀，然后装入缸中腌 1～2 天，取出晒至八成干，再装入盆内撒上五香粉，用手揉搓至柔软为止。此时可装缸，码一层萝卜，均匀地撒上一层大盐粒，装完时在上面再撒上一层盐，压实盖好，放在阴凉处，每隔 1～2 天倒一次缸，7 天后即可食用。

腌制白萝卜干法

选用拳头大小的新鲜萝卜，洗净泥沙，切成橘瓣状的萝卜块，用干净的丝篾条将萝卜块串在一起，挂在通风处让其自干。经过一个月左右，把萝卜取下晒 2～3 天，即可收藏坛内。食用时洗净，切成片或丁，与肉片或肉丁合炒，味道很好。

腌制五香萝卜丝法

将萝卜洗净、削好，切成细丝，加相当于萝卜重量 10% 的食盐，装进坛子里，腌渍 3 天后，沥净水分，晒至六成干。然后将小茴香、陈皮和花椒各 100 克，醋 1 200 毫升，放在锅内煎好，冷却过滤后加入 250 克白糖。将萝卜放进坛内压紧，从上浇下配好的汁液，用厚纸糊上坛口，再用粘土封闭，放到温度为 2～5 ℃的地方，20 天后即可食用。

腌制榨菜萝卜法

将青嫩萝卜去根、叶，洗净。50 千克萝卜用 2 500 克盐，把整个萝卜装缸腌上 15 天，每隔 5 天翻缸一次。待萝卜褪色、不辣时，取出切成长为 5 厘米左右的萝卜段；然后用刀在每段萝卜的正面切划薄片，刀口只能切到 2/3 的深度，不能切到底；接着在反面同样切划薄片，要注意使萝卜连在一起，不要中断。切过的萝卜用淡盐水洗一下，捞出晾干。取清水 1 500 毫升，放进花椒和八角各 10 克，酱油 400 毫升，烧开锅后，取出花椒和八角，再放入味精10克、料酒100毫升和白糖少许，搅拌均匀，然后把它撒在晾干的萝卜上，闷一天，每隔5～6小时翻一次，最后撒入干辣椒粉拌匀即成。

腌制酸萝卜菜法

将萝卜菜去掉坏叶，切去根须，洗净沥干，放在开水里烫3分钟左右，捞出摊晾，然后一层萝卜菜一层盐装入缸内，灌满清水，用重物压实，盖好盖子，10～15天后即可食用。

腌制胡萝卜法

胡萝卜5 000克，食盐900克。先在缸底放少许食盐，然后将洗净的胡萝卜立着码入缸内。每码一层胡萝卜撒上一层盐，撩点水。盐一层比一层撒得多，腌4个月左右即可食用。

腌酱莴笋法

将莴笋外皮削除并洗净，切成长条或片，用盐揉搓(2 500克莴笋用250克盐和适量的豆酱)后，腌12小时，取出沥干，摊在竹筛上晾晒2天。然后将莴笋装入纱布袋内，扎住袋口，放入豆酱内腌渍3个月后即可取出食用。

腌制甜莴笋法

将鲜莴笋去皮后切成小方块，再用盐揉搓好，装入纱布袋内榨压一下以去除水分；取出漂洗后摊在竹筛上晾晒3天；然后将白糖加清水放入锅内烧沸，使其溶化，倒入晾晒过的莴笋内，不断翻动煎煮。煮至莴笋光滑透明、糖液浓黏起丝为止，冷却后即可食用。

腌制镇江香菜心法

将莴笋5 000克去皮，第一次用精盐500克腌3天，每天翻搅2次，第4天取出，沥去卤汁。第二次用精盐350克腌2天，每天翻搅2次，捞出沥去卤汁。第三次用精盐250克腌2天，每天翻搅1次。2天后取出，切成条或片，浸入清水脱盐，夏季半小时，冬季2小时，捞出沥干，浸入甜面酱内，酱2天捞出，12小时后再浸入甜面酱、安息香酸钠的混合酱中酱渍7天。最后注入用甜面酱2 500克、白糖500克、精盐250克、清水2 000毫升、味精和安息香酸钠各10克调制成的卤水即成。

腌制甜辣黄瓜法 选择鲜嫩带刺的黄瓜并洗净，按每 10 千克黄瓜用食盐 2 000克的比例，一层黄瓜，一层食盐，装入干净的缸中腌制。第二天倒缸一次，并兑入少量盐水。以后每天倒缸一次，连倒 5 次。20 天后将瓜取出，用清水浸泡 1 天，换水 2 次，捞出压去水分，使黄瓜只含淡淡的咸味，然后再按每 10 千克黄瓜用酱油 3 000 毫升、白糖2 000克、糖精 0.1 克、辣椒丝 200 克、姜丝 50 克、味精 20 克的比例，混合后，浸泡黄瓜。每天搅拌 2 次，7 天后捞出黄瓜，每 10 千克拌入炒熟的芝麻 100 克即成。

腌制黄瓜法 将完整无损伤的黄瓜洗净，放在阴凉通风处，待表面晾干水分后放入缸里，一层盐，一层黄瓜，卧着埋好，用盐量为每 500 克黄瓜加盐 15 克。装缸后第二天倒一次缸，上下层换过，并将渗出的盐水倒进去。以后每天早晨倒一次缸，白天缸盖不要盖得太严，使空气流通，晚间将盖打开，防止受热，切忌沾上生水，否则容易霉变腐烂。

腌酱黄瓜法 选用新鲜的小嫩黄瓜 5 000 克，食盐 300 克，然后一层黄瓜、一层盐装进容器中，腌制 4～5 天，取出用清水浸泡，口尝略有咸味时捞出沥干，装进两个缝制好的布袋里，放入缸内，再用 1 500 毫升酱油或甜面酱，混合均匀后倒入缸内，每天搅动 2 次，10 天左右即可食用。

腌制扬州乳瓜法 取乳黄瓜 5 000 克，用精盐 450 克逐层腌制，每 12 小时翻搅 1 次。2 天后再加盐腌 1 次，12 小时后翻搅 1 次。再过 8 小时后压紧乳瓜，封缸 15 天。然后捞出乳瓜，浸入清水泡 8 小时脱盐，装入布袋，用甜面酱酱渍 4～6 天，另换新酱再酱渍 8～10 天，每天翻动，使酱渍均匀。

腌制绍兴乳瓜法 摘取 10～12 厘米长的小黄瓜约 1 000 克，当天先用 120 克盐腌 5 天，再加 120 克盐，继续腌 3 天后捞出，浸入清水中脱盐，待咸淡适口后捞出沥干水，用酱渍 8 天左右即成。

腌制红绿小菜法

将黄瓜500克一剖两半，从背面切成梳子形，用少许盐腌半小时，控去水，用干布沾干水分，将黄瓜放入容器里，同时将葱、姜、辣椒均切成细丝，番茄100克开水烫后去皮，切成三棱块，把葱、姜丝放在黄瓜上，番茄放在最上面。最后把炸好的花椒油、辣椒丝同时加上糖、醋熬化，浇在黄瓜上，焖1小时。食用时捞出，切成段盛盘中，仍在上面摆上番茄，再摆上葱丝、姜丝、辣椒丝，然后再浇上一些前面用的汁即可。此菜甜、辣、微酸，鲜嫩脆香，好吃又好看。

腌酱西瓜皮法

将西瓜皮除去表皮和瓤后略晒一下，放入豆瓣酱内或其他面酱内酱制，2天后即可食用。

腌制豆角法

选择早晨采摘的新鲜脆嫩的豆角，直接加入适量的盐，在盆中轻揉，待手感潮湿后再入缸，层层压紧、压实，再撒上少量的盐，加重物压好并封口。此法是直接利用豆角本身汁水腌渍，不另加水，避免豆角在水中变腐。成品味正，色泽黄亮，口感松脆，可存放1年以上。

腌制湖南茄干法

将茄子切掉蒂柄洗净，水沸后入锅，加盖烧煮，未熟透即捞出晾凉。将茄子纵剖成两瓣，再用刀将茄肉划成4条，皮要相连，茄肉撒上盐，比例为20∶1，揉搓均匀，剖面向上铺叠在陶盆里腌12～18小时。腌后捞出暴晒2～3天，每隔4小时翻1次，然后在清水里浸泡20分钟，捞出晾晒至表皮无水汁。再把茄子切成4厘米长、2厘米宽的小块，拌些腌红辣椒、豆豉，再按3%的比例拌入精盐，装入泡菜坛内，塞紧后扣上碗盖，15天后即成。

腌制茄子法

用白矾末与食盐混合，充分擦抹茄子表皮，经过如此处理再腌渍的茄子，即可保持色泽的鲜丽。

自制茄子泡菜法

取半杯盐，加入3杯水，熬成盐水，倒入罐内，泡入10只茄子，再用小布袋包少许花椒放入即可。

腌制辣椒法 选择鲜嫩、光洁的青椒，用清水洗净并晾干，按1 000克青椒，加食盐370克、水300毫升的比例混合，放入缸内。青椒可在周围扎上几个小眼，腌渍可根据口味再放入其他调料，如花椒等。每天翻动2次，4天后封好缸口，5天后即可食用。

腌制香脆辣椒法 取鲜红辣椒2 500克，用干净湿布逐个擦净晾干，剪成小块，放入500克盐、适量的醋、花椒（用纱布包紧）、蒜泥与辣椒拌匀，入坛压实，上面淋入一层香油，密封坛口15～20天即可食用。这样腌渍出的辣椒色红、味鲜、脆香、细嫩，久存不腐。

自制泡红辣椒法 选用新鲜、熟而带生、无破损的红辣椒为宜，不要摘掉椒把儿。把选好的红辣椒洗净晾干，用红辣椒重量3/10的无油污的食盐将其腌渍4天左右，即可盛入泡菜坛内腌泡。

腌制辣菜丝法 将新鲜辣菜疙瘩洗净，切去顶，削光滑，切成细丝，撒入食盐拌匀，腌12小时，滗去水，摊在席子上尽快晒干。将少量的花生仁和大青豆煮熟，去皮备用。把干菜丝放在大盆里，用炊扫蘸开水，一边往干菜丝上甩，一边往里面拌花生仁和大青豆，并抓紧时间装坛，封严口，放在温度能保持28 ℃左右的地方闷16小时即成。吃时用醋和香油调拌，以有冲鼻子的辣芥末味为合格。用料比例为：鲜辣菜疙瘩5 000克，花生仁和大青豆各250克，精盐100克。

腌制酸辣疙瘩法 将芥菜疙瘩洗净削成棱形小块煮熟（根据各人的口味煮烂些或脆些），趁热连汤与芥菜疙瘩倒入坛内，再加盐和花椒，然后封坛口，放在温暖处，10天后即可食用。

腌制五香疙瘩法 芥菜头10千克，食盐1 250克，五香粉50克。将芥菜头洗净去皮，切成长条口子，码入缸内撒上盐，冲入水。每天倒一次缸，一星期后捞出晾干，均匀地撒上五香粉，再装入小口坛子里密封，3 个月后即可食用。

腌制芥菜法

将芥菜洗净切细，晒到菜叶干软为度。每 50 千克芥菜用食盐 2 000克搓过，放在蒸笼里蒸软后摊开，至热气消失，装入坛内，用手或木棒压实，紧封坛口，倒置于地上，经 1 个月即可取食。

腌制芥菜头法

将水芥削去根，装在缸内。装缸时，码一层水芥，撒一层食盐(5 000 毫升水用 750 克大粒盐)。缸装满后，倒入冷水至八成满为止。开始时倒缸要勤，将水芥辣味散发出去，使其吸盐均匀，以后倒缸时间可逐渐延长。1 个月后，即可食用。如到来年春天，芥菜头还未吃完，应将芥菜头捞出晾晒。在咸汤里加上花椒、八角、茴香及桂皮，上锅煮开，再放入芥菜头煮烂，即成熟芥，食之软烂味香。

自制芥菜头辣菜法

挑新鲜无虫的芥菜头 500 克，去掉根、须及茎蒂，洗净，切成 2～3 毫米厚的菱形块。再把一个新鲜无糠心的萝卜(约 100～150 克)去掉根、须及茎蒂，洗净，切成细丝。然后把芥菜块放入锅内，加水至浸没芥菜块为准，不盖锅盖，用旺火煮至菜块稍烂时停火。取一个干净密封的坛子，把一半萝卜丝放在坛底上，再把煮好的芥菜块趁热捞入坛内，将另一半萝卜丝撒在上面，迅速封严坛口，坛内的温度要让它缓缓降下来，冬季室温过低，可适当包上小棉被，待其冷却后才能食用。吃时可淋上一些香油及醋，其味酸、辣、鲜、香，其色红白相间，非常诱人食欲。

腌制雪菜法

将雪菜洗净并晾干后放入缸内，放一层雪菜撒一层用花椒拌好的盐，最上层要多放一些盐。每 50 千克雪菜需 5 千克盐、250 克花椒。第二天倒缸一次，以后可隔天翻倒一次，15 天后即可食用。

将雪菜 15 千克去掉黄叶、根，洗净，放在通风处阴干，至整棵没有水分、叶子微发蔫较好。然后将雪菜切成约 1 厘米的小段(切忌菜板和刀沾油)，放在盆内待用。将蒜瓣 5～7 个、红辣椒 2 个、姜切成细末，花椒 50 克，精盐 500 克一起放在雪菜盆内搅拌均匀。然后用手揉搓至雪菜发蔫为止。将揉好的雪菜装坛。装 10 厘米高便压紧，捣实至稍微出水，再装实压紧，陆续装完为止。雪菜全部装完后，坛口用塑料布封好，放在阴凉处，约20天即可食用。用此法腌制的雪菜，开坛时香气扑鼻，食用时清新爽口，香脆中微带麻辣，独具风味。

将雪菜除去黄叶，洗净，晾干浮水，破成十字花形，用线绳捆成500克左右的把，分层放进缸内。放一层雪菜，撒一层食盐，放少许花椒。每5 000克雪菜，需用食盐350克，花椒25克。腌1天取出，一把把轻轻揉搓，使茎、叶蔫软；再用饱和盐水（用冷水加盐搅拌至盐不再溶化为止）浸泡，盐水要浸过菜，上面压上石头，腌7～8天即成。

将新鲜的雪菜摘去烂叶后置于墙角处，等叶子大部分变黄后洗净晾干，再切成段，放在盆中，用盐揉搓均匀，码放在大玻璃瓶中，塞紧盖严，1个月后即可食用。

将雪菜清洗干净，晾至半干时用盐加几十粒花椒揉搓均匀，放在瓷盆中，加盖。2天后翻一翻，再过2天，在菜上铺一个大塑料食品袋，压上石头，半个月后再翻倒一下，仍将石头压上，腌透后才能食用。

腌制榨菜法

将新鲜榨菜洗净并晒至全都发软无硬心，然后用榨菜重量的5%的盐揉搓均匀，放入缸内腌渍3～4天。取出沥去盐水，加入第一次同样数量的盐拌匀，重新入缸再腌。3～4天后用两次所腌的盐水冲洗菜头，随即装进榨菜桶里进行压榨，压去部分水分。最后用剪刀去掉残留叶柄和根部的粗纤维，剔去粗皮和叶筋，使菜头光滑细致。再按每100千克榨菜加盐7～10千克，红辣椒粉2～3千克，花椒粉150克，茴香、肉桂、甘草、橙皮、砂仁等混合料30～50克，混合均匀，装缸压紧，放入少量白酒，缸口撒些精盐后密封，放于阴凉处，经30～40天的渍制即可食用。

腌制白菜法

腌制白菜前，先去掉老菜根、老帮及黄叶，洗干净，然后将其码在缸里。码时，铺一层白菜略洒上一些水（总用水量为每50千克菜不超过2 500毫升水），再撒上一层食盐。这样一层一层地码上去，全部码完为止。每50千克处理好的白菜用盐5千克，菜腌上后，每天翻缸一次，待盐全部溶化后即可停止翻动，前后约经10天即成。食用时从缸中取出，洗净，切成细丝或小块，浇些香油、醋、红辣椒油拌好，即可食用。

腌制咸辣白菜法 将白菜50千克洗净、切片并略晒一下，凉后入缸。入缸时，码一层菜撒一层盐(50千克白菜用盐约为6千克)。装满缸后用重物压紧，使其发酵(一般需15天)。发酵好的白菜用缸内的菜汁洗净，切成3厘米宽、6厘米长的条状，放入红辣椒粉250克、花椒粉50克、白胡椒粉5克、甘草粉250克，混合均匀，装入缸内。入缸时仍逐层铺好并捣实，过12小时后酸气外溢时封严缸口，经10～15天后即成。

腌制酸辣白菜法 将白菜洗净后切成3厘米宽、7厘米长的块，新鲜的或干红辣椒切成细丝。将这两样都放在开水里滚2分钟，捞起来后，在碗里铺上一层白菜，加少许精盐，放一些辣椒丝，浇一点醋，放一点糖。这样一层一层铺好，碗上紧紧地盖一个碟子，2～3小时后就可以食用了。酸辣白菜不仅颜色红白相间，十分好看，而且味道甜、酸、辣、咸兼而有之，非常爽口。

腌制酸菜法 将剥去老帮的白菜放在沸水中烫至半熟，捞出堆在一起，让热气串至白菜七成熟时用冷水冲洗，然后放入容器内，加入清水、面肥和明矾各适量，再用石头压住，使水淹没菜，一周后即成。

做酸辣椒和酸姜时，用白酒浸泡，并盖严容器，数日后，酸菜味美，鲜辣可口。

在渍菜时，当菜码好水灌满时，再倒入一些白酒(大缸加200毫升，小缸加100毫升)，酒可以抑制腐生菌生长，这样可以防止酸菜腐烂。已发生腐烂的，应马上将烂菜挑出换水，然后加白酒(大缸加250毫升，小缸加150毫升)。

自制泡菜法 将食盐放入沸水中溶化，待盐水凉后倒入泡菜坛内，一般以装至坛子的3/5为度；然后可根据各人的口味，放入适量的花椒、大蒜、辣椒、姜片、茴香、白酒。泡制的菜，如萝卜、白菜、卷心菜、辣椒、豇豆、刀豆、黄瓜、莴笋等均可。泡菜的种类越杂越好，具有特别的香味。菜放入泡菜坛之前，要将菜洗净并晾干(不宜放在太阳下晒)，然后将菜切成块或条，放入泡菜坛内。放进的菜切勿带进生水，这样腌泡7～10天即可食用。取菜时要防止油腻和生水入坛，坛内的泡菜卤可连续使用，加泡新菜时，要添加适量的食盐和酒。腌制泡菜时，加点芥末、芹菜或鱿鱼屑，可使泡菜色、味俱佳。腌制泡菜时容易生霉花（白膜），可取干蚕豆 250 克，炒熟放凉后，用纱布包好放入坛内，第二天取出，就可除去白膜，蚕豆加工后，还是下酒的好菜。

在泡菜坛中放 5 000 毫升冷开水，加盐 350 克，花椒 5 克，红尖椒和姜片各 150 克，料酒 150 毫升，调匀。将蔬菜洗净切块，晾至表面稍干，装入坛中，在坛口水槽里盛上凉开水，扣上坛盖，置于阴凉处，1 周后即成可口的四川泡菜。

在清水中加 8% 的盐，煮沸溶化冷却后倒入泡菜坛子中，然后加花椒、辣椒、姜片、茴香、料酒等制成菜卤。萝卜、白菜、卷心菜、辣椒、豇豆、刀豆、莴笋等蔬菜都可泡制。泡制前应先将老根、黄叶除去，洗净晾干后切成条，放入菜卤中腌 7～10 天即成。

将大白菜 2 500 克剥掉老帮，去掉菜头及根，切成 5 厘米长的小段，再顺切成 0.6 厘米宽的菜丝，用精盐 25 克拌匀，腌 30 分钟；胡萝卜 250 克刮皮后切成细丝；挤去腌白菜汤汁，加入胡萝卜丝，放白糖 250 克、醋 100 毫升和精盐少许，拌匀后再撒上少许干辣椒细丝。另将花生油 50 毫升加热，放入花椒 20 粒炸至焦黄后捞出，随即将熟油浇在辣椒丝上，加盖焖 2 小时即可食用。

用黄瓜和萝卜来做泡菜时，泡久后颜色易转黄，不好看。要缩短腌泡的时间，必须多加食盐，但并非把食盐撒上即可，而是须将食盐溶解于热开水中，然后倒进泡菜里，如此可使颜色鲜艳，味道绝佳，而且食盐可以杀菌，亦较卫生。

去外皮去瓤的西瓜皮 5 000 克，白菜、包心菜、芹菜、扁豆、莴笋和青椒各 1 500 克，生姜和花椒各 8 克，白酒 8 毫升，八角 100 克，盐适量，备用。将以上各原料菜均用清水淘洗干净后沥干水分，切成 3～5 厘米的长条或薄片，西瓜皮切成 1.5 厘米长、1 厘米厚的长条形。以每 5 000 毫升水加 400 克盐的比例放入锅中，加热煮沸，熬成盐水，离火冷却待用。把切好的各菜料连同花椒、白酒、生姜和八角拌匀，投入洗净并消毒的容器内，然后倒入冷却后的盐水，密封盖口，置室内储放 10 天以上，让其自然发酵，即可食用。

泡菜坛内加入适量的啤酒，既可使泡菜更鲜脆爽口，又可延长保存期。

腌制香椿法

将香椿洗净，晾干水分，加入适量的食盐一起揉搓，使盐浸入香椿内，然后放入干净的罐或盆内，盖上盖子，腌渍 3～4 天即可食用。香椿还可制成香椿泥，即将香椿洗净后，加入盐，将其捣碎（爱吃辣的可加辣椒，也可加炒黄豆）再加入少许油。香椿也可以制成香椿蒜汁，做法是：将香椿和蒜瓣一起捣成稀糊状，加入盐、香油、酱油和凉开水，即成香椿蒜汁，可浇拌面条和作佐料，别有风味。如果香椿叶子老了，不宜做菜吃的，可晒干，研成香椿末，装入瓶内，在腌菜、做腐乳及腊八豆时，撒一些在上面，能够增加菜的鲜香味。

腌制韭菜花法

将韭菜花 500 克洗净沥干，切碎后加入精盐 125 克、明矾末 2.5 克和鲜姜末 10 克及适量的味精，搅拌均匀，加盖密封，每天搅动 2 次，7 天后即成。

腌制油菜法

将油菜 5 000 克洗净沥干水，去掉根和黄叶平放缸内，一层油菜一层盐（掺入少许花椒），最上层多放些盐，第二天翻下一个，以后隔日倒翻一次，半月后即可食用，一个月后变为深绿色。

腌制腐乳法

选用含水分较少的老豆腐，切成 3 厘米见方、2 厘米厚的方块，排列成人字形直立于笼内，盖上盖，或用竹制淘箩分层排列，再放入有盖的缸内，置阴凉通风处任其自然发酵，待豆腐块上长出白而绿的菌苗时即取出。一般室温为 10 ℃时，需 15～20 天；室温为 20 ℃时，需 5～7 天。将长好霉的豆腐装入泡菜坛内，再注入已配制好的盐水，使盐水高出豆腐 5 厘米，随即盖好盖，水槽注满水以水封口，大约过 10 天，菌毛融化，即成腐乳。盐水配制：每 1 000 毫升水加 200 克盐、20 毫升白酒、0.5 克花椒、0.5 克月桂花。盐水烧开后，待其冷却后才能使用。

腌制臭豆腐法

选用含水分较少、质硬的豆腐，腌制前，先配制好发酵原液，即用腌过菜的盐水，或碎咸菜与碎虾，或腌咸蛋用的卤液（即盐、茶叶、酒、草木灰加水制成），混合而成原液，然后将豆腐放在此液中发酵 3～5 天，捞出后外观呈灰白色或淡黄色即成。

腌制酱什锦丝法

将新鲜的 4 000 克胡萝卜洗净，放入盆里用盐渍一下，每天倒动一次，10 天后捞出来洗净切成细丝，用细纱布包好，放在 2

500 克面酱里闷 15 天。把去皮的 1 000 克花生仁放在开水里烫一下，捞出放进盐水里浸泡 4 小时。然后把焖好的胡萝卜丝用凉开水冲洗干净，加入泡好的花生仁拌和，再加入白糖、姜、味精，3～4 天后即可食用。腌好的什锦丝具有色泽鲜艳油亮、酱香味浓、甜咸适口的特点。

自制上海什锦菜法 取咸大头菜丝、咸青萝卜丝、咸白萝卜丝、咸红干丝、咸乌笋片、咸地姜片、咸萝卜丁、咸生瓜丁、咸宝塔菜、咸青尖椒，种类数量可随口味增减，加水浸泡 2 小时，翻动几次，捞出后沥水，压榨 1 小时后，在甜面酱酱油中浸 24 小时，捞出装袋，扎好袋口，再入缸酱渍 3 天，每天翻搅 2 次。3 天后出袋，加入生姜丝，用原汁甜面酱酱油复浸，加入适量砂糖、糖精、味精，每天翻搅 2 次，3 天后捞出即成。

自制天津盐水蘑菇法 在 5 000 毫升清水中加 1 克焦亚硫酸钠，倒入 5 000 克新鲜蘑菇浸 10 分钟捞出，用清水冲洗几次后加入浓度为 10%的盐水溶液，煮沸 8 分钟，捞出用冷水冲凉。用 1 500 克精盐，逐层将蘑菇装入缸内，腌 2 天后另装容器。另用 500 毫升水加盐 110 克，煮沸溶解冷却后加 10 克柠檬酸调匀，倒入容器内，10 天后加盖，过几天即成。

自制北京辣菜法 将 500 克腌萝卜切成丝后用清水浸泡 24 小时，换水 2 次，捞出沥去水分备用。将酱油 250 毫升、白糖 10 克、味精和糖精各少许以及安息香酸钠 0.1 克调匀煮沸，倒入干净的容器内。将 2.5 毫升麻油加热，放入 1 克辣椒粉，炸一下即倒入酱油内。再加姜丝 1.5 克、芝麻 5 克、桂花 2 克和料酒 1 毫升，搅拌均匀，倒入萝卜丝。每天搅动 2 次，7 天后即成。

自制北京八宝菜法 取腌黄瓜 1 000 克，腌藕片、腌豇豆、腌茄包各 250 克，腌甘露、腌姜丝各 500 克，腌苤蓝 2 000 克，花生仁 750 克。先把腌黄瓜切成瓜条，豇豆、茄包切成条块，腌苤蓝加工成梅花形。将所有原料投入清水中浸 2～3 天，每天换 1 次水，捞出后装入布袋，脱水后，用 5 000克甜面酱酱渍，每天翻动 2 次，10 天后即成。

自制北京甜辣萝卜干法 将1 000克萝卜切成6厘米长的条块，要求块块见皮，用精盐70克一层萝卜一层盐腌渍，每天翻搅2次，2天后倒出晾晒，待半干后洗净，拌入白糖250克和辣糊50克即成。

自制南京酱瓜法 将菜瓜5 000克去籽除瓤，拌入精盐150克，上午入缸，下午倒出缸。第二天加精盐500克腌10天。然后加精盐250克再腌第三次，过15天取出，挤干水分后放在清水中浸泡7小时，再挤去水分。放入稀甜面酱中酱渍12小时，再用甜面酱1 000克、白糖50克、酱色60克、安息香酸钠3克，拌匀后酱渍。夏季酱2天、冬季酱4天即成。

自制甜酸菜法 做甜酸味道的菜时，将姜剁成姜末，与糖、醋兑汁烹调或凉拌。如糖醋熘鱼、凉拌菜时用，可产生特殊的酸甜味。

自制虾油芹菜法 芹菜取梗，洗净后在开水中烫3分钟，见芹菜呈鲜绿色捞出，马上浸于冷水中，换一次冷水再浸，彻底冷却后捞出，切成小段。芹菜段加盐拌匀腌渍半小时，捞出再放入稀盐水中浸泡12小时。将腌入味的芹菜沥干水分倒入干净的坛中，放入虾油中浸泡，10天以后可以食用。

腌菜保脆法 腌菜的脆嫩，是成品一项重要的质量指标。腌菜清脆，吃起来口感好，诱人食欲，所以腌菜过程中要重视保证成品清脆的工作。

要腌的蔬菜必须保证新鲜。由于蔬菜采收后，呼吸作用仍不断进行，就必然要消耗蔬菜内的营养物质，造成品质下降。因此，腌菜一定要用新鲜的蔬菜，并及时腌制。如不及时腌制，要把蔬菜放在阴凉通风处，避免蔬菜生热造成蔫萎。

要正确控制腌菜配方和生产环境条件。如腌菜用的食盐浓度不能过低，温度不能过高，否则会使有害微生物生长而造成腌菜制品变软，失去脆性。

注意腌制蔬菜、配料、制作用具的清洁卫生，防止有害微生物生长繁殖，造成腌菜品质下降。

在腌制蔬菜的过程中，遇到蔬菜过分成熟或受损伤而出现变软的现象，可采用具有硬化作用的物质来补救。如在腌菜液中直接加钙盐，也可在微碱性水中浸泡。另外，我国民间常用石灰或明矾作保脆剂，要掌握好它们的用量。用得过多，菜有苦味，组织过硬，反而不脆。明矾属酸性，不能用于绿叶蔬菜。

腌菜保色法

对叶绿素含量较多的如黄瓜、青辣椒等，可采取加大盐的用量，即重盐法腌制。高浓度食盐，可抑制乳酸菌发酵，防止菜中的叶绿素在酸性条件下失去绿色。在实际腌菜过程中，一般采用25%的盐卤来腌蔬菜，就可达到保色的目的。

及时降低腌蔬菜过程中的温度。蔬菜在腌制过程中要释放出很多热量，菜中叶绿素在高温条件下，增强呼吸强度变黑、发黄。解决的办法是，在腌菜过程中，及时进行倒缸，以散发菜体的温度，达到保色的目的。

避免所腌蔬菜的菜坯与阳光和空气接触。对需要保色腌的蔬菜，应在室内加工，在腌制过程中注意封缸口或将菜坯完全浸泡在盐卤中，均可避免与阳光和空气接触，达到保色的目的。

用沸水烫漂，可增强叶绿素在菜体内的稳定作用，达到保色的目的。但要注意掌握好蔬菜烫漂的时间，烫漂时间过长使菜质变软，过短则达不到保色目的。

在渍液中加碱性物质。蔬菜在腌制过程中，渗出的菜汁一般呈酸性，叶绿素在酸性介质中呈不稳定状态，会使蔬菜逐渐失去鲜艳的色泽。在渍液中加碱性物质如石灰水、碳酸钠等，就会及时中和腌制渗出酸性的菜汁，从而保持叶绿素的稳定，使本色得以保留。

在实际腌制蔬菜时，要根据当时的具体情况选用各种保色方法。同时还要考虑到影响制品质量的其他因素，通常把各种保色措施综合起来使用。如腌鲜黄瓜10千克，第一次用盐1千克，加纯碱千分之一化成的水；将黄瓜浸泡24小时后倒缸几次，防止腌菜温度升高；黄瓜腌5天后抽出腌的盐卤不要，再加2千克盐重腌，腌时一层黄瓜一层盐，10天倒一次缸。这样腌出的黄瓜，就能保持新鲜的绿色。

腌菜防腐变质法

亚硝酸盐是致癌物质，对人体的危害很大。所以在腌蔬菜时，要严防亚硝酸盐的生成。具体措施是：

选用新鲜蔬菜。腌制蔬菜要选用新鲜的、成熟的蔬菜为原料。堆放时间较长、温度较高、特别是已发黄的蔬菜，亚硝酸盐含量较高，不宜采用。蔬菜在腌制前经过水洗、晾晒可减少亚硝酸盐含量。如选已含亚硝酸盐的大白菜，晒三天后，亚硝酸盐几乎消失。

腌蔬菜用盐要适量。腌制蔬菜时，用盐太少会使亚硝酸盐含量增多，且产生速度加快。实验结果表明：食盐3%对腐败菌繁殖力的抑制很微小。食盐6%已能防止腐败菌的繁殖，但对乳酸菌及酵母菌尚能繁殖，可作为腌渍发酵时的浓度。食盐12%～15%，乳酸菌不能活动，细菌类大部分不能繁殖，适于长久储存腌渍。

严格控制腌蔬菜液表面生霉点。腌制蔬菜时，要使腌液表面不生霉点，就要采取严格的防霉措施，如腌菜不要露出腌液面，尽量少接触空气；取菜时用清洁的专用工具；一旦腌菜液生霉或霉膜下沉，必须加温处理或更换新液。

保持腌蔬菜液面菌膜。一般腌菜液表面菌膜不要打捞，更不要搅动，以免下沉而致菜液腐败产生胺类物质。

久储的腌菜要盖薄膜封好缸口。要久储的腌菜，在缸内未出现霉点之前于缸口盖上加塑料薄膜，并加盐泥密封，不使腌菜与外面空气接触。为便于缸内二氧化碳排出，泥封面可留一小孔。

腌制蔬菜时间最好要1个月，不能少于20天。腌菜除要腌透外，食用前还要多用清水洗涤几遍，以尽量减少腌菜中亚硝酸盐的含量。

经常检查腌菜液的酸碱度(pH值)。如发现腌菜液的pH值上升(酸性增大)或霉变，要迅速处理，不能再继续储存，否则亚硝胺会迅速增长。

腌菜用的水质要符合国家卫生标准要求。含有亚硝酸盐的井水绝对不能用来腌菜。

腌菜过程中要防止腌菜变质，一是腌菜原料、用具要干净卫生，腌缸(坛)内不能进水和油污；二是酱菜过程中，要及时打耙、放风，散发热量，酱菜时间不能过长，以防酱菜变黑、发酸。

家里腌的秋菜，表面容易产生一层白膜或因菜露出水面腐烂变质。如果在菜缸表面洒一些酒精或白酒，并随腌一些秋椿叶、葱头、生姜，腌的菜不但不会腐烂，而且味道鲜美，香脆可口。

将咸菜变酱菜法

将咸菜加工成酱菜，其味道比咸菜更可口。将所腌的菜如萝卜、黄瓜等，置于温水中浸泡，口尝略有咸味但不浓为好。这时可将咸菜捞出沥干水分，装入纱布袋中，放在酱油中腌渍，过7～8天就成了味道鲜美的酱菜。

腌菜防止白醭法

在腌菜过程中，有时腌菜液面上会生出白色浮物，即白醭，如不及时处理会使腌菜变味、变质。防止腌菜时产生白醭的办法有：

在腌菜时用盐量要掌握好，要根据蔬菜的性质，按腌菜量比例用盐。一般腌菜时的盐含量为20%左右。

腌菜时根据蔬菜的要求，及时倒缸或翻菜，使腌菜液完全淹没菜，使菜与空气隔绝。

腌菜过程中不能进生水，用具也要做到清洁卫生，不能用带有油污的坛(缸)。

腌菜时，在腌液中放一些大蒜瓣和白酒。

除腌菜白醭法

腌菜缸中的白醭会使咸菜腐烂变坏，应尽快去掉。在菜的表面放一些洗净切碎的大葱头，把菜缸密闭3～5天，白醭就可消除。

将腌咸菜的缸放在不生火的屋里，在菜缸表面洒一些酒精或白酒，或者加入一些洗净切碎的姜末，把腌菜缸密闭3～5天，白醭即会消失。

自制酱菜的窍门

制芝麻酱法

取白芝麻5 000克除去杂质，用清水反复淘洗并晒干，然后放入铁锅内炒至赤黄色立即离火取出冷却，再用小石磨磨2次，把磨碎的芝麻粉放入小缸内，冲入开水不断搅拌约30分钟，静置2小时后麻油便浮在上面，取出浮油放锅中烧沸即成小磨麻油，剩下的渣除去多余的水后就是芝麻酱。

制苹果酱法

取苹果肉1 000克切成小块，放在铝锅内加清水100～150毫升，置于炉火上加热煮沸10分钟左右，待苹果煮熟后即停火。

将煮熟的苹果倒入细丝竹箩里充分搓滤，使果酱与渣分离。再将苹果酱倒入铝锅内，分几次加入 500 克白糖，继续放在火上加热熬煮，不断搅拌约 20 分钟，果酱已成浓稠状时即可停止加热。最后趁热将果酱装入洁净的瓶内，加盖密封即成苹果酱。

制番茄酱法

选择充分熟透的番茄，挖去果蒂、虫眼及黑斑，用清水洗净，放入盆内用开水烫2～3 分钟，然后剥去外皮；将果肉捣碎，用漏斗装入滴流瓶内，装置距瓶口 1～2 厘米处，盖上胶皮盖，并在盖上插一根针，再把瓶子放入锅中煮 20 分钟，放凉后拔去针，用蜡把针眼封住，以防空气和杂菌侵入。

制花生酱法

将 500 克花生仁连同花生衣一起浸泡在清水中 4～8 小时，加水搅拌后用纱布过滤，绞出浆汁，再把纱布中的花生渣边加水边绞汁。如果花生渣的颗粒还较大，可先碾碎，再过滤、绞汁，直到再也不能挤出浆来为止。然后将挤出的浆汁放入锅中用小火熬熟，加糖适量，待熬至稀稠适中时即可。

制香辣酱法

将红尖辣椒 10 个，鲜姜 2 块，蒜 2 头，葱和香菜各 2 棵洗净放入容器内，加入酱油、香油、白糖、味精各适量，充分调拌均匀后即可食用。如有熟芝麻亦可碾碎加入，味道尤佳。

制辣椒酱法

将红辣椒 5 000 克洗净并在蒂把处挖一小孔，取精盐 750 克制成盐水溶液。将辣椒放入缸中，倒入澄清的盐水，每天搅动一次，15 天后即成。

制甜面酱法

取 4 000 克面粉放入盆中，加入适量的清水做成饼状，放在蒸笼里蒸透，取出放在竹箩里，上面盖上稻草，放在不透气的室内发酵。7 天后长出白毛时将其搓成碎粉，放在瓦缸里，再把 1 000 克精盐用 2 500 毫升沸水溶化，冷后加入缸内，每天早晨搅拌一次，露晒 40 天左右即成。

制黄豆酱法

把 5 000 克黄豆洗净用水浸透，捞起后放进蒸笼里蒸至熟烂，待黄豆冷却到35 ℃左右时拌入 1 500 克面粉和 15 克发酵曲，摊在簸箕上厚约 4 厘米，放在温暖处保温发酵。待黄豆长出黄绿毛后，把霉豆倒入缸内。将 2 000 克精盐泡成 10 升盐水煮沸，冷却后倒入缸内和黄豆一起拌匀，连缸放在露天处暴晒，每半个月搅拌一次，晒 2 个月即成。

制豆瓣酱法

将蚕豆 500 克去皮、干红辣椒 250 克去蒂，均切碎，与精盐 300 克、白酒 100 毫升、水 500 毫升一起放进锅里煮，待蚕豆烂了，水被吸干时，再加进一些花椒末和 100 毫升花生油拌匀起锅，盛放在盆里，放 3～4 天即成。

制山楂酱法

取山楂 2 500 克，洗净去皮，用盆盛放，上盖红糖或白糖 1 200克，放锅里隔水蒸 40～50 分钟，用筷子把山楂搅碎即成。

制韭花酱法

将韭菜花择洗干净放入绞肉机内绞碎，然后按绞碎的韭菜花每 500 克加入 150 克左右的精盐，搅拌均匀后装坛封存。

制瓜豆酱法

将黄豆用水泡软，煮至七八成熟，捻去皮捏成糊状备用。冬瓜去皮及籽，切成厚 1.5 厘米、长 3 厘米左右的条，蒸至七成熟，捞出控去水分备用。取花椒、八角、小茴香和桂皮各 1 份，干姜和陈皮各 2 份，烤干磨细过筛，成佐料粉。制作时，按熟冬瓜条 5 000 克、豆料 1 750 克、佐料粉 250 克的比例将料放入消毒后的瓷缸内搅拌均匀，然后密封缸口。约 1 个月后即制成冬瓜豆酱。若要制成咸味酱，可在上述配料中再加入适量纯净的精盐。

制西瓜酱法

将西瓜去皮去籽捣碎，倒入锅中煮沸，加入 0.2%柠檬酸及适量白糖、淀粉，搅拌均匀后即成西瓜酱。

制草莓酱法

将 3 000 克砂糖加 1 000 毫升热水调成糖液，先取一半煮沸，倒入洗净去萼的草莓，煮至草莓软化，加入其余糖液，继续烧煮浓缩后即成草莓酱，趁热装瓶加盖密封，将瓶放在沸水中消毒 20 分钟，取出保存。

制沙拉酱法

将 1 个蛋黄、半汤匙盐、2 茶匙醋、1 茶匙辣椒粉、少许辣酱油一起放入碗内搅匀，再将 200 毫升色拉油慢慢注入，边搅边加，反复搅拌均匀，便成沙拉酱。

制橘皮酱法

柑橘皮做果酱，干鲜均可。先将柑橘皮用水洗净，放入锅中加水煮沸后数分钟，将水倒出，另加新水再沸煮数分钟，如此进行 3～4 次，直到柑橘皮水苦味不太重时为止。然后用手或用布将柑橘皮挤干，用刀将柑橘皮剁成碎末，越碎越好，若能用绞肉机细绞一下更好。把剁碎的柑橘皮重新放入锅中，根据柑橘皮的多少加入适量的红糖、白糖和糖精，并加水少许，煮沸后用文火煎熬成稠糊状，橘皮果酱就做好了。

将干橘皮用清水浸泡 24 小时，挤出水分后在开水中煮 30 分钟，沥干水，捣烂成糊状，加入白糖（100 克湿橘皮加入 70 克白糖），如想凝成冻状，可加入适量的琼脂（又称冻粉），拌匀，冷却后作为果酱。

制西瓜皮酱法

将西瓜皮削去表面青皮，洗净切碎，加热软化，掺入蔗糖糖浆、葡萄糖、果胶，以及适量的食用色素等，最后浓缩成西瓜酱。西瓜酱的吃法很多，涂在面包、馒头上吃，做八宝饭、糕团的馅，或伏天用清凉的冰水冲西瓜酱当饮料，味美可口，别具风味。

将除了外皮和瓜瓤并清洗干净的西瓜皮切成 1.5 厘米长、1 厘米厚的小长条，放入 15％的盐水中煮沸 2 分钟，急速捞出后投入冷开水中冷却，然后用 20％的盐水（5 000 毫升水中加食盐 1 250 克溶解）腌渍 2 天，捞出沥干水分，再装入细纱布袋内。取瓜皮条重量 70％的上等面酱置于缸中，再把瓜皮条连同布袋投入其中，每天翻动数次，5 天后取出，入瓮封藏，随吃随取。

选取新鲜西瓜皮，去净外皮和瓜瓤后洗净，煮熟后捣成泥状。按每 5 000克酱泥加白糖 3 000 克、柠檬酸 250 克的比例混合均匀，放入大锅中用文火慢慢加热直至水分蒸发变稠如浆糊状。在加热过程中要不断搅拌，以防因火力过旺造成糊锅或搅拌不均匀。当瓜泥熬成后，应趁热装进罐内，将罐置于开水锅中加热排气，排完气体后盖实罐盖隔水蒸 30 分钟以上，以消毒杀菌，最后取出放在阴凉通风处，待凉即可食用。

制月季果酱法

将月季花果实 1 000 克去除花萼后洗净，加入 1 000 毫升清水，入锅煮至果实发软，捣烂过滤，去除余渣，加白糖 500 克，一起加热煮沸，达 105 ℃左右，阴处晾凉，即成月季果酱，可将其注入消过毒的瓶中，封口保存，随时食用，富含维生素，具有玫瑰香味，营养丰富，鲜甜可口。

制月季花酱法

采收月季花瓣 1 000 克洗净沥干水，研碎，放入白糖 1 000 克、清水 1 000 毫升，入锅煮沸，再加白糖 1 000 克继续熬煮达 105 ℃左右，阴处晾凉，再加 3 个柠檬的汁液，即成月季花酱，然后可将其注入消过毒的瓶中，封口保存，随时食用，芳香鲜甜，有安神、活血、调经作用。

制蟹炸酱法

炒锅置火上，放油烧热，投入已捣碎的蟹肉或蟹黄煸炒片刻，加入葱末、姜末、精盐、料酒、高汤(没有高汤，用螃蟹壳煮汤也可)炒匀成蟹黄鲜汁，装碗待用。将适量的猪肉煸炒至熟，倒入酱料炸熟，加入蟹黄汁略翻炒匀即成。若购得鲜螃蟹，须将蟹上蒸锅蒸熟，剥出蟹肉，取出蟹黄，分别装碗内备用。可以同时用蟹肉蟹黄，也可分别单独用(将肉、黄分开)。不用蟹改用虾肉、鱼肉均可。

制蛋炸酱法

将鸡蛋磕入碗中打散，放入少许精盐。锅置火上，放入植物油烧至微热，倒入鸡蛋液煸炒至鸡蛋变黄出香，将炒好的蛋块打散成粒状，加入酱料煸炒至酱香味浓，撒入葱花和味精翻炒片刻，即可装碗上桌。

制肉炸酱法

将肉切成丁(用肉馅也可以)，用少许精盐、湿淀粉和花椒水拌匀腌渍 10 分钟。炒锅内放入食用油，烧至 40 ℃时下入肉料、姜末和蒜粒煸炸，待肉中水分减少时烹入料酒再煸炒片刻，倒入酱料，用铲翻炒(防煳锅)。炒酱时若发现太稠,可适当加些开水(高汤最好)。若发现口淡,可适量加精盐。待酱炒好将要出锅时撒入葱末,拌匀即可装碗上桌。炸酱浇头的拌料有黄瓜(丁、丝)、豆芽菜(黄豆、绿豆芽)、时鲜蔬菜丝(若用白菜要焯水断生)等。煮熟的面条,备上切配好蔬菜,浇上炸酱,营养丰富,味美无比,是家庭常食的炸酱面。

制豆豉法

将大黑豆或黄豆去皮,用冷水浸几小时,捞出后控干水分,蒸熟,把熟豆铺在席架上,放在通气避风避光照的小屋子里,任其自然发酵 20 天,菌毛茸长稳,且有香味时,按每 50 千克豆用 9 千克食盐、500 毫升白酒、3 升水的比例混合,装入坛里,密封 3～5 个月之后,豆豉颗粒滋润,其味香甜,颜色乌黑。

自制干菜的窍门

风干菜法

取较嫩的菜(如脆菜取下来的菜心等)用线串起来,挂在通风阴凉处风干即可。食用时,用开水泡开,与花生仁、香干、海蜇皮等一起凉拌冷食。

晒干菜法

晾晒干菜,最好是将菜切成条、片或单叶,投入含有 3%～5%的食盐开水中烫一下,待菜变得略软后捞出,放在含有 3%～5%的食盐凉水中浸泡,以迅速散热冷却,再捞出在通风干燥的阴凉处晾干或烘干(烘房温度宜在 32～40 ℃)。这种方法可以减少维生素的损失,保持菜的青绿色。

晒茄子干法

选择长至七成熟的茄子,洗净后放在锅里蒸至八成熟后取出,不去茄柄,将茄子分成四半或六半挂在绳上,晒干即可。也可将茄子削成薄薄的螺旋形,挂在绳上晾晒。还可将洗净的茄子切成 0.6 厘米厚的片,投入开水中氽一下,然后晒干。

晒黄瓜干法　将选好的黄瓜洗净，切成薄片后晾晒即成。冬天吃时，泡开洗净后用来炒肉片等，鲜嫩可口。

晒豆角干法　将新鲜的豆角洗净去筋，放入6%的小苏打沸水溶液中烫煮4～5分钟，捞出来马上放在3%的小苏打冷水中漂洗一次，然后摊在筛子上或用线串起来放在阴凉通风处阴干，可以保持鲜绿颜色，炒炖均适宜。

制青椒干法　将选好的青辣椒洗净，掰成小片并去籽，投入已加热至90℃左右的5%的碱水中浸泡3～4分钟，然后烘干或晾干。吃时只需用温水浸泡几小时即可恢复原状，炒肉仍有鲜辣椒味。

制南瓜干法　嫩、老南瓜均可制成干。将南瓜洗净，挖掉瓤籽，太老的南瓜将皮削去，切成片、丝或条，晒干。南瓜经蒸煮后可直接食用。

制冬瓜干法　将冬瓜皮削去，切成轮状带片，串在清洁的竹竿上晒干即成。冬瓜干用清水浸润后切成小片，可烹制各种菜肴。

制西瓜皮干法　将西瓜皮去掉外皮和残瓤，洗净切块，沥干水分，加适量食盐拌匀，腌制3～4小时后捞出，摊在阳光下晒干，待瓜皮表面收缩并起盐霜时便可将其装入容器内密封储存。此法能使瓜皮保存数月至1年，食用时将其取出，洗去盐霜，拌入少量白糖、辣椒、香油等配料，放入锅内隔水蒸熟，吃起来别具风味。

制豇豆干法　将豇豆洗净，放在阳光下晒至柔软，再在锅内用沸水煮至半熟，取出挂在竹竿或绳子上晒1～2天，待干燥时，取下摊晾，储藏在干燥处，可长期不坏。食用时，放入温水中浸泡片刻，即可做菜。

制雪菜干笋法

选鲜雪菜 5 000 克，洗净，放入沸水中烫一下，切碎，装入纱布袋内压榨去汁，晒至八成干时收放盆中，加精盐 250 克揉搓后装入坛内压实，坛口密封放 10 天。将鲜竹笋 1 000 克除去皮壳，横切成很薄的小方块，放锅内煮透，取出沥干，晒成干笋片待用。10 天后，将菜从坛内取出，晒 1 天，放入盆内加进干笋片、酱油 500 毫升、白酒 150 毫升、白糖 250 克、五香粉和味精各适量拌匀，揉搓后装坛内压实，封存一星期后取出晒干即成。

制霉干菜法

将整棵芥菜放在阳光下晒一天，洗净后将水沥去并晾干，切成 2 厘米长，暴晒 1～2 天。每 5 000 克菜加精盐 250～300 克，搓匀入坛。约过半个月，坛面上菜卤白沫没有了，就可出坛晒干，约晒 2～3 天，便成霉干菜。

制笋干法

将嫩笋剥除笋壳，剖切成两半，用沸水烫煮一下，晒干即成。也可将嫩笋先切成薄片，再用沸水烫煮晒干，这样储存较好。

制墨鱼干法

将鲜墨鱼剖腹除去鱼卵，洗净，摊晒至半干时用木捶打平，整形，放入木箱内，过 3 天左右，见鱼表面出现白硝时再取出摊晒，晒干后即可收起储藏待食。

制鱿鱼干法

将鲜鱿鱼破腹，取出内脏，然后洗净即可生晒，晒到八九成干时腌蒸，用草席盖苫，经过 3～4 天后晒干。

制小鱼干法

在 1 杯水中加 2 汤匙盐，将小鱼放入盐水里浸 1 分钟后用线把小鱼穿起来，在日光下晒 3～4 个小时，就成为美味的鱼干。

制干贝法

将采获的带壳鲜贝及时放入沸水中煮熟，开壳，取肉，去掉外壳薄膜及内脏，剥得闭壳肌，浸泡在 5%～7% 的淡盐水中 20～30 分钟，再用清水洗净，晒干后即成干贝。

炒制干果的窍门

炒本色葵花子法 将葵花子进行筛选并除去杂质，漂洗沥干后下锅热炒，先用旺火后用慢火，并频繁翻动。待葵花子外皮微有变色即熟。出锅后边喷盐水边搅拌葵花子，每 1 000 克葵花子需加盐 50 克。

炒五香葵花子法 将葵花子 500 克漂洗干净并沥干水分。取八角 20 克和花椒 5 克装入袋中，与葵花子一同放入容器内，加入清水（水要没过葵花子），撒入 25 克精盐后拌匀，浸泡 8～10 小时；将浸泡过的葵花子、盐水和盛有八角、花椒的香料袋一起放入锅中，置于旺火上煮沸约 15～20 分钟，然后改用慢火焖 10 分钟即可离火，滤去盐水和香料袋，摊开铺平，置于阳光下晒干即成。

炒多味葵花子法 将葵花子 500 克漂洗干净并沥去水分，放入铁锅中，加水（水要没过葵花子），精盐 25 克，八角和小茴香各 10 克，花椒和白糖各 5 克，置于旺火上煮沸 30～40 分钟（应勤翻搅，以便入味均匀）。将煮好的葵花子捞出，沥去盐水和香料，然后再放入烧热的铁锅中，用慢火干炒至微黄即可。

将葵花子 1 000 克、八角 4 个、桂皮 15 克、精盐和糖精各少许下锅，加水高于瓜子约 1 厘米，用旺火煮透，使其入味，待汤汁半干时加入味精，直煮到汤汁全干，起锅后盛于篮内。将锅烧热放入白沙（或黄沙）炒至烫手，瓜子分三批入锅翻炒。炒到瓜子的黑色外衣消失或成肉白色，并有爆裂声时，可取一粒咬开，见内肉已稍带米黄色即成。

烤美味瓜子法 将葵花子 500 克洗净并沥去水分后放入锅中，加入精盐 25 克，桂皮、小茴香各 5 克以及适量的清水（水要没过葵花子），拌匀置于旺火上煮沸 30～50 分钟，待锅中汤汁浓缩收干时，撒入白糖和味精，迅速翻搅均匀，即可离火。将煮好的葵花子趁热倒入平底锅中，用小火慢慢烤干。

炒白瓜子法

将白瓜子 500 克漂洗干净并沥去水分；取 25 克盐放入大碗内，加适量热水冲溶兑成盐水，然后倒入白瓜子拌匀，浸泡 3 小时后捞出晾干。把铁锅放在旺火上加热，加入洁净的粗沙(约 250 克)炒至烫手，然后倒入白糖水(事先用 10 克白糖和水冲溶而成)炒匀，随即将白瓜子倒入迅速翻炒，待炒至噼啪声减弱并呈金黄色时即可离火，用筛子筛除粗沙，晾凉即成。

炒南瓜子法

将南瓜子 500 克漂洗干净并沥净水，取 25 克精盐放于碗内用热水溶开，然后倒入南瓜子拌匀，浸泡 1～2 小时后即可捞出，摊平晾干。将铁锅置于旺火上烧热，倒入洁净的粗沙，炒至烫手后下入南瓜子同炒，待南瓜子表皮盐分析出，瓜子肉呈微黄色时即可离火，筛除粗沙晾凉。

炒西瓜子法

先将一小块生石灰放在水里化开，取上面的清液备用。把西瓜子放在石灰水中浸泡 10 小时左右，然后用清水冲洗干净并沥干水分。把西瓜子放入锅内，加水(平西瓜子的面)、酱油、桂皮、茴香等，煮至水将干时打开锅盖，反复翻炒，略干即成。

炒油香瓜子法

炒锅烧热后，将 500 克西瓜子放入锅内翻炒，听有瓜子爆声时就是快好了。可取一粒咬开，如瓜子稍带肉黄色，即将化成的糖水倒入，再炒几下就起锅，盛在淘米箩里。待瓜子冷却后，将瓜子与素油 10 毫升、少许香草香精一起拌和，并不断地颠翻，然后放在密封良好的容器里。

炒酱油西瓜子法

用 120 克生石灰化成水，取上面的清液，把西瓜子泡在石灰水里 24 小时，然后将西瓜子外壳上的黏质洗净，瓜子倒入锅内加水(以西瓜子略平水面为宜)，加 100 毫升酱油、八角和桂皮各 10 克，煮至水将干时，开锅不断翻炒，使其略干即成。

炒话梅西瓜子法　选用大一些的西瓜子1 000克，糖精片20片，味精适量，酱色2汤匙(如不讲究色泽，不用也行)，酸梅汁或柠檬汁100毫升，话梅香精少许。将瓜子洗净，漂去瘪粒，放入锅内加糖精片，锅内水以瓜子不露出水面为宜，煮至水卤半干时加入酱色、味精及酸梅汁，待煮到卤汁将干时，略微翻炒直到卤汁全干(不翻炒，放在太阳下晒干也可)，冷却后再加入话梅香精十余滴，拌匀后盛在密封性好的容器内，能久存不变质。

炒甘草西瓜子法　将生石灰50克倒入菜盆中，注入500毫升清水，取其液浸泡500克西瓜子4～5小时，捞出用清水漂洗干净，去掉壳上的黏膜。将25克精盐和3克甘草放入锅中，倒入150毫升清水，置于旺火上煮沸10～15分钟，滤去甘草，兑成甘草盐汁。铁锅置旺火上，放入4毫升花生油烧至八成热，倒入洗净的西瓜子不断翻炒，待西瓜子中水分快干时，再加3毫升花生油，改用文火翻炒至西瓜子肉熟后，第三次加入3毫升花生油，稍加翻炒即可离火。将炒好的西瓜子趁热倒入甘草盐汁中，盖上盖子焖1～2小时即成。

炒风味牛肉汁西瓜子法　取50克生石灰用清水兑成石灰水，倒入500克西瓜子浸泡4～5小时后捞出，用清水漂洗干净，去掉壳上的黏膜。将洗净的西瓜子倒入锅中，放入精盐50克、八角10克、小茴香5克、牛肉汁500毫升浸泡3～4小时，然后置于旺火上煮沸至熟。将煮好的西瓜子捞出，沥去牛肉汁和香料，放入烧热的铁锅中，用慢火翻炒至干(要勤翻搅，以免炒糊)。采用同样方法，用鸡汁浸煮，可炒制成鸡汁西瓜子。

炒五香瓜子法　取西瓜子500克，精盐100克，八角和桂皮各3克，花椒和茴香各少许。将生石灰100～150克，加水1 000毫升，泡好后去掉灰渣。将瓜子泡入搅拌，浸泡4～5小时捞出，用清水洗净瓜子外壳层的黏质。再把瓜子倒入锅内加水1 000～1 500毫升，旺火煮开后，把用纱布包好的八角、桂皮、花椒及茴香放入锅内煮约半小时。用手挤压瓜子，能从瓜子口露出水珠时，放入精盐，用温火煮约2小时。停火后仍在锅内焖2

小时即可。

炒本色花生法 取适量的精盐放入锅内炒热，然后把花生倒入锅里用铲子反复翻炒，待花生仁颜色变黄时立即出锅，晾凉即成。

将花生放入压力锅内，往花生上洒一点水，盖上盖，不加压力阀，把锅放在火上加热，待气孔排气时，再用微火烘烤 8 分钟左右(不断地转动压力锅)，然后离火冷却 7～8 分钟即可。这样炒出的花生不糊，香脆。

炒花生仁法 将 500 克精盐放入锅中炒至微热时，倒入花生仁 500 克，频繁翻炒至熟，再慢慢地将花生仁筛出，精盐可盛出留待下次再用。这种炒法因盐的传热较快且干净，炒的花生仁不易糊，颜色鲜艳。

炒五香花生仁法 将花生仁 500 克用水洗净，放入盆中加入 25 克盐、10 克八角、5 克花椒和适量的清水(水以没过花生仁即可)，浸泡 1～2 小时，然后捞出沥净水分并晾干。将铁锅置于中火上烧热，倒入花生仁迅速翻炒，待锅中花生仁呈红色并爆有噼啪声时再炒5～10 分钟即成。

炒油香花生仁法 将桂皮和茴香各 20 克，加 100 毫升水煎煮成浓液待用，然后把花生仁 500 克在沸水中浸一下，捞出放在盘内，再用少许糖精水、桂皮、茴香浓液、香草油洒入盘中搅拌，用布盖好，30 分钟后，放入盛有粗沙的锅内炒，一直炒至花生仁噼啪作响为止。

炒玫瑰花生仁法 锅内放一勺水，加少许玫瑰色素烧后，把花生仁 500 克倒进去拌和，随即盛在淘米箩里沥去水，再将糖用水化开，拌在花生仁里，并颠和晾干。将黄沙烧至烫手后，把晾干的花生仁放入炒熟盛起，并立即将香精滴入，颠翻拌和。

炒椒盐花生仁法 取少许清水放入锅中烧开，放入花生仁烫一下后捞出沥去水，再放入 30 克精盐搅匀，使盐溶化，略晾干。将黄沙炒至烫手，倒入晾干的花生仁慢慢翻炒至熟即成。

炒糖酥花生仁法　取200克花生仁洗净，将鸡蛋2个打散并放入花生仁拌匀，再撒入白糖25克和面粉50克拌匀。锅内放入花生油250毫升（实耗约75毫升），烧至油刚温热，即用筷子将裹上糊的花生仁放入锅内，用微火慢慢炸至金黄色，酥脆即可捞出。

炒鱼皮花生仁法　将花生仁放入转筒内，在转动过程中，随时掺拌糖液、面粉和大米粉的混合物，使其均匀地裹在花生衣的外面，然后放在转炉内用温火烤熟，再掺拌酱油、味精，冷却后即成鱼皮花生仁。

炒怪味花生仁法　将500克花生仁放在开水中浸泡5分钟，捞出沥干水后放入油锅中炸至花生仁内部呈浅黄色时捞出沥净油。再将锅中加清水100毫升、白糖300克、精盐5克、酱油5毫升、醋和葱水液各10毫升、胡椒2克后，熬至糖水起大泡时，再加入辣椒末5克，花椒末2克，至糖汁粘住筷子时把锅端离火口，用锅铲搅拌糖汁至呈稀糊状时倒入花生仁并轻轻翻动，使糖汁均匀地沾在花生仁上，并淋上少许香油，即成为怪味花生仁了。

炒琥珀花生仁法　用等量的花生仁和白糖，加少量水共煮，并不断地搅拌，使水分逐渐蒸发，当糖液饱和时，部分糖开始结晶，使花生仁周围形成一层带有部分糖液和部分结晶糖的糖衣。继续搅拌均匀，即成光亮的琥珀花生仁。

炒挂霜花生仁法　将350克花生仁放在油锅里炸熟后捞出沥净油。将锅内油倒出，放入白糖200克和少量清水，加温使白糖溶化，待白糖液变稠、起大泡时倒入炸好的花生仁，将炒锅离火并翻动花生仁，使糖液均匀包裹花生仁，直到花生仁外面呈现一层白色糖霜时即可出锅装盘。

炒花生黏法

取绵白糖450克，饴糖50克，熟花生仁250克，熟花生油25毫升。将搪瓷盆用花生油遍擦均匀，放入熟花生仁备用。锅内放入绵白糖150克、饴糖15克和清水30毫升拌匀，置中火上煮熬10～20分钟，待糖液翻泡黏稠后缓慢倒入熟花生仁中（边倒边摇动）使其均匀粘糖。将剩余的绵白糖和饴糖加清水分两次煮熬（后次比前次稍多煮熬5～7分钟），然后倒入裹糖的花生仁中摇匀，晾凉后即成。

制月季蚕豆黏法

锅中放入白糖750克、麦芽糖50克，加少许水，置火上熬煮至糖溶化，水分基本蒸发成稠糖浆，倒入油炸蚕豆瓣750克和干月季花瓣适量，充分拌匀，盛入底层涂有食油的盘内，压平，趁热切小条，晾凉食用，甜脆可口，有月季花的香味。

炒油酥豆法

将黄豆500克用清水浸泡7～8小时，捞出沥去水分，然后在锅中加入豆油500毫升（实耗约50毫升），用旺火烧至冒烟时，把准备好的黄豆放进一半炸至金黄色并发出噼啪排气声时捞出。再把另一半黄豆下锅炸好捞出，冷却后撒入精盐即成。

炒甜味芝麻法

将干净的黑芝麻500克装入纱布袋中用水漂洗干净，沥去水分。铁锅置于旺火上烧热，倒入黑芝麻，改用慢火迅速翻炒5～10分钟，待炒至芝麻发出噼啪声并散发出芝麻香味时即可倒入白糖水（事先用10克白糖加25毫升清水溶化），再稍加翻炒至干即成。

炒盐水核桃仁法

将500克核桃仁放入热开水中浸泡10～15分钟，然后用手搓去核桃上的软皮，捞出沥净水分。将去皮的核桃仁摊平，置于阳光下晒干后倒入盐水（事先将25克盐加250毫升清水溶化）盆中拌匀，浸泡15～20分钟后捞出沥去盐水。铁锅置小火上烧热，倒入核桃仁翻炒20～25分钟，待其呈黄色时即可离火。

炒本色栗子法 将生栗子凸面横切一刀(要切透皮),然后放进烧热的压力锅里,盖上阀,每5分钟摇动一次,使栗子受热均匀,大约30分钟即可出锅。压力锅的胶圈最好使用废旧的,否则会影响好胶圈的使用寿命。这样炒出来的栗子又热又香,皮还易剥。

炒五香栗子法 将栗子500克洗净并在上端用刀切一小口。铁锅置旺火上,倒入栗子,加精盐35克,八角10克,花椒5克,小茴香2克和适量的清水(清水是栗子的2~3倍),煮沸15~20分钟,然后改用小火继续煮沸至熟,捞出晾凉即可。

回炒栗子法 糖炒栗子买回家后常常已冷而不好吃,可用干净容器装入冷糖炒栗子,盖好盖,放入微波炉,量少可转45秒钟,量多也不宜超出1分半钟,能使栗子宛如刚出炉似的,油亮喷香,壳内毛皮也很容易剥离,吃口香、糯、甜。

炒松子法 将白糖10克化成半杯糖水,再将黄沙250克放锅内炒干、炒烫,然后将糖水倒入黄沙内炒匀,待糖一冒烟,即将500克松子放入,并不断翻炒(火力不要太大)5~6分钟后,取几粒松子砸开,如松仁呈黄色即熟出锅,筛净沙子,凉后即可。

炒榛子法 将精盐25克用热水化成一杯浓盐水。将黄沙400克放入锅内炒烫,放入榛子500克,不停地翻炒10分钟后取几粒砸开,如仁心已黄即熟,速将沙子筛净,将榛子倒入盆内,再将浓盐水倒入搅拌,待榛子凉后即可取食。

炒香榧子法 用400克黄沙放在锅内炒烫,放入香榧子500克,改用小火不停地翻炒5~6分钟后取几粒砸开,如仁心呈浅黄色(已有五六成熟)即出锅,筛去沙子。将精盐50克用温水500毫升化开,倒入香榧子,轻轻搅拌数下,捞出阴干(约5~6小时)。再将新沙炒烫后放入阴干的香榧子,用小火不断地翻炒。炒时铲子要擦锅底翻动，待仁心呈黄色时即可出锅，凉后可食。

炒椒盐杏仁法 铁锅置火上放水烧开，倒入500克洗净的杏仁，煮沸5～10分钟，待杏仁皮能用手轻轻搓下时即可离火捞出，沥净水分，趁热撒下30克花椒盐拌匀。另取干净的铁锅置于旺火上烧热，倒入粗沙炒烫，然后放入杏仁，改用小火迅速翻炒10～15分钟，待杏仁色变黄时即可离火。将炒熟的杏仁用筛子筛去粗沙，晾凉后即可食用。

自制糖果的窍门

制花生糖法 将白糖750克、饴糖175克倒入锅内，加少量水(稍高于白糖)进行熬制。熬至白糖粒子溶化，水分基本蒸发，糖浆熬得较稠时，用一根筷子挑起一点糖浆放入盛有冷水的碗里，糖冷却后变硬、发脆(如发黏，还要继续熬制)，可放入猪油100克，再加炒好的花生仁。待花生仁入锅后，锅要离炉搅拌均匀，倒入事先备好的且涂抹了一点油的盘内，压平，趁热切成块或条，冷后即可食用。

将1 000克绵白糖、500克熟猪油、750克饴糖和500毫升水入锅熬成糖浆后停火，再倒入1 000克熟花生仁迅速搅拌均匀，待成糖坯后放到台板上，用木棍压平至厚1厘米左右用刀切成小块即可。

制花生麻糖法 锅置火上，放花生油少许和熟猪油25克烧至七成热，倒入绵白糖500克煮熬，待其呈浅黄色糖稀且表面翻泡时，迅速倒入熟花生仁(去皮且搓成两瓣)拌匀，离火。取100克熟芝麻倒在案板上铺平，将花生糖坯均匀地倒在熟芝麻上，再撒入100克熟芝麻，用擀面杖擀压成2厘米厚(使芝麻粘在糖坯上)，切成片，晾凉即成。

制花生蛋清软糖法 取白糖16千克，炒熟去衣的花生仁10千克，奶油1 000克，精盐250克，香兰素15克，淀粉糖浆21 500克，硬化油1 000克，味精25克，明胶100克，蛋清干250克。先按比例将蛋清干用清水浸泡溶化后（水的比例为干物质的2倍左右），放入搅拌机内打白起泡备用。待白糖和淀粉糖浆熬至约115 ℃时采用两次冲浆法，将熬好的糖液一半缓缓倒入备有打泡后的蛋清搅拌机内进行搅拌（搅拌的速度应由慢到快），其余一半的糖液继续熬至135 ℃左右时再倒入搅拌机内加快搅拌（全部搅拌过程不少于40分钟），同时加入辅料，待糖液搅拌至发白起泡后取出冷却，即可成型包装。

制芝麻糖法 做芝麻糖需炒熟芝麻600克，白糖500克，饴糖150克，熟猪油100克。做法和花生糖相同，但要求搅拌得更均匀一些。切时，白芝麻切成宽、厚均为1厘米，长4厘米的条子。黑芝麻则切成3厘米长、2厘米宽、0.5厘米厚的片。如做黑芝麻糖，可加少量核桃仁或熟花生仁，这样不仅颜色好看，而且口味好。

将500克绵白糖、250克饴糖和500毫升清水入锅熬成稠糖浆，倒在炒熟的500克芝麻上。稍凉后，用圆棍或啤酒瓶将其碾压成薄片，切成小块即可。

制炒米糖法 将适量的糖稀放在锅中加少许熟猪油和适量的白糖，用中火熬（要勤用铲子翻炒），熬至用铲子挑起来的糖稀丝用手一碰就断时即改用小火，并倒入爆好的炒米，出力搅拌均匀，起锅，放入盘中压扁压实，迅速摊放在案板上，用最快的速度（以防碎裂）切成小方块或小长条即可。

制橘子糖法 选择蜜橘或大红橘1 000克，除去柄蒂及杂质，用刀将外皮划上四五条口子，呈梅花或六瓣菊花形，再用手将橘稍压扁，撒上150克精盐，渍4～5小时后将其放入清水中漂去盐分，再放入锅内煮开，最后用750克白糖浸即成。

制核桃糖法 将核桃仁1 000克剁碎，加白糖250克和3个鸡蛋的蛋清调匀，用小茶匙一匙一匙舀起，放在烧热的平底锅上，用小火烘5分钟左右取出，就成香甜松酥的核桃糖了。

制柠檬糖法 锅置火上，放白糖500克和200毫升清水煮熬，然后倒入饴糖75克和柠檬酸0.5克拌匀，待煮熬至糖稀表面翻泡时即可离火。将熟花生仁250克和柠檬油数滴趁热倒入糖稀中，快速搅拌均匀。将案板擦净，抹上少许熟花生油(以防粘连)，倒入糖坯，用擀面杖(抹熟花生油)擀压成1厘米厚，然后切成5厘米长、1厘米宽的小条，晾凉即成。

制薄荷糖球法 锅置火上，放白糖500克和250毫升清水煮熬，然后加入柠檬酸少许拌匀，待熬至糖稀浓稠后，离火滴入薄荷油，拌匀。将案板擦净，均匀地抹一层熟花生油，倒入糖坯，稍冷却后，用手(抹熟花生油)分别搓成直径约为2厘米的糖球，晾凉即成。薄荷糖球，亦可添加适量的食用色素，以使外观更加诱人。

制菠萝棒糖法 锅置火上，放白糖200克、食用葡萄糖150克、饴糖150克、柠檬酸0.5克和清水150毫升拌匀，煮熬20～25分钟，然后放入食用色素少许和菠萝香精数滴，继续煮熬5～7分钟，待糖液翻泡浓稠后即可离火。取茶匙舀出糖坯，放在均匀涂抹熟花生油的案板上，趁热插入小木棒，晾凉硬干后即成。

制果汁糖法 锅置火上，放白糖300克、食用葡萄糖200克和橘子汁250毫升煮熬，然后加入柠檬酸少许拌匀，待煮熬10～20分钟糖稀浓稠后即可离火。将案板擦净，均匀地抹一层熟花生油，倒入糖坯，用擀面杖(抹熟花生油)擀压成0.5厘米厚的薄糖片，切成2厘米左右的方块。待方糖块晾凉凝固后(手捏不变形)沾上绵白糖，硬化后即成。

制果味软糖法

锅置火上，放白糖 500 克和清水 200 毫升煮沸，然后用文火煮熬 20～25 分钟，要勤搅拌，以免糊锅，待其水分挥发呈黏稠状时再缓慢倒入 100 克山楂酱拌匀，继续翻拌煮熬 7～10 分钟，离火后滴入山楂香精数滴。将案板擦净，均匀地抹一层熟花生油，倒入糖坯，用锅铲（抹熟花生油）压平，稍冷却后切成长条，晾凉即成。

山楂酱的制法：将山楂去蒂洗净，放入蒸锅用文火蒸至软烂，然后倒出，用细箩擦下果肉，去掉果核，加与果肉等量的绵白糖，入锅加热煮熬（勤搅拌），待呈浓稠状时即成。

制软松糖法

锅置火上，放白糖 250 克、清水 250 毫升煮沸，然后缓慢倒入淀粉液（用 50 克淀粉加清水溶化），稍等片刻后拌匀。待煮熬 5～7 分钟糖液浓稠后，再倒入白糖和饴糖各 250 克，改用文火煮熬 15～20 分钟（勤搅拌，以免糊锅）离火。将去皮的松子仁 100 克迅速倒入糖坯中拌匀，然后将糖坯倒在抹过花生油的案板上，用擀面杖（抹熟花生油）边拉边擀成 1 厘米厚，稍冷却后再切成 3 厘米长、1.5 厘米宽的糖条，晾凉即成。

制芝麻牛皮糖法

锅置火上，放白糖 400 克和清水 300 毫升煮沸，然后慢慢倒入淀粉液（将 100 克淀粉加 50 毫升清水溶化）拌匀，煮熬 20～30 分钟，待其浓缩成黏稠状时，再倒入绵白糖 150 克和橘皮末 10 克，改用文火煮熬 20～25 分钟（勤搅拌，以免糊锅），加入香油 2 毫升和桂花 5 克，拌匀，离火。取 50 克熟芝麻倒在案板上铺平，将糖坯均匀地倒在熟芝麻上，再撒入 50 克熟芝麻，稍凉后，用擀面杖擀成 1.5 厘米厚的糖片，再切成 2 厘米宽、4 厘米长的小条，晾凉即成。

制西式蛋清糖法

将鸡蛋清 250 克放入碗中，用筷子打发呈泡沫状，然后分三次缓慢拌入白糖 500 克，继续拌打，待鸡蛋清呈白雪状即成。将打发的蛋清用茶匙舀出，放在抹过熟花生油的烤盘中，并修整成圆形。将烤盘放入约 120 ℃的烤箱中烤 25～30 分钟，取出后，趁热将红樱桃 150 克嵌入，晾凉即成。

制果胶软糖法

取白糖3 000克与果胶700克拌和均匀。将水入锅加温至50 ℃，徐徐投入拌有白糖的果胶，不断搅拌，防止果胶结块，直至沸腾后果胶完全溶化。加入柠檬酸钠200克、柠檬酸160克及白糖15 000克，待溶化后再加入葡萄糖浆12 000克，搅拌熬煮到110 ℃，停止加温。将水果香精60～80克及适量的食用色素投入糖浆中，搅拌均匀。再取160克柠檬酸用300毫升沸水溶化，待糖浆温度降至95 ℃以后投入酸溶液，并迅速搅拌均匀后浇注到模盘内，注意搅拌时间不能过长，一旦在搅拌过程中果胶出现预凝，其成品的最终凝胶状况将受到破坏。浇注2小时后即可脱模、切块，拌上白糖进行包装。

制豆酥糖法

将黄豆5 000克洗净晾干后用细沙将其炒熟后磨成豆粉；面粉1 250克蒸熟，晾凉。将面粉、豆粉和绵白糖3 750克放在容器中，用木杵将其捣匀，然后过筛待用。把2 000克饴糖下锅煎熬，尽量熬稠，但不可熬糊。熬好后，放入小缸内，再炖入热锅中，保持饴糖温度。取豆糖粉500克，在面板上先撒一层，再取250克饴糖放面板上，表面撒上豆糖粉，用擀面杖擀成长方形。将其余的豆糖粉均匀地撒在饴糖上，占2/3的面积，把没撒粉的1/3折叠在撒好粉的一面，再翻在另外1/3上，即成为3层。再取500克豆糖粉，如上法再做一次。如此反复3次之后，用手将糖捏成长条形，用木板轧紧、轧实，切成小方块即成。

制果糖法

逢年过节，将适量的橘皮切成小丁，做炒米糖或花生糖时放一点，味道特别好。

制饴糖法

饴糖（麦芽糖）是制造糕点的原料，也是加工果糖的辅料，还可药用，如治咳嗽等。将新鲜的红薯清洗干净，切碎，蒸熟。将蒸熟了的薯浆冷至65 ℃，拌入淀粉酶或麦芽，在60～65 ℃下糖化9小时。将糖化后的薯浆过滤去渣，再加热浓缩，即成饴糖。

制山楂冰糖葫芦法

挑选个头大、肥美的山楂，用灰锰氧水消毒，用刀挖去核，再用竹棍串成5～10个一串。也可煮熟去核。然后熬糖，在小锅中加砂糖和适量的水(500 克糖加 50 毫升水)，溶化后旺火加热煮熬，当糖液黏稠时，可稍粘一点试酥脆，再将串起的山楂在糖液中打滚，使糖液沾匀，立即放在石板上冷却(石板上要抹些食油或冷水以防粘结)即成。

自制清凉饮料的窍门

制盐菠萝汁法　将一个菠萝洗净，削皮，挖“眼”。然后将菠萝切碎、捣烂、挤汁、去渣。取其汁放入精盐少许和白糖适量，搅匀，再兑入适量凉开水即可饮用。

制奶油橙子汁法　将半个熟蛋黄打散放入杯中，加 2 匙白糖和半杯橙子汁，搅拌均匀，倒进高脚杯并加奶油即可。

取番茄汁法　将番茄切成小块，用纱布包住挤汁，然后将汁置旺火烧沸即离火，冷却后加入冰块、汽水或蜂蜜等即可饮用。

取西瓜汁法　将西瓜切成两半，用汤匙刮瓤并捣碎，初步取汁，然后用消毒过的纱布包住未取尽汁液的瓜瓤压挤，使汁液全部榨出。西瓜汁直接饮用或加适量的白糖存入冰箱待用均可。

制西瓜蜜汁法　将西瓜削去外皮，保留内皮，颜色以白里透红为度，切成长、宽、高分别为 4 厘米的瓜块，浸于蜂蜜或 4%浓度的糖浆中，数天后即成西瓜蜜，非常可口。如再加入柠檬酸适量，风味更佳。

制冰镇西瓜汁法 如不慎买到了生西瓜，弃之可惜，食之无味时，可做冰镇西瓜汁。即将生西瓜去皮切小块，用纱布包住，榨汁于容器内，加适量白糖，冰镇后即可饮用。此西瓜汁酸甜可口，实为消暑佳品。

取柠檬汁法 将柠檬放在热水中浸泡数分钟，再在果球上开口，便能挤出更多的汁液。

取杨梅汁法 杨梅加糖腌 1～2 天，将腌出的汁水置于文火上煮开，凉后放入冰箱，加适量的冰水或冰块，即是一杯可口的饮料。

制扁豆汁法 取 50 克扁豆洗净，放入铝锅内，加水 500 毫升，用火煮至汁约剩 300 毫升时加入精盐 2 克，待精盐溶解后晾凉即可饮用。

制酸梅汤法 取适量的乌梅，洗净，放铝锅内加少量的水煮沸 30 分钟，滤去乌梅渣，加入白砂糖搅匀置凉，再加入适量的凉开水，调至酸甜适口为度。

制西瓜翠衣汤法 将一个去瓤西瓜皮的外层绿皮薄薄切下，洗净后切成碎块，放入适量的水煎煮 30 分钟，去渣取汁，再加入适量的白糖搅匀，凉后代茶喝。

制食盐冬瓜汤法 取冬瓜 500 克削去外皮，用凉开水洗净，捣烂，置消毒的纱布中压挤汁液，在汁液中加少许食盐即可饮用。

制芭蕉花汤法 将芭蕉花 2 枚加 500 毫升水用文火煎煮 10 分钟，取汁，放入白糖，凉后饮用。

制番茄汤法 取番茄500克，洗净切片，放入铝锅内煮20分钟，取汁，加入白糖100克搅匀，凉后可当茶饮。

制绿豆汤法 取质量好的绿豆250克，洗净放入铝锅内，加水1 500毫升，用旺火烧开，再用文火煮30分钟，放入适量的白糖搅匀，凉后当茶饮。

制金银花汤法 将金银花和白糖各30克放入铝锅内，用开水2 000毫升冲泡，凉后代茶饮。

制西洋番茄汤法 将土豆和胡萝卜各75克、青梅50克都切成小丁，分别用水煮熟。葱头50克切成小块，用油煎出香味。放入50克面粉炒黄，再放入125克番茄酱炒熟，兑入牛肉汤或鸡汤2 250毫升稀释、过滤。将土豆丁、胡萝卜丁、青椒丁和大米饭100克加入汤内，加盐8克以及适量的味精调味，上火煮开即可。此汤清凉爽口，味道极其鲜美。

制牛奶菊花汤法 将干菊花45克放入锅内，加清水4 000毫升煮沸后保温30分钟，过滤，再加入白糖400克和适量的全脂奶粉搅匀即成。

制山楂银花汤法 将山楂和干藕节各60克以及金银花15克入锅，用文火微炒，再放入白糖100克，炒成糖饯。用开水1 000毫升冲泡冷却后用纱布滤去残渣即可饮用。

制荷叶凉茶法 将半张荷叶撕成小块，与滑石和白术各10克，藿香和甘草各6克共煮20分钟，去渣取汁，放入适量的白糖，搅匀晾凉后即可饮用。

制鲜藕凉茶法

将鲜藕75克洗净,切成片,放入铝锅内,倒入750毫升水,用文火煮。待锅内水煮至原水量的2/3时即可,放入适量的白糖,晾凉后饮用。

制枇杷竹叶凉茶法

取鲜枇杷叶、鲜竹叶和鲜芦根各30克,洗净,撕成小块,放铝锅内,加水750毫升煎熬。10分钟后,去渣及叶,趁热放入适量的白糖和食盐,搅匀,凉后当茶饮。

制薄荷凉茶法

取薄荷叶和甘草各6克,放铝锅内加2 500毫升水,煮沸5分钟后放入白糖适量搅匀,凉后代茶饮用。

泡菊花茶法

每次取3克药用甘菊泡茶饮用,1日3次,也可用菊花加金银花、甘草同煎代茶饮,加入冰糖口味更佳。有高血压的人可适当饮用,对口干、火旺、目涩,或由风、寒、湿引起的肢体疼痛、麻木等疾病均有一定的疗效,平时也可当开水饮用。

制凉盐茶法

将茶叶1克和食盐4克放入铝锅内,用开水3 000毫升冲泡,凉后随时可以饮用。

泡山楂茶法

每次取1～2个山楂泡茶饮服。山楂有降低血脂、扩张血管、增进消化等功效。

制冷茶法

将泡好的浓茶滤去茶叶,加适量的白糖,冷却。饮时将茶倒入杯中,加些碎冰块、一小片柠檬或橙子即成。

泡杏仁茶法

将200克杏仁放在热水中浸10分钟,去皮后带水磨成浆汁,或用石臼捣烂,滤渣取汁,放入锅内,加入600克白糖、1 800毫升清水煮沸后即成杏仁茶，可冲淡饮用。加些牛奶即成杏仁奶茶。夏令解渴极佳，热饮、冷饮均可。

泡多味果茶法 将优质新鲜的山楂和胡萝卜洗净去皮和核后切成片，放入砂锅煮沸，取汁液加蜂蜜、蔗糖调匀。浓稀自便，营养丰富。每份原料可续水连煮3次。

泡橘皮茶法 橘子皮含大量维生素C和香精油，将其洗净晒干后存放。可将橘皮洗净后切成丝或丁，晒干后与茶叶一样存放，喝时用滚开水冲泡，其味清香，且具有提神、通气的作用。

制茉莉花茶法 用洗净的锅将茶叶烘干。采摘当日傍晚含苞欲放的茉莉花，用湿布包裹，等花朵略开时，按茶、花10：4的比例放入茶叶内拌匀，一同装入罐内，两三小时后倒出，再拌匀，装入罐内盖严。第二天上午把花拣出，将茶叶再次烘干，然后按茶、花10：1的比例重制一次，即可饮用。如想使香味浓烈，可再制几次。

制泡沫红茶法 按1人1匙红茶的用量将茶叶放入茶壶内，将烧至沸腾的水冲入约为茶壶1/3的量。左手微微压住壶盖，右手提着壶柄轻轻摇动，约两三分钟后将此茶水倒掉；然后再将沸水冲入茶壶，立即盖上壶盖，泡3～6分钟。同时，在玻璃杯中放入适量砂糖，在玻璃杯口放一过滤器，将茶水通过过滤器倒入杯中。在调酒器中放入适量冰块，再将杯中的茶汁倒入。这时可根据个人喜爱再加入柠檬汁、柳橙汁或白兰地，然后盖紧调酒器的盖子，双手紧握调酒器，像调酒一样，左三下、右三下、上三下、下三下不停地摇晃，尽量摇匀。打开调酒器，把调制好的饮料倒入杯中，最后用水果或鲜花装饰一下，一杯泡沫红茶调制成了。

泡乌龙茶法 乌龙茶是一种半发酵茶，冲泡后有味香而持久、味浓而鲜醇的特点。乌龙茶的冲泡方法别具一格，其程序达20余道。主要程序有用沸水洗杯烫壶，将茶叶放入壶中，用开水从高处冲入壶中，用壶盖刮去泡沫;把泡了1～2分钟后的茶注入杯中(茶水一点一点均匀地注入杯中),观赏杯中汤色。品茶时先宜闻香味,然后倾汤入口,将汤含于口中回旋品味,舌有余甘,茶汤入肚后,仍有口鼻生香、回喉生津之感,具有消食、健身、益齿的特别功效。冲泡乌龙茶最好用紫砂壶。

泡玉米须茶法

用玉米须25克泡茶饮用,一日数次,除能降血压外,还具有利尿、止血、止泻和健胃等功效。高血脂、高血压、高血糖的病人喝这种茶,可以降血脂、血压、血糖。夏季暑气重,玉米须茶有凉血、泻热的功效,可去体内的湿热之气。

泡莲心茶法

莲子中间青绿色的胚芽,虽味道极苦,但有保健功能,除能降血压外,还具有消热固精、安神强心的作用。莲子心12克用开水冲泡,代茶饮用,若加适量蜂王浆,口感和效果更佳。高血压和冠心病病人饮用有一定的辅助治疗作用。

泡枸杞茶法

每日取9克枸杞泡水饮服,除了能降低血内胆固醇、降血压、防止动脉硬化外,还有补肾肝、润燥明目等作用,久饮能促进体内新陈代谢,防止老化,适宜体质虚弱、常感冒、抵抗力差的人群。

泡柿叶茶法

柿子叶茶具有抗菌消炎、止血降压、清心安神、利尿消肿、止咳定喘、软化血管的作用。在85 ℃热水锅中浸泡柿叶,等到水完全冷却后,取出柿叶用线将其串起挂在通风处阴干。干后将其揉碎,装进容器密封储存,可随用随取,与普通茶一样,喝时用开水冲泡。

制菊花冷饮法

将白菊花9克和适量的白糖放入锅内,用开水1 000毫升冲泡,凉后代茶饮。

制绿茶奶饮法

将少许绿茶置杯中,加入适量开水盖好。待茶叶吸足水分下沉后,再加入25～30克强化麦乳精慢慢搅拌,冷却后即成。

该饮料具有浓郁稠糖奶、浓郁麦芽及茶叶的香味。

制奶果蜜饮法　取1份酸奶、2份鲜奶及适量的蜂蜜与果汁，混合均匀后即成。

制西瓜翠衣饮法　将西瓜内皮切成小块，加水煮烂，加入适量白糖，凉后即可饮用。有清热消暑、止渴生津、泻火利尿的功效，不失为夏季价廉物美的理想饮料。

制绿豆汤饮法　煮熟的绿豆汤味道清淡，略有豆子的苦涩味，冰镇后味道更趋平淡。若向汤中兑入鲜橘汁，则不仅增加糖分和绿豆汤的甜度，而且增加了绿豆汤的营养成分，比单纯加入冰糖效果更好。

制可可饮料法　将可可粉和白糖按1∶2的比例搅拌均匀，再倒入少量开水或热牛奶，调成糊状，然后放在炉火上边搅边加热，煮沸即可。

制巧克力饮料法　将适量巧克力粉拌入砂糖，加少量热牛奶搅匀，然后加热，并边搅边加进热牛奶，煮沸后饮用。

制草莓饮料法　将1杯草莓洗净捣碎，加大半杯牛奶、1汤匙白糖和少许精盐，搅拌均匀即可饮用，冰冻后味道更佳。

制橙子饮料法　将1/4杯橙汁倒入大半杯热牛奶中，再加1汤匙白糖，然后搅拌均匀，冷却后饮用。

制樱桃饮料法　在半杯樱桃汁中加入1汤匙柠檬汁、2汤匙糖、少许精盐，煮沸后用微火再煮5分钟，再加入1杯半牛奶，搅匀后可分成2

杯，冷后饮用。

制柠檬饮料法

将柠檬、橘皮细丝和白糖捣碎研细，加入用半个柠檬挤出的汁液、一杯白葡萄酒和适量开水搅匀，滤渣后即可饮用。

泡营养饮料法

一般营养饮料如乳品、麦乳精、人参蜜等都是用蜂蜜等原料精制而成的，冲调的温开水以 40～50 ℃为宜，不能用沸水冲沏或蒸煮，以免使营养成分丧失殆尽。

制蜂蜜饮料法

在 1 000 毫升冷开水中溶化 1 克食用柠檬酸、150 克蜂蜜以及适量的果汁，搅拌均匀即可饮用。

制甜饮料法

将 500 毫升凉开水倒入容器内，加入适量的白糖、少量柠檬酸和 3～4 滴食用香精，搅拌溶解后即可饮用。

制山楂饮料法

将山楂精用开水冲开，搅拌溶解后冷却，再加入一定量的山楂汁，搅拌均匀即可饮用，如放在冰箱内味道更佳。

制松针饮料法

在 1 500 毫升的水中添加 100 克红糖煮沸，冷却后加入洗净阴干的松针，在室温下浸渍 7～10 天，使松针中的有效成分溶出，再过滤去残渣，即可得到澄清的松针饮料。

制饮料的小技巧

夏季，以少量的醋，加点白糖，冲入开水待凉后再喝，有一股酸梅汤的味道。

用 10 克茶叶、食盐 5 克和开水 1 000 毫升冲泡，可作防暑清凉饮料。

在制果汁或果酒时加些糖，有浸透的效果，并可增添饮料的香味。

将包装完好的啤酒和茶水放入冰箱内冰镇，饮用时将啤酒和茶水调在一起，酒香茶香宜口，是消暑解渴的好饮品。

先倒大半杯啤酒，再放入一冰淇淋球，即成啤酒冰淇淋，其味苦中带甜，泡沫丰富，口感舒爽，清凉退热。

将煮好的黑咖啡加糖，掺进啤酒，苦涩中含幽香，回味甘醇，具有提神开胃之功效。

在啤酒中加入 3 倍红茶液饮用，有清热解毒、提神止渴之功效。

在雪碧饮料中加些红葡萄酒，颜色美艳，味道香甜，别有风味。

用沸水烫番茄，剥皮去籽，捣烂后调入白糖，存入冰箱，饮用时兑入冰水，清凉酸甜而可口。

将熟西瓜的瓜蒂切下作盖子，用筷子搅拌瓜瓤，放入葡萄干 1 把，盖上瓜蒂，用黄泥将西瓜糊严，放在阴凉处，半个月后揭开盖子，瓜内已盛满带有葡萄酒香味的香甜可口的蜜汁。

将新鲜的西瓜皮外边的一层绿皮削下来，洗净后煎汤喝，具有清凉解渴的作用。

制酸牛奶法

将牛奶 2 500 毫升放入铝锅中煮开，温度降至 40～50 ℃时，兑入酸奶引子 250 克，搅匀过滤。将罐高温消毒，把过滤后的奶趁热装罐，盖上纸或盖子，然后用棉被将罐盖好发酵，温度保持在 40 ℃左右，发酵时间为 50～70 分钟，以表面光亮不出水为宜，及时放入冰箱。凉透后，加入白糖或蜂蜜食用。

将新鲜牛奶加糖煮沸，让其自然冷却到 35 ℃左右时加入酸奶少许（按 1 杯奶加 2 汤匙为标准），盖上消毒纱布置于 25 ℃常温处，10 小时以后即可食用。食用前取出 2 汤匙再掺入新鲜牛奶内，以备再次制作。

制咖啡奶法

将速溶咖啡 1 茶勺、优质全脂速溶奶粉 2 茶勺、方糖 1 块放入咖啡杯中，加温开水适量，便配制出一杯滴滴香浓、意犹未尽、美味可口的咖啡奶，既提精神，又含有丰富的营养。

将咖啡 10 克和水 200 毫升一起倒入咖啡壶中煮 10 分钟，等色浓后，用纱布过滤除渣。将 1 瓶牛奶煮开后加白糖 25 克搅匀，再冲入煮好的咖啡中，凉后置冰箱冷藏即成。

制果珍奶法

将果珍 1 茶勺、优质全脂速溶奶粉 3 茶勺放入高腰玻璃杯中，加温开水适量，便配制出一杯乳白偏橙黄、奶香加橙酸的新型饮料，且含多种维生素和其他营养成分,色美味浓。

制杏仁霜奶法

将杏仁霜1茶勺放入杯中,用温开水调匀,加入2茶勺速溶奶粉,然后加入适量开水,便配制出1杯乳香中夹杂着浓郁的杏仁味的饮料。

制汽水法

锅内放入清水10升,加热至70 ℃左右,放入白糖1 500克,搅匀,加热10分钟。然后自然冷却,过滤。再加入柠檬80克、苯甲酸钠1.3克、食用香精2.5克,搅匀装瓶。再把50克小苏打磨成粉末,分别装于瓶中,盖紧即成汽水。所选香精不同,如香蕉、橘子、菠萝香精,可制成不同味道的汽水。由于自制汽水中可能杀菌、消毒不彻底,易造成爆瓶,因此一般不宜久存。

在凉开水中放入白糖,溶解后装入汽水瓶(不要太满),然后放入1.5克苏打,最后放入等量柠檬酸。这时瓶中会产生二氧化碳,应立即封好盖,放入冷水中泡十几分钟即可饮用,酸甜爽口而提神醒脑。

制盐汽水法

用食醋250毫升、食盐25克、白糖及柠檬酸香料各少许,与15升凉开水掺和一起,再加入小苏打100克后盖严,30分钟后即可饮用。

制蜂蜜茶叶汽水法

用适量花茶泡水,冷却过滤后加入适量蜂蜜,再加入一点点柠檬酸,搅拌均匀即可饮用。

制苹果冰淇淋法

将500克苹果洗干净,去皮挖核,切成薄片,搅成浆状,放入白糖150克及开水1 000毫升,加入煮沸的牛奶2瓶,搅拌均匀,倒入盛器内冷却后置于冰箱冻结即成。具有果香味浓、滋味可口、风味特佳的特点。

制鸭梨冰淇淋法

取牛奶2瓶,鸭梨500克,白糖和奶油各150克,香精微量,制作方法与苹果冰淇淋相同。色泽乳白,具有润肺清热之功效。

制豆酥冰淇淋法

在大块冰淇淋上，用小刀划出均等的小槽，取些绿豆酥填封好，置于冰箱冷冻。具有普通冰淇淋和绿豆酥的滋味，制作简便，别具风味。

制香蕉冰淇淋法

将1个柠檬洗净切开，挤汁待用；450克白糖加水1 500毫升，煮沸过滤；把750克香蕉去皮捣成泥浆，加入糖水调匀，再调入柠檬汁，冷却后拌入奶油450克，注入模具，置于冰箱冻结即成。具有清香可口、别具风味、助消化、清火和通便的特点。

将3根香蕉去皮捣碎，与500克牛奶、400克白砂糖、2个鸡蛋一起放入500毫升清水中搅拌溶化，过滤后加热灭菌，再经10小时左右冷凝硬化即成。

制西瓜冰淇淋法

将1 500克西瓜瓤打碎后取出瓜子，再加400克白糖、2个鸡蛋和1 000毫升白开水搅匀，然后以高温加热灭菌，冷却后放入冰箱中，凝结后即成西瓜冰淇淋。

将100克白糖加1 000毫升水煮成糖汁，晾凉后加入1匙柠檬汁、2匙橘子汁。取西瓜红瓤500克切小块，用净纱布包起挤汁与糖汁拌匀，倒入深边方盘里，入冰箱冻3小时以上。为了使其松软不结冰块，冷冻30分钟后，每隔10分钟就搅拌一次，搅拌七八次即可。冻好后取出改刀装盘食之，别有风味。

制奶油冰淇淋法

取牛奶400毫升备用。将玉米粉或富强粉100克倒入半杯凉牛奶中调匀，把剩下的牛奶加糖100克一起加热，加入调好的玉米粉不停地搅拌，煮10秒钟，牛奶变稠后离火。再搅拌片刻，待冷却后，掺入果子露(草莓、石榴、杏仁及薄荷等)100毫升和鲜奶油50克，冷却后放入冰箱中，凝结后即成。

制咖啡冰淇淋法

将牛奶400毫升煮开，离火，加入咖啡50克，盖好盖子浸泡20分钟，然后过滤。把糖100克倒入蛋液(两个蛋的量)中，使其变成白色混合液，加入温奶调匀，在微火上不断搅拌加热，但不要煮开，泡沫消失，则奶已煮熟。凉后放入冰箱中，凝结后即成。

制草莓冰淇淋法　取牛奶 300 毫升，玉米粉 80 克，糖和草莓各 100 克。制作方法同奶油冰淇淋。把草莓洗净，榨出果汁，倒进凉透的牛奶中，凉后放入冰箱中，凝结后即成。

制核桃冰淇淋法　取核桃仁和糖各 75 克，鸡蛋 3 个，温牛奶 330 毫升。将核桃仁置于臼中，倒入糖和牛奶各 1 汤匙，捣成细糊状，搅拌蛋和糖成白色的混合液，加入温牛奶调匀，在微火上搅拌加热，但不能煮沸，当白沫消失，呈糊状物便熟了，冷却后加上核桃泥，放入冰箱中，凝结后即成。

制柠檬冰淇淋法　将糖 150 克和水 250 毫升倒进平底锅，煮 3 分钟，停火，加进一个捣碎的柠檬皮后让其降温。在另一锅里，倒进 2 个蛋黄液，把调稀的温糖水倒进去，不断搅拌，在微火上加热，使混合液变浓，离火，不断搅拌，冷却后加入半瓶柠檬汁和 250 克搅拌过的奶油。

制果酒冰淇淋法　将果酒(水果酒或小香槟)100 毫升放入冰箱内冷凉备用。将果酒加入杯中，再放入冰淇淋 50 克，即可饮用。

制可可雪糕法　将砂糖 250 克、鲜牛奶 600 毫升、可可粉 25 克、奶油 100 克和清水 500 毫升一起入锅煮沸，用细目筛过滤，不断搅拌，晾凉注入模具中放冰箱冻结即成。

制番茄冰糕法　用番茄做冰糕，色泽鲜艳，味道酸甜，含有丰富的维生素，为炎夏美食。取新鲜番茄若干，用开水浸烫后剥皮捣碎，加入适量白糖，拌匀后腌渍约 1 小时。将腌好的番茄泥倒进干净的模具内，放入冰箱，冷冻后即可食用。可根据个人口味，在番茄泥里加入牛奶或冰淇淋粉等配料，制成其他风味的冰糕。

制果汁冻法 将200毫升果汁和洋菜少许放锅中共煮，洋菜化后，加1匙白糖搅匀，置小火上加热，使糖渐溶，煮沸，然后将混合液倒入杯中凉一凉，放入冰箱冷藏即成。

制糖水苹果法 将500克苹果去皮及核，每个苹果切成6～8块。煮前将苹果放入冷水中，加少许柠檬酸以免苹果变黑。锅中加白糖80克和2杯水，倒入切好的苹果，烧开后改用文火煮软，10～15分钟后加少许碎柠檬皮、桂皮或橙子皮即成。

制冰酒西瓜法 将西瓜切开后，在瓜心处挖一小洞，注入少许葡萄酒，放冰箱存放数小时，就制成地道的酒味西瓜，味美且解暑。

制代乳粉法 将黄豆粉1 200克、大米粉或小米粉2 200克、骨粉75克、糖800克、盐25克、蛋黄粉250克混在一起，筛一遍，便成代乳粉。吃时要先用凉水调稀，再加热水，边煮边搅。

泡咖啡法 按需用量将咖啡粉放入壶内的袋中，先注入少许沸水，使粉质渗入沸水呈膨胀状态，再第二次注入沸水至所需分量的2/3，稍待片刻，泡沫渐消，第三次将沸水完全倾入。

其他小窍门

烹调蔬菜防维生素流失法 炒油菜要用急火，否则维生素损失太多。油菜加热到60 ℃，维生素开始被破坏；到70 ℃，破坏最为严重；80 ℃以上破坏率反而下降。所以，要想使炒后的油菜仍然保持碧绿的色泽，可先将炒锅置旺火上，放油烧至冒烟，速将切好的油菜下锅炒几分钟，随即加入调料炒透马上出锅。炒出的油菜既能保持鲜绿的色泽，又不会过多地损失维生素，且味鲜可口。

炒油菜时加点醋，将有助于保护油菜里的维生素。

蔬菜宜现炒现吃，以防止由于长时间保温和多次加热破坏营养物质。

在炒菜前蔬菜尽可能先洗后切，以避免用水浸泡后而使大量维生素损失，并且切块要大，切得越细小、烹调和保存时间越长，蔬菜中的维生素和无机盐也就损失得越多。

在炒菜时，有时为了去掉蔬菜中的苦涩味，经常习惯放在热水里煮一下再捞出来，并且还将菜汁挤去，然后再炒，这样做会使蔬菜中大部分的无机盐和维生素损失掉。如果必须要焯，焯剩的水分最好尽量利用。

煮菜时为避免维生素损失，应将菜放入热水中煮，如若在冷水中煮则损失较大。

蔬菜和肉一起煮时，要先把肉煮至八成熟以后再放入蔬菜，煮不仅味道鲜，而且维生素的损失也小。

如果能在烹调蔬菜时加入适量的菱粉类淀粉，不但可使汤汁变得浓稠，而且可使蔬菜美味可口，且由于淀粉含谷胱甘肽，可以对维生素起到保护作用。在烧荤菜时，在加了酒后，再加点醋，菜不但会变得喷香诱人，而且不会过多损失营养。烧素菜如豆芽之类，也应适当加点醋，因为醋对维生素也有保护作用。

煮青豌豆、扁豆、豇豆和青蚕豆等为保持其翠绿色，必须在未煮前先拌上少许盐，然后再放入滚沸的水中，在豆快煮熟时，再放少许盐，可以有效减少维生素的损失。

烹调菜肴防钙质流失法

属于酸味食品的醋，不仅可以有效地消除异味，还能溶出鱼骨、排骨中的钙。因此在烹饪时，可用小火长时间焙焖，从而有助于鱼和排骨中钙的较完全溶出。

番茄是富含维生素 C 的食品，与鸡蛋同炒，可借助番茄中的维生素 C 促进钙的吸收。而同样富含维生素 C 的雪菜，与黄豆同食，也可使钙的吸收、利用率大大提高。

草酸、植酸等物质在消化道中容易与钙结合成一种不溶性的化合物，从而影响钙的吸收。因此，应尽量在烹调时除去不利于钙吸收的因素。由于草酸易溶于水，因此可在烹调前，把菠菜、苋菜等放在沸水中焯一下，将草酸除去后，再和豆腐一起炒，就可避免不溶性的草酸钙的形成。

黄豆及大豆中的植酸含量都很高，为有效去除这一物质可采用发芽的办法。同时，可使黄豆中本不含有的还原性维生素C含量大大增加，从而促进钙的吸收和利用。

烹调速冻蔬菜法

烹调速冻蔬菜时，不要让它完全化冻，只需用冷水氽一下去掉冰碴即可开始烹调。否则，完全化冻后水分损失太多，会影响质感。

将速冻的蔬菜放在冷水中泡，完全解冻后再浸泡1小时，然后用温水浸泡10分钟才加热，这样能较多地保持原来的风味。

烹调时火一定要旺，而加热时间应比鲜蔬菜短，做汤时待汤沸后再下菜，可保持速冻蔬菜鲜嫩美味。

烹制菜肴法

不论是做滑肉片，还是做辣子肉丁，在使用一般作料的情况下，只要按50克肉、5克湿淀粉的比例挂浆，就能使成菜更加鲜嫩味美。

在烹制丸子或松肉菜肴时，如果按50克肉、10克淀粉的比例调制，成菜一定会酥松软嫩。

炒鱼片或鱼丸时，如加适量的白糖，鱼片和鱼丸就不会散开。加砂糖烧制的菜肴红润光亮，味美香甜，且肥而不腻，能增加食欲。加过白砂糖的食物，霉菌不易侵入，在相当长时间内不会变质。

烹调菜肴时，在锅里加入少量的红葡萄酒，就能达到增加色、香、味美的效果。

烹调山珍海味及高蛋白食品可加些葱，能提高蛋白质的吸收利用率。

烹制鱼菜法

在炸制鱼片时，先把收拾好的鱼片放到牛奶里泡一下，取出后裹一层干面粉，再放入热油锅中炸制，炸出的鱼片，味道格外香美。

除水中油腻法

用油腻的炒菜锅或汤锅烧开水时，烧开后放些木炭在水中一起烧煮片刻，可除去油腻及异味，起净化作用。

使菜香而不腻法

在烹调脂肪较多的肉类菜肴时，加进少许啤酒，可促进脂肪溶解，吃时会使人感到爽口，香而不腻。

将五花肉一大块洗净，放入锅中煮七八成熟(肉皮酥软，用筷可戳穿)，捞出淋干水分，涂上酱油待用。烧旺油锅，将煮至七八成熟的肉放入，爆炸至肉皮脆硬时捞出，沥去多余的油备用。将原锅的油倒尽，放入炸过的肉，加入料酒、糖、酱油、茴香和水各适量，滚煮十多分钟，捞出肉并切成大块，排放在碗内(皮向下)，上面加油菜并浇上一些原卤汁，再上笼蒸 15 分钟左右。出锅后倒扣在盘子上，油菜垫底、肉盖面，肥而不腻的"走油肉"就做成了。

在烹调较肥腻的肉、鱼时，将其放在加入少许白酒的水中浸泡片刻再烧，可使菜肴肥而不腻。

将猪肉煮上 2～3 小时后，加入适量萝卜，再继续煮 1 小时左右。这样炖煮可使猪肉脂肪减少 40%左右，胆固醇含量大大降低，对人体有益的脂肪酸含量则大大增加，从而有利于健康。

使食物不过咸法

菜若是炒得过咸了，可放少许醋或白糖使菜变淡。

菜汤中放食盐过多变得太咸，可放入一个洗净的生土豆，煮 5 分钟后汤就变淡了。

盐腌的咸肉，如果用淘米水浸泡除咸，味道就会鲜美得多。

如果火腿太咸，放在牛奶中浸泡，可使其变淡。

将太咸的腌鱼洗干净后，放在白酒中浸泡 2～3 小时，可去除鱼身上的盐分。

腌渍蔬菜过咸时，可以加入酒及相同分量的水，约浸半天后，再用清水漂洗干净，同时因掺了酒，味道更加鲜美。

将咸蛋的蛋白、蛋黄分开盛入碗里(每次用 3～4 个)，并准备姜末、葱末、糖、醋、油少许。油烧热后，分别将蛋黄(用铲子或汤匙搅打均匀)、蛋白炒出，再混合炒，加上姜末、葱末、糖、醋(可多放一点，以减去咸味)，并加极少量的水，即成为既黄白分明又美味可口的赛蟹黄。

使食物不过辣法

辣椒中含有丰富的维生素 C、维生素 A 及辣椒素等成分，具有开胃、增进食欲的功能，是人们喜食的调味品。但也有不少人虽欣赏辣椒的营养，但又怕食其辣味。其实做辣椒菜时，只要放点醋即可减轻其辣味。辣椒太辣时，放鲜蛋一个或豆豉数粒同炒，可以减少辣味。

腌渍的小菜，如过咸过辣，可将小菜切好后浸在50%的酒水里，既能冲淡其咸味或辣味，又能使味道更鲜美。

炒菜省油法

炒菜油多不仅会影响菜的滋味，而且还有损健康。

炒滑肉片时，一般用五成热的温油炒。如果想少放点油，则可将油烧到八九成热后快速滑炒，成菜效果相同。

炒菜时，先放少许油，待菜快要熟时再加少许熟油。这样，用油少，油味浓，菜味香。

炒菜用锅法

炒菜最好用铁锅，长期吃铁锅炒的菜可防止贫血，因为铁锅的铁元素能溶解到食物中。用铁锅炒菜时最好加点醋，这会使菜里的铁元素明显增多。

炒完一道菜后，锅中会留有余油和残渣，必须将锅洗净，再炒第二道菜。如果不洗锅就炒，害处很大，这些残留物会在高温下焦化，第二个菜一下锅便容易出现糊锅现象，影响菜的质量。这些焦黑色的锅垢，含有苯类致癌物质。因此，炒菜一定要用净锅，每炒完一道菜后必须把锅洗干净再烹制下一道菜。

炒菜放油调味法

先将锅烧热后再倒入油，在油温不太高时放入主、辅料，这样炒出来的菜不仅味道鲜美爽口，而且不易粘锅、焦糊。

炒菜放盐调味法

用豆油和菜油炒菜时，为了减少蔬菜中维生素及其他营养物质的损失，应在烹调的蔬菜将熟时加盐；用花生油炒菜时，最好先加盐，可让盐中的碘化物解除花生油中黄曲霉素的毒性，然后再放菜；用猪油、鸡油等动物油炒菜时，也应先放盐，后放菜，这样可减轻猪油、鸡油中残留的有机氯农药的毒性。

炒菜放味精调味法

应在菜炒好准备起锅时加入，这样味精易化、使菜肴鲜味大增，而且可以避免味精因长时间高温加热而产生有害物质。

炒菜放料酒调味法

应在炒锅中温度最高时加入料酒，这样更容易使酒蒸发，从而带走食物中的异味。

炒菜放糖调味法

在烹制糖醋鱼、醋熘白菜等菜时，先放糖后放盐。若先放盐，食盐的“脱水”作用会促进菜肴中的蛋白质凝固，从而糖分无法进入菜中，造成菜外甜内淡，影响口感。

炒菜放酱油调味法

炒菜肴时，酱油最好在菜出锅前放，这样既能调味，又能保持酱油的营养成分。

炒菜解毒法

炒菜时，油烧热后应先放盐。这样可以消除食油中残留毒素(如黄曲霉素等)的95%左右。另外，炒菜先放盐还可防止热油飞溅，并保持蔬菜脆嫩和颜色鲜艳。

使食物解冻法

冻肉解冻的最好方法是在10～15 ℃的水中浸泡，可保持肉的鲜味，不会影响肉的质量。

将冻鱼、冻鸡和冻肉等放在淡盐水中解冻，不但解冻快，而且成菜后更鲜嫩味美。

如果萝卜、白菜、土豆和水果等被冻了，将其在冷淡盐水中泡1小时即可解冻。

把冻结的食品放入微波炉中，将旋钮或按键调至解冻挡，5～10分钟即可使食物化冻。食物最好以小块为佳，解冻过程中，中途最好停止1～2分钟后再继续运转效果更好。

烹调冻肉类食物法

一般冰冻的肉类食品，在解冻后应立即加工，不要反复冷冻。加工、烹调时要根据食品的种类、老嫩程度、分量大小等不同情况掌握火候。通常在开始烹调时用大火，烧至沸腾后用小火。注意在烹调过程中要少用水，用水越多，食品中水溶性维生素溶解越多，且大多数食品的营养素也会溶解于水中。在食物原料上加入少量湿芡粉，这样可使汤汁包裹在食品上。

炼猪油法

炼猪油时，先在锅内放一小杯清水，再将切好的油块放入，待水干后，猪油也炼出来了，既可防止板油粘锅变焦，又使炼出的油更加洁白，不含沉淀物。

将猪油切成方块放在锅里，加进温水，水以刚没过猪油为宜，再加一些食盐，盖好锅盖放在火上，一直不要揭盖，待听到锅里有“卡巴卡巴”的响声时即可捞出油渣。

炼猪油时，可在锅内放少许八角、花椒、葱花，不仅去味，而且能增香。

加热食物法

蔬菜类食品在微波炉内再加热时，不要加盖或覆盖保鲜膜，以免使蔬菜色泽变黄；加热面食如馒头、包子、面包等，最好在其表面覆盖上一层带气孔的保鲜膜，既可防止面食水分蒸发而发干，又可缩短加热时间。

拼盘在微波炉内再加热时，应将肉类或蔬菜的厚实部分置于盛器的边缘部位，而将易于加热的部分置于盛器的中心位置，以免食物受热不均匀。袋装奶不能连袋加热，须倒入微波炉专用碗；瓶装奶整瓶加热，须去掉瓶盖，并将瓶子上部包住，以免上部先开而下部尚未热。

加热的食品较多时，最好在加热过程中停机，取出食物搅拌一下再加热，以便使食物受热更均匀。

做剩馒头法

剩下来的馒头，一般可以回锅重蒸一下，也可切成片，炸成金黄色的馒头片。如有兴趣，可以将剩馒头剁成屑，加肉馅、葱末、精盐、糖和酱油，做成一个个小球，既可蒸吃，又可炸吃，鲜嫩可口，引人食欲。还可以将炸好的丸子加其他原料炒出新的菜肴，浇汁后与肉丸子的味道一模一样。

做剩大饼法

可将吃剩的大饼切成如指甲盖大小的丁，用羊肉汤炒，调料要事先放足，炒好后连汤盛出，鲜香松软，颇有“羊肉泡馍”的风味。

除蜂蜜沉淀物法

蜂蜜在瓶子里存放久了，有的像白糖一样沉积在瓶底，取用十分不便。对此，可以连瓶一起放在凉水锅内徐徐加温，当水温达到70～80 ℃时沉淀物即会融化，而且再也不会沉淀了。

处理受潮白糖法

白糖受潮后，可用布袋装一些木炭，装进储糖器内吸潮。

使白糖块散开法

白糖有时结成块，想散开挺麻烦。如果加入几瓣苹果，与白糖一起放在玻璃缸内，盖好盖放一段时间，白糖块即可散开。

使冰糖块散开法

冰糖块太大时，硬敲开会蹦得四处都是。如果将100瓦白炽灯泡低悬，烘烤冰糖块，边烘边用手翻动，1～2分钟后就可用手掰开。

使盐块散开法

将结块的盐放入微波炉中加热30秒钟，用勺子搅松即可散开。

使面条散开法

夏天做凉面，如果面条成团时，可以喷一些米酒在面条上，面条团就比较容易散开。

使火腿复原法

切好的火腿片如不注意，很容易发硬变得不好吃，可将变硬的火腿放在牛奶中浸泡一下，以恢复其鲜美。

软化冰淇淋法

将坚硬的冰淇淋放在大玻璃杯内，用微波炉高功率挡加热30秒钟或低功率挡加热2～3分钟后取出，待一会儿食用，很符合人们的口味。

软化葡萄干法

在变硬的葡萄干上喷洒一点白兰地酒，放入微波炉中，加热30秒钟，即可使其变软。

澄清浑浊水法

水缸里的水浑浊不清，放一把明矾粉，用棍棒搅一下，便能使其很快澄清。

打蛋清法

在蛋内加白糖，糖会被蛋清所含水分吸收，使蛋清打成的泡沫稳定而不致流散。

使蛋清变稠法

要使蛋清变稠，可在蛋清里放少许糖或盐，也可滴上几滴柠檬汁。

防面条老化法

为防止面条老化，可在煮面的水中加点醋，醋有利于面筋质的形成，可防止面条老化，延长存放时间。

防咸菜缸生蛆法

夏季咸菜缸里易生蛆，可摘些扁豆叶或芸豆叶，洗净后撒在咸菜上，缸里就不会生蛆了。

磨芝麻法

将芝麻放入微波炉中，加热至完全干燥后取出，就很容易将芝麻磨碎。

在磨钵中磨芝麻会越磨越黏稠，以致无法继续磨动，此时应在磨钵中加些茶水，便能磨得轻松、磨得细。

制面筋法

将500克面粉加10克盐和200毫升水揉成面团，略醒一会儿，然后取干净的纱布包好，放进清水里反复搓洗，把淀粉麸皮屑洗掉。一般要洗3～4遍水，每遍洗4～6分钟。头遍水不要洗得过浓，发现有细筋游离就换水；二遍水可充分揉搓面团，大部分淀粉洗掉，然后再洗两遍，至面团的白色粉浆基本洗净为止，剩在纱布里的就是面筋。粉浆沉淀后，可以作芡粉用，也可以放进面粉里做其他面食，亦可以直接煎薄饼吃。

制油面筋法

面筋搓洗好后，拉成长条，切成大三角块。将三角块由里向外推翻成球坯，然后像挤肉圆一样挤成小球。将小圆球下油锅烹炸，球体内的气体受热膨胀，使面筋逐渐涨大，像打了气的皮球一样，里空而不缩瘪，既饱满又光滑。

制烤麸法

烤麸是面筋的加工制品。把生面筋抻成薄片，一层层放在笼里，留3～4个面筋的空间，用旺火蒸至面筋发暄膨胀，约为原体积的4倍，手感松软，像米蜂糕时就成了烤麸。

制凉粉法

将绿豆粉或红薯粉先用少量的冷水调成糊状，再加适量的沸水进行搅拌，冷却后便成了凉粉。

制藕粉法

选用新鲜的老藕，洗净去杂后舂碎，再放入石磨内加清水磨成浆，滤去渣滓，将汁放入桶内澄清，然后去掉上层的澄清液。待沉淀的藕粉半干时，取出晒干即成藕粉。

制豆腐法

以一次用9 000克大豆为例，用粉碎机磨豆子时加水3升，用石磨时加水量减半。薄浆(用开水破豆粕)时，一律加7升水。煮浆前将25克白面搅在浆内。闷浆前在缸底撒400克盐。250毫升卤水分5次点完(从豆浆温度降至85 ℃时开始点)。压豆腐时的压力不能低于50千克。

用蛋做菜法

在蛋液中加少许食盐,可将蛋液快速搅匀。

在用鸡蛋做装点菜时,如果要使其颜色显得深一些,只要在蛋液中加点精盐,搅匀后再制作即可。

焖牛肉法

将洗净切好的牛肉放入锅内,加上调味料翻炒,待肉变色后放入酱油中,开锅后加入适量开水和盐,再烧沸,然后把牛肉连汤一起倒入保温瓶内,盖好盖,焖2~3小时,烧出的牛肉不但肉烂味浓,而且还省时省火。

制糖醋菜肴法

不论做什么糖醋菜肴,只要按2份糖、1份醋的比例调配,便可收到甜酸适度的效果。

制甜菜法

在做甜菜或煮紫甘蓝时加少许醋,可使其色泽新鲜。

将新鲜的橘子皮放入清水中浸泡2天后捞出切成丝,用白糖腌半个月,即成香甜可口的甜食。

用啤酒做菜法

用啤酒加3片生姜浸泡牛羊肉或鱼肉2~3小时,待啤酒香渗入肉或鱼中后,再加2~3滴醋浸泡半小时,最后捞出沥干烹调。勾芡时,须用啤酒加适量水调淀粉,做出的菜肴不膻、不腥,而且清香可口,味道极佳。

烹冷冻食品法

冷冻过的猪肉、排骨,切好后用啤酒浸10分钟,捞出后用清水洗净再烹制,可消除异味,增加鲜味。

制肉丸不粘手法

做肉丸之前,先在双手涂抹一些色拉油,肉泥就不会粘在手上了。

榨水果汁法

用叉刺戳柑橘类水果，放入微波炉加热15～20秒钟后放置1～2分钟，再用手搓捏，最后把水果切开，即可榨出水果鲜汁。

使苹果甜美法

将不新鲜的苹果洗净后切成小块，放在葡萄酒里，再加适量砂糖煮一下，味道会十分甜美。

使草莓解冻法

从冰柜里拿出来的草莓，要放进冰箱里，再撒上一层砂糖，就能保持草莓的新鲜。

使生香蕉催熟法

将少量香蕉置于塑料食品袋内，拿一个碗或茶杯装上干沙土或炉灰，用细香10支，对半折断，插入沙土中，点燃后扎紧袋口即可。

煲糖水法

煲好的糖水，如加几粒盐，喝时更觉香甜。

拌沙拉法

泡过黑橄榄的橄榄油不要倒掉，将其过滤后拌沙拉，味道可口。

熏制肉法

用茶叶、红糖和米一起生烟熏肉、熏鱼、熏鸭，既能杀菌，又能使熏制的食品味香、色美。

热咖喱饭法

咖喱饭煮得越久越好吃。冷的咖喱饭要加热时，必须放入少许牛奶，若加水，则味道会变得淡薄而丧失咖喱的美味。

饮啤酒法

在啤酒中加些咖啡，再放少许糖，上口苦涩中含幽香，口味宜人。

吃冷面法　吃冷面时，如果遇上面条结团，可在面条上洒些啤酒，然后挑拌，面条很快松散。

在加有卤汁的冷面里再添少许白葡萄酒，能使面的味道格外鲜美可口。

冲泡饮料法　人参蜜、麦乳精、乳品、多维葡萄糖等饮料，一般都是用蜂蜜、牛奶等优质原料精制而成的，营养十分丰富。冲调时，最好用40～50 ℃的温开水，以免破坏其营养成分。

铲饭锅巴法　饭烧焦了以后，锅巴很难从锅底揭下来。如果在饭烧好后趁热铲出来，在锅巴上洒些米酒，盖住锅盖焖几分钟，不用费劲就可以把锅巴铲下来。

使猪肚增厚法　将猪肚切成条或块，放入碗中加些汤水，上蒸笼蒸一会儿，猪肚能增厚一倍，既脆又好吃。

速冻饺子法　在冰箱的冷冻室中铺一张白纸，把包好的饺子放入，整齐并保持一定间隔摆放好，开启速冻钮，冷冻约15分钟，见饺子外表已发硬，取出放入食品袋中，系好袋口，再放入冷冻室中储藏。制法简单，其口味与新包的饺子不相上下。

沥干豆腐水法　要做凉拌豆腐，最好将水分沥干，可将软而易碎的豆腐装在洗干净的废塑料盒中，在盒底用锥子戳几个小洞，再把它置于架有筷子的碗上，即可轻松地将其中的水分沥干了。

清洁食油法　要清除炸制食品油中的渣滓，可先将油烧热，磕入一个生鸡蛋清，它就会把油中的渣滓聚拢起来，捞净即可。

炸食物的油使用几次后油会发黑，可在油罐里放少许鸡蛋壳，蛋壳会把油中的炭粒吸附掉，使油变清。

增加油香法

欲使花生油、豆油、菜油等植物油增添香味，可在加热食油后放入花椒适量，冷却后即油香扑鼻，烹制成的食物令人食欲大增。

使食物去腥提鲜法

在炖鱼和炒肉时，投入蒜片或拍碎的蒜瓣，可使其去腥提鲜。

防食物中毒法

将大蒜头1个去粗皮，与适量食盐共捣烂，用温开水冲服，可缓解因食物霉变引起的中毒。

除河豚毒法

鲜河豚卵巢和鱼臼里都含有毒素，人吃了会中毒。如果把它的内脏、血液清除干净，放到缸里加食盐腌一下，然后用淡盐水洗净，晒干以后，有毒的河豚就变为味美的食品。

除鸡肉中毒素法

夏天买老鸡吃时加一点生姜和白酒，用文火炖，可去除鸡肉中的毒素，避免食后中毒。

除黄曲霉素法

将花生油入锅加热，见油锅边缘冒微烟时（油温为120 ℃左右），撒入食盐继续加热，见油面沸腾冒微烟，即温度达170～180 ℃时，便可除去95％的黄曲霉素。

防吃菠萝过敏法

菠萝含有糖甙和菠萝蛋白酶，吃多了易发生过敏反应，食菠萝前应用稀盐水浸泡片刻，既能消除涩味、酸甜可口，又不致过敏患病。

防吃食物胀肚法

在蒸煮地瓜前，可在水中加入少量的食盐和明矾，搅拌溶解后，将地瓜切开，放进水中浸泡10分钟捞出，用清水冲洗后再蒸煮。

因食用西瓜过量，感觉小腹发胀时，可取少许食盐含化咽下，症状即消。

处理油锅着火法

炒菜时，若不慎油锅着了火，可抓一把食盐撒在锅里或及时盖上锅盖，便能灭火。

防菜汤溢锅法

在做菜汤时，汤容易溢出锅外，如果用食用植物油在锅口刷 6 厘米宽的圈，经过这样处理，汤就不再溢出锅外了。煮稀饭也可照此处理，避免溢锅。

防食油外溅法

油炸食物时，可在锅底放少许食盐，能防止食油外溅。煎食物时，在锅里放点食盐，油就不会溅得太厉害了。

用油炸食物，油烧至沸点从锅里溢出时，可立即放进几粒花椒，沸油就会消下去。

在炸油的锅里放一点洋葱，油就不会翻腾溢出锅外了。

在原料未入锅之前，若锅中油会发生溅跳的情形，那是因为无意中滴入水的缘故，此时可立即将切好的面包片丢进锅中，热油就不会外溅了。

防苍蝇叮食品法

夏季，鱼和豆制品等食品容易招引苍蝇，如将洗净的食品晾干后，再把几根洗净的葱放在上面，就可避免苍蝇叮爬。

主要参考文献

[1] 周范林. 家庭厨事大全[M]. 南京:东南大学出版社,2001

[2] 周范林. 智慧生活2000例[M]. 沈阳:辽宁科学技术出版社,2010

[3] 孙利平. 日常生活金点子[M]. 北京:金盾出版社,2006

[4] 方卉. 生活技巧全书[M]. 南京:江苏科学技术出版社,2001

[5] 章恒. 快乐生活一点通[M]. 哈尔滨:哈尔滨出版社,2007

[6] 李炳坤. 家庭生活万宝全书[M]. 上海:上海科学技术文献出版社,1993

[7] 李金琳. 就教您这一招——灵[M]. 上海:上海科学技术文献出版社,2006

[8] 刘澜. 事典:料理家务的5000条锦囊妙计[M]. 北京:海潮出版社,2006

[9] 吴楚人. 窍门[M]. 北京:海潮出版社,2005